本书获广西民族师范学院学术著作出版
资助资金资助出版

技术·生态·社会

论社会和谐的生态技术支撑

李君亮 著

光明日报出版社

图书在版编目（CIP）数据

技术·生态·社会：论社会和谐的生态技术支撑 / 李君亮著． -- 北京：光明日报出版社，2017.11
ISBN 978-7-5194-3629-2

Ⅰ.①技… Ⅱ.①李… Ⅲ.①生态环境建设—研究—中国②社会主义建设模式—研究—中国 Ⅳ.①X321.2②D616

中国版本图书馆 CIP 数据核字（2017）第 288981 号

技术·生态·社会：论社会和谐的生态技术支撑
JISHU·SHENGTAI·SHEHUI：
LUN SHEHUI HEXIE DE SHENGTAI JISHU ZHICHENG

著　　者：李君亮	
责任编辑：史　宁	责任校对：赵鸣鸣
封面设计：中联学林	责任印制：曹　诤

出版发行：光明日报出版社
地　　址：北京市西城区永安路 106 号，100050
电　　话：010-67078251（咨询），67078870（发行），67019571（邮购）
传　　真：010-67078227，67078255
网　　址：http://book.gmw.cn
E-mail：shining@gmw.cn
法律顾问：北京德恒律师事务所龚柳方律师

印　　刷：三河市华东印刷有限公司
装　　订：三河市华东印刷有限公司
本书如有破损、缺页、装订错误，请与本社联系调换

开　　本：710×1000　1/16
字　　数：261 千字　　　　　印　张：16
版　　次：2018 年 1 月第 1 版　印　次：2018 年 1 月第 1 次印刷
书　　号：ISBN 978-7-5194-3629-2
定　　价：56.00 元

版权所有　　翻印必究

目 录
CONTENTS

引 言 ·· 1

第一章 绪 论 ·· 6
第一节 工业社会发展的困境及其生态技术出路 6
第二节 从社会和谐到生态技术的逻辑演进 14
 一、社会和谐从空想到实践 14
 二、作为复杂巨系统的和谐社会 17
 三、构建和谐社会的支撑系统 21
 四、构建和谐社会的现代技术支撑 29
 五、生态技术是构建和谐社会的关键技术支撑 31
 六、生态技术是天地人和谐相处的技术 34
第三节 研究的一般方法与创新之处 37

第二章 和谐社会概述 ·· 40
第一节 和谐思想的渊源 40
 一、对中国和谐思想源流的考察 41
 二、对西方和谐思想历史的回溯 43
 三、中西方和谐思想对构建社会主义和谐社会的意义 45
 四、构建社会主义和谐社会是对马克思主义和谐社会思想的继承与
  发展 46

第二节 构建社会主义和谐社会的形成和发展 48
　　一、构建和谐社会提出的历史背景 49
　　二、构建和谐社会提出的历史过程 53

第三节 社会主义和谐社会的含义与特征 55
　　一、社会主义和谐社会的基本内涵 55
　　二、社会主义和谐社会的基本特征 61
　　三、社会主义和谐社会与生态技术的关系 65

第四节 构建社会主义和谐社会的重要意义 65
　　一、构建社会主义和谐社会的理论意义 65
　　二、构建社会主义和谐社会的实践意义 69

本章小结 71

第三章 生态技术的含义 ……………………………… 73

第一节 生态技术的基本内涵 73
　　一、技术与生态技术 73
　　二、技术的生态化、生态化的技术及与生态技术的关系 88
　　三、生态技术的辩证本性与和谐社会本质的一致性分析 96

第二节 核心技术与生态技术 98

第三节 生态技术观与生态技术 101
　　一、生态技术观及与生态技术的关系 101
　　二、生态技术观对构建社会主义和谐社会的重要意义 106

本章小结 109

第四章 生态观对构建和谐社会的作用分析 ……………… 111

第一节 马克思主义生态观对构建和谐社会的理论支撑 112
　　一、马克思主义生态观 113
　　二、马克思主义生态观是生态技术对构建和谐社会支撑的理论基础 134

第二节 生态文明建设是构建和谐社会的现实行动 135

第三节 西方马克思主义的生态观及其启示 138
　　一、西方马克思主义生态观 138

二、西方马克思主义生态观对构建社会主义和谐社会的启示　154
第四节　其他西方学者的生态观及其启示　156
本章小结　163

第五章　生态技术发展的内在逻辑对构建和谐社会的支撑　165

第一节　古代技术：生态技术的原初形式　165
　一、古代技术构建生活世界　167
　二、古代技术将人带入在场　170
　三、古代技术将自然带入在场　171
　四、古代技术使天地人原初统一　175

第二节　工业技术：技术的异化　177
　一、工业技术的世界观　178
　二、工业技术对生活世界的遮蔽　180
　三、工业技术造成人的异化　182
　四、工业技术对自然的祛魅　185

第三节　生态技术：技术的超越与辩证复归　187
　一、生态技术对工业技术的超越　188
　二、生态技术对古代技术的辩证复归　193

本章小结　196

第六章　生态技术的内在本质对构建和谐社会的支撑　198

第一节　技术自身的协调自洽　198
　一、工业技术技术物的结构—功能关系间的逻辑鸿沟　199
　二、生态技术技术物的结构—功能关系的协调与逻辑自洽　203

第二节　人的本质的实现　207
　一、人的主体地位的呈现　207
　二、人的本质力量的展开　211

第三节　技术社会的澄明　213
第四节　天地人的和谐聚集　217
本章小结　219

第七章 中国生态技术的发展现状与对策 …… 220
  第一节 中国生态技术的发展现状分析 220
  第二节 中国生态技术发展中存在的问题及原因分析 228
  第三节 中国生态技术发展的对策分析 230
  本章小结 232

结束语 生态技术对构建和谐社会的关键支撑 …… 233

参考文献 …… 238

后　记 …… 248

引 言

"和谐"是人类自古以来对未来美好社会的憧憬与向往,中外皆有诸多思想家提出过关于社会和谐的种种思想理论。如孔子提出"和而不同"的思想,墨子提出"兼相爱,交相利"的主张,孟子则憧憬"大同社会";柏拉图构想了"理想国",奥古斯丁梦想"上帝之城",傅立叶则设想了一个叫作"和谐社会"的未来组织,等等。但是,在人剥削人、人压迫人的阶级社会,人与人、人与社会、人与自然之间都不可能实现和谐相处。只有在社会主义制度确立起来,通过改革开放取得了一系列经济社会建设的成就后,构建社会主义和谐社会的伟大实践使人类社会实现和谐第一次奠基在了现实的基础之上。

构建社会主义和谐社会是一项系统工程,这一工程的完成首先需要我们改变对于世界的传统观点和看法,树立起新的世界观和价值观。形而上学的二元对立世界观将人与自然看作主体与客体的对立关系,割裂了人与自然之间的天然联系,造成了人与自然关系的紧张与对立,并在此基础上进一步导致人与人、人与社会的尖锐矛盾和剧烈冲突。只有树立起生态价值观,将人与自然看作密切联系不可分割的整体生命存在,认识到人与自然的相互生成共存共融的协调一致关系,努力消解人与自然之间的矛盾与对立关系,才能真正实现人与自然、人与社会、人与人之间的和睦相处与协调发展。

构建社会主义和谐社会需要有生态技术的关键支撑。构建社会主义和谐社会不仅仅是一种社会理想,更是一种伟大的社会实践,需要我们展开积极的行动去实践,并且通过科学实践一定可以实现。但是人类社会理想大厦不能建立在流沙之上,和谐社会的构建需要现实的技术支撑,只有生态技术可以成为构建这样一座宏伟大厦的现实技术支撑。

一方面,生态技术是技术自身辩证发展的产物,是当今技术发展的最高形态。从技术发展的历史分期看,生态技术既是对近现代工业技术遭遇自然时对自然蛮横僭越的超越,又是对古代技术面向自然时含情脉脉的大地情怀的辩证复归;因而在拥持工业技术的技术理性带给人面对自然的技术力量的同时,也具有古代技术保有的人与自然的田园诗般的温情浪漫。这样的技术必将取代工业技术成为构建社会主义和谐社会的关键技术支撑。

另一方面,生态技术具有自身内在的生态本性。生态技术的基本公式是"(天然)自然→(人—技术—社会)→(人性)自然"。从技术自身来看,生态技术是结构—功能关系协调和逻辑自洽的技术。从"人—技术"这一子系统来看,生态技术是作为人的内在力量使人的本质得以实现,在技术设计、制作、应用的全过程中,人作为获得自身本质的人而存在,在生态技术多维目标实现的同时,人自身的价值一同实现的技术。从"技术—社会"这一子系统来看,生态技术将保障人类社会建立起一整套公平公正的制度体系,从而实现社会的澄明之境。从"(天然)自然→(人—技术—社会)→(人性)自然"这一整体循环过程来看,生态技术是"人—技术—社会"作为整体与自然一起构成一个更大的有机整体,在这个非线性平衡的大循环系统中实现天地人的和谐聚集和涌现的技术。由于生态技术的诸生态本性,从而使其足以成为构建社会主义和谐社会的关键技术支撑。

基于此,笔者形成本书如下的逻辑思路:

第一,构建社会主义和谐社会是对马克思主义和谐思想的继承和发展。既然本书要论述生态技术对于构建和谐社会的支撑,就有必要对和谐社会的基本含义与特征做一概述,并初步指出和谐社会与生态技术的关系。具体内容在第二章全面展开。

第二,构建和谐社会是一个系统工程,不仅需要思想理论的支撑,更需要现实的技术支撑,这种现实的支撑技术就是生态技术。因此,在第三章,本书对生态技术的基本含义与特征展开讨论,并深入分析生态技术与和谐社会在本质上的内在联系,以论证生态技术对构建和谐社会的关键技术支撑。与此同时,笔者也将澄清生态技术与生态化的技术、技术的生态化、核心技术等概念的关系,阐述生态技术观对生态技术发展从而对构建和谐社会的重要意义。

第三,阐述构建社会主义和谐社会的思想理论基础。由于生态技术是构建和谐社会的关键技术支撑,要在实践中实现这样的支撑,就要求树立相应的生态思想或观念。在本书的第四章,笔者将详细论述马克思主义的生态观以及生态文明建设对构建和谐社会的思想理论支撑。同时也将考察西方马克思主义和西方其他著名学者的生态思想对生态技术的生成从而对于生态技术支撑构建社会主义和谐社会的启示。

第四,在分析生态观对构建和谐社会提供的理论支撑基础上,笔者将阐述生态技术为构建和谐社会提供的现实支撑。生态技术之所以能够为构建和谐社会提供现实的技术支撑是由生态技术发展的内在逻辑以及生态技术的内在本性决定的。因此,本书第五章从生态技术发展的内在逻辑阐述了生态技术对工业技术内在缺陷的超越以及向着古代技术展露的人与自然和谐共处的辩证复归。在第六章对生态技术的内在本性进行分析。从生态技术的内在本性看,生态技术具有协调自洽的结构—功能关系,实现了人的本质,并且在最高层次上实现了天地人的和谐聚集。这样,生态技术从其内在本性看就与人与人、人与社会、人与自然和谐相处的社会主义和谐社会内在地勾连了起来,从而为构建和谐社会提供关键的技术支撑。

第五,既然生态技术是构建和谐社会的关键支撑技术,那么,当前我国生态技术发展情况如何?在第七章,本书考察了当前我国生态技术发展现状,分析当前我国生态技术发展过程中存在的问题与不足,提出发展和创新我国生态技术以支撑和谐社会之构建的对策,以推动我国生态技术的发展,更好地为构建社会主义和谐社会提供技术支撑。

第六,在论述了生态思想对构建和谐社会提供的理论支撑和生态技术对构建和谐社会提供的技术支撑之后,形成本书的最终结论,即生态技术是构建和谐社会的关键支撑技术。

遵循以上逻辑脉络,本书各章主要内容如下:

第一章绪论。本章首先扼要阐述了近现代工业技术推动社会发展过程中产生的困境,指出了工业技术推动下我国当前发展中遭遇的困局,阐明了破解工业社会发展困局的生态技术出路;其次,立足于我国当前面临的发展困局,初步指出了实现社会和谐的生态技术进路,阐述了从实现社会和谐到发展生态技术的逻辑演进;最后,本章交代了本书研究相关问题的一般方法,并陈述了本书的创新之处。

第二章和谐社会概述。首先介绍了和谐社会的思想渊源,既论述了中国自古以来有关和谐的思想,也论述了西方自古希腊以来有关和谐的理论,同时阐述了构建社会主义和谐社会的战略构想,是对马克思主义和谐社会思想的继承与发展;其次阐述了构建社会主义和谐社会战略构想提出的历史背景与历史过程;最后论述了社会主义和谐社会的基本内涵和本质特征,初步阐述了和谐社会与生态技术的内在本质联系。

第三章生态技术的含义。首先论述了生态技术的基本内涵,对技术、生态技术、技术的生态化、生态化的技术等基本概念进行了厘定与澄清;其次分析了生态技术与和谐社会内在本质的一致性;再次论述了核心技术与生态技术的联系和区别;最后阐发了生态技术观及其与生态技术的关系,阐明了生态技术观对构建社会主义和谐社会的重要意义。

第四章生态观对构建和谐社会的作用分析。首先,阐述了马克思主义的生态观及其作为生态技术对构建社会主义和谐社会的理论基础地位;其次,扼要论述了生态文明建设及其对构建社会主义和谐社会的启示;再次,阐述了西方马克思主义的生态观及其对构建社会主义和谐社会的启示;最后,撷要介绍其他国外学者有关生态思想观点及其启示。

第五章生态技术发展的内在逻辑对构建和谐社会的支撑。首先,作为生态技术原初形式的古代技术对于人类生活世界的构建,古代技术在构建人的生活世界之际将人带入在场、将自然带入在场,古代技术在将人、自然带入在场的生活世界构建中使天地人原初统一。其次,近现代工业技术是技术的异化。工业技术建立在人与自然二元对立的世界观基础上,在实现人的技术力量之际却遮蔽了人的生活世界,进而造成人的异化存在方式;再次,作为技术逻辑发展结果的生态技术既克服了古代技术使人面向自然时的软弱无力,又消解了工业技术在人与自然相遭遇时的蛮横与僭越,因此,生态技术是对工业技术摆置自然摆弄人的超越,同时又是对古代技术建构的人与自然共生共融关系的辩证复归。由于生态技术是对工业技术、古代技术的扬弃,是技术辩证发展的必然结果,从这样的内在逻辑看,其足以支撑起和谐社会的构建。

第六章生态技术的内在本质对构建和谐社会的支撑。本章从四个层次论述了生态技术的内在本性。首先,从技术自身来看,生态技术是技术物结构—功能关系协调和逻辑自洽的技术;其次,从人与技术的关系看,生态技术是人的内在本质力量,使人对于技术的主体地位得以呈现,使人的本质得以实现;再次,从技术与社会的关系来看,生态技术是技术社会澄明的技术;最后,从人、技术、社会、自然这一整体关系来看,生态技术是天地人的和谐聚集和涌现。由于生态技术在技术自身、人与技术、技术与社会、天地人四个层次的内在生态性本性,使得其能够支撑起社会主义和谐社会的构建。

第七章中国生态技术的发展现状与对策,首先概要分析了当代中国生态技术的发展现状,其次在分析中国生态技术发展现状的基础上缕析出其存在的问题并深入挖掘问题存在的深层次原因,最后提出发展我国生态技术对构建和谐社会支撑的对策与建议。

最后是结束语,对全书内容做了总结,综述生态技术与和谐社会的本质联系,形成了生态技术是构建社会主义和谐社会的关键技术支撑的基本结论。

第一章

绪　论

　　工业技术给予人类以前所未有的力量面向自然,借助技术力量,人类已"可上九天揽月,可下五洋捉鳖"。然而,在获得了技术理性的现实力量之后,人类在经济发展社会进步的同时,也伴随着技术力量支配下人与人之间隔阂的扩张以及人与自然之间裂痕的扩展。我们如何消解技术力量的消极作用和负面影响,使之从正面促进实现人与自然、人与社会、人与人之间的和谐? 进入新世纪之后,党和国家提出了构建社会主义和谐社会这一高瞻远瞩的战略举措和发展目标。构建和谐社会,实现人与自然的和谐,实际上就是要我们突破现有的工业技术对自然的僭越和对人的摆弄造成的人与人进而是人与自然之间的紧张对立关系。什么样的技术能够超越当下人类社会普遍应用的工业技术,从而构建起人与人、人与社会、人与自然和谐的社会? 只有生态技术才能使人类摆脱工业技术发展造成的社会发展的困境。因此,笔者从生态技术作为构建和谐社会的技术支撑的视角入手进行和谐社会的研究,并将其作为本书的出发点和旨归。

第一节　工业社会发展的困境及其生态技术出路

　　近代以降,人类社会的发展取得了前所未有的巨大成就,正如马克思在《共产党宣言》中饱含热情地写的那样,"资产阶级在它的不到一百年的阶级统治中所创造的生产力,比过去一切世代创造的全部生产力还要多,还要大。自然力的征服,机器的采用,化学在工业和农业中的应用,轮船的行驶,铁路的通行,电报的使用,整个整个大陆的开垦,河川的通航,仿佛用法术从地下呼唤出来的大量人口——过去哪一个世纪能够料想到有这样的生产力潜伏在社会劳动里呢?"①回顾那辉煌的岁月我们可以看到,在科学、技术、新的生产关系、新大陆的发现、新航线的开辟等诸多因素的联合推动之下,人类的发展高歌猛进一日千里。首先,科学理性在人们的心中日益确立了起来,科学文化的发展犹如雨后春笋般以不可阻挡之势从社会土壤中喷涌而出,昌明的科学文化知识涤荡着中世纪遗留下来的一切愚昧腐朽和落后的灰垢。其次,以科学为理论基础的工业技术获得了迅速的发展,大机器以人类前所未见的力量咆哮着摧毁着田园诗般却已经需要抛入历史的垃圾堆中的手工业和手工作坊,无论沦为工人阶级的作坊主如何对之流连和暗自神伤,蒸汽机推动着整个社会的车轮滚滚向前。最后,社会关系在急剧的变革中,一种崭新的生产关系——资本主义的生产关系因其旺盛的生命力以摧枯拉朽之势在埋葬着步履蹒跚百孔千疮的封建制度,资本主义制度逐渐地确立了起来。由此,整个社会的生产力得到了巨大的提高,社会物质财富日益丰富,工业制成品行销世界,冲击着一切充满浪漫情怀和怀旧感的手工艺术制品市场。总之,一切都变化着,日新月异地变化着,一切墨守陈规和裹足不前都被这种进步的力量裹挟着自觉不自觉地向前迈步,似乎每一天都是人类的春天。

在这春天里,人类生长着希望,在心理上对自然界我们怀着征服它的雄心壮志,对人类社会我们充满着改造它的万丈豪情。人类将上帝放逐到彼岸世界后,不再是上帝婢女的人成为了自己的主人,作为自己主人的人开始以自己的智慧用技术延伸自己的手脚和身体的力量,不断地将此前神秘莫测的自然界改造成物化的人工世界。但不可避免的是,一切可能的杂草和有害病毒也随着这春天雨水与阳光的润泽而繁茂地衍生和滋长着。也就是说,发展是一柄双刃剑,人类的快速发展在为我们带来福祉的同时也带来了一系列对发展自身的负面影响和消极作用。环境污染、生态破坏、水土流失、土地沙化等一系列问题都随着土地的开垦和工业的发展凸显出来并变得日益严重,正如恩格斯在《自然辩证法》中对我们提出的郑重警告那样,"但是我们不要过分陶醉于我们对自然界的胜利。对于每一次这样的胜利,自然界都报复了我们。每一次胜利,在第

---

① 马克思恩格斯选集(第1卷)[M].北京:人民出版社.1995年版.第256页

一步都确实取得了我们预期的结果,但是在第二步和第三步却有了完全不同的、出乎预料的影响,常常把第一个结果又取消了。"[1]恩格斯所强调的主要是发展给环境和生态所造成的破坏,这种破坏使人类的可持续发展面临严峻的挑战。尤其在经历了两次世界大战的深重灾难后,在恢复重建和新兴国家的发展中,这些问题继续恶化并最终因非理性的不合理发展而导致人口激增、能源枯竭、环境污染、生态破坏、土地沙漠化、耕地锐减等一系列全球性问题,原苏东等地区则出现了经济增长而社会负发展的发展怪象。

1962年,美国海洋生物学家蕾切尔·卡森(Rachel Carson)发表其极富争议的名著《寂静的春天》,从而使环境问题逐渐成为人们关注的焦点。卡森以磅礴而细腻的笔触向整个人类社会呈现了由于工业尤其是现代化工业的发展和农药的广泛及过度的喷洒给河流、地下水、土壤等造成的严重污染破坏及由此给鸟类、鱼类、甲虫类、瓢虫、蚯蚓等生物的生存带来的灾难性后果。1968年4月,由科学家、经济学家、社会学家和计划专家等为主要成员的国际性民间学术团体罗马俱乐部成立。该团体以全球视野系统地研究了人口、资源、环境等全球性问题,并于1972年发表了它的第一份研究报告——《增长的极限》。该报告根据对一系列统计数据所做的认真研究分析后严肃指出,由于地球上的石油矿藏等自然资源的存储和供给是有限的,人类经济增长不可能依靠资源消耗而无限持续下去,据此,罗马俱乐部悲观地认为,由于地球资源即将耗尽,人类发展将面临世界性灾难,因此,为了实现人类的可持续发展,我们需要采取"零增长"的方案。罗马俱乐部对人类发展前途的警示引起了全球的警觉,并在全世界挑起了一场持续至今的人类发展大辩论。1987年2月,第八次世界环境与发展委员会在日本东京召开,在这次会议上通过了以"持续发展"为基本纲领的环境与发展报告——《我们共同的未来》,该报告用丰富的资料论述了当今世界环境与发展方面存在的一系列问题,并提出了处理这些问题具体的和现实的行动建议。

《寂静的春天》《增长的极限》《我们共同的未来》,这三份报告由于其对人类发展与环境的深入研究与高度关注,被称为人类环境与可持续发展三部曲,三部曲的陆续发表并随着被翻译成多国文字和多次再版,掀起了人们全面关注

---

[1] 马克思恩格斯选集(第3卷)[M].北京:人民出版社.1995年版.第517页

人类环境与可持续发展问题的一波又一波浪潮,并引起整个人类社会的思想震动。近世以来,人类社会的发展确实取得了巨大的进步,但人类的经济社会发展是否必须付出环境的代价?当代人的发展是否必然损害子孙后代的发展权利?人类是否可能实现绿色环保无污染无破坏的可持续发展?工业技术发展到今天其演化的未来走向如何?这一系列的问题层出不穷,引人深思。

随着中国改革开放和经济社会的发展,我们曾一再强调要以西方的经验教训为鉴,避免走西方在发展过程中"先污染后治理"的老路,但在发展的进程中,我们却同样遇到了环境污染、生态破坏、能源枯竭、耕地锐减等一系列问题,为了解决在发展过程中遇到的这些矛盾与问题,党和国家出台了一系列的方针政策,并于2003年提出了科学发展观这一指导我国经济社会持续快速健康发展的重大战略思想,为解决我国经济社会发展过程中遇到的环境、能源等一系列问题提供了理论根据。几乎与此同时,党和国家领导人还逐步提出构建人与自然、人与社会、人与人之间和谐相处的社会主义和谐社会的战略目标。

实现社会的和谐发展,构建人、社会、自然和谐统一的社会是人类几千年来的共同理想和目标,但是,我们该如何贯彻和落实科学发展观,构建社会主义和谐社会?在某种程度上,环境污染、生态破坏、能源枯竭、土地沙化等问题正是人类社会发展造成的问题,由发展造成的问题其解决办法不可能是终止人类的发展——人类发展的车轮滚滚向前,任谁也无法阻挡——发展造成的问题只能由人类的继续发展(一种更高水平更高层次上的继续发展)来解决。而人类在近代以来所获得的这种巨大发展是由奠基在科学发展之上的技术推动的,因此,人类的继续发展及其面临的全球问题的解决只能依靠新的技术。

党的十八大报告指出,面对我国资源约束趋紧、环境污染严重、生态系统退化的严峻形势,我们必须树立尊重自然、顺应自然、保护自然的生态文明理念,把生态文明建设放在突出地位,并融入经济建设、政治建设、文化建设、社会建设各方面和全过程,以实现中华民族永续发展。建设生态文明,打造生态和谐,创建生态社会,这将为构建和谐社会打下良好的基础。可见,在构建社会主义和谐社会的伟大征途中,生态成了我们必须关注的一个中心词汇,生态也成了一种趋势与动力,为我们未来的美好发展带来无限的可能。但是,什么样的发展能推动生态文明、生态和谐及生态社会建设,从而为构建和谐社会助一臂之力?什么样的技术能在推动我国经济社会发展过程中避免环境污染生态破坏,并最终造成人与人、人与社会、人与自然的和谐？只有生态技术才能为构建社会主义和谐社会提供技术支撑。

如我们所看到的，以理化学科为科学基础的现代工业技术推动着20世纪的人类社会迅猛地向前发展，技术推动的发展渗透到了世界的每一个角落，从非洲原始部落到北极的爱斯基摩，技术改变着人类整体的生存方式，技术也改变着人类社会的生活面貌。但是由于现代技术自身的缺陷，这种发展从一开始就伴随着阻碍发展自身的不利因素。发展包含着发展的反面，发展否定着发展自身。如何克服由发展自身给发展所带来的这种困境？技术发展的跨越或许会给我们未来的发展指明一条充满希冀的道路。在经历了手工技术到现代工业技术的发展跨越之后，按照技术发展自身的逻辑来看，以生态学、生命科学、伦理学及各交叉学科和综合学科为科学基础的生态技术将是技术发展的未来趋势，人、技术、社会、自然的全面、系统、综合的发展无疑将取代经济社会片面、孤立和充满矛盾的发展。因此，作为对现代工业技术的超越，生态技术的发展和广泛应用必将为解决人类因工业技术发展所造成的发展困境提供可能。

生态技术不同于古代经验型的手工技术，手工技术是一种田园诗般的经验智慧的积累，其所改变的只是自然力的运动方式，如水车即是这样一种通过势能的增加来改变力的作用方式的淳朴而诗意的技术；生态技术也不同于近代以来发展起来的工业技术，因为工业技术对自然和人类所表现出来的是一种掠夺和征服，人与自然一起被作为对象在工业技术的支配和控制下被加工和改造，甚至仅仅按照技术的需要被加工和改造，作为主体的人被忽略和遗忘。生态技术是对现代工业技术的超越，是对手工技术的辩证复归，它既克服了手工技术的软弱和无力，又扬弃了现代工业技术的野蛮与僭妄；生态技术既拥有现代工业技术建立于自然科学基础之上的理性，也保留着手工技术呈现的天人合一的田园诗般的风情。因此，发展生态技术，培育和形成独具特色独立完整的生态技术体系，对于建设自主创新型国家既是一个契机也有一种可能，也同时为构建社会主义和谐社会提供强大的技术支撑。在此基础上，对生态技术进行哲学分析与探讨，厘清生态技术的基本概念，探究生态技术的实在性和本质，打开生态技术的黑箱，对生态技术的内部结构和功能关系进行科学的解释，从而形成生态技术何以能够支撑和谐社会建设的一个较为完整的逻辑脉络，这就具有双重的理论意义与实践意义。

一方面,对于构建和谐社会而言,对生态技术进行哲学的分析与探讨具有重要的理论和现实意义。

毫无疑问,20世纪是人类发展史册中最值得浓墨重彩大书特书的一个重要篇章。在这一百年里,人类经历了此前从未经受过的全面深度而广泛的战争灾难,人类也创造了此前多少个世纪未曾创造出来的辉煌光荣与梦想,不过总体说来,20世纪是人类充满深重灾难和深刻矛盾与困境的一百年。在上半世纪遭受了两次世界大战给人类心灵带来的难以抚平的巨大创伤后,下半世纪在发展过程中我们又遇到了上文反复提到的人口激增、资源枯竭、耕地锐减、环境污染、生态破坏等全球性问题。不过光荣也好苦难也罢,这一切都是发展自身所带来的,问题的解决依然有赖于人类的继续发展。

在经历了两次世界大战的重创之后,人类祈求和平,各国陆续将国家工作的中心转移到经济建设和恢复国民经济上来,相对的和平给人类经济的发展带来了一个相对良好宽松的环境,世界各国经济获得了普遍增长,发展就是经济的增长是这一时期人们的普遍共识。但是在进入20世纪60年代后,一些国家(主要是苏联及东欧社会主义国家)出现了经济增长社会负发展的发展悖论。在这些国家,GDP在增长,但人民生活水平并没有得到实质性提高,各种生活物质短缺,社会公共设施落后,不能有效满足人民生产生活的基本需要。人们认识到,发展不能仅仅是经济的增长,发展应是以人为中心的经济增长加上社会的综合发展。相对于发展等于经济增长的简单发展理念,这种以人为中心加上社会的综合发展的发展观更为合理。但是,当能源枯竭、环境污染、生态破坏等全球性问题不断暴露和涌现后,尤其是罗马俱乐部发布了《增长的极限》调查报告之后,人类当下的发展模式不断被反思,未来的发展日益受到关注,可持续发展的观念开始深入人心。

我国在经济发展取得了阶段性的胜利后,当能源、环境、生态、人口、耕地等问题日益突出,其他各种社会矛盾不断涌现之后,我们也在开始思考为谁发展、实现什么样的发展、如何发展等深层次的发展问题。十六届三中全会后,我们党提出并完善了科学发展观。科学发展观的提出表明我们在一个新的高度上更为理性地去看待和思考人类自身的发展问题,即什么是人类发展的出发点?哪里是人类发展的归宿?

发展不应是发展自身的目的,发展仅仅是作为主体的人实现自身的一种手段。发展的出发点与归宿都应是作为主体的人自身。我们是为了人自身而发展,是为了实现人的自由解放而发展。因此,人始终应是发展的中心。一切偏离人的发展都只会走向发展的反面,离开人的发展最终都会束缚人的发展,结果只会造成畸形的发展或发展的异化。科学的发展必然要求消除发展的异化,使得发展成就人、塑造人、解放人,使得人成为自身的本质,人与人之间、人与社会之间以及人与自然之间和谐统一,浑然一体,这也就是我们奋力构建的和谐社会。

和谐社会的构建离不开技术的支撑,由于工业技术自身的缺陷,它无力独自承担起构建和谐社会的历史使命,只有对工业技术超越的生态技术才能架构人、社会、技术、自然的和谐合一。对生态技术进行哲学的分析,从理论上为我们构建和谐社会寻找到了现实的技术支撑,从现实上也宣示出了一条实现和谐社会的技术发展方向。

首先,生态技术为构建和谐社会提供现实的技术支撑。1992年年初,邓小平在南方谈话时就指出"空谈误国,实干兴邦"。要构建社会主义和谐社会,没有实干的精神是无法想象的。现代社会的发展是建立在科学技术尤其是引领时代发展的先进技术基础之上的,和谐社会的构件也必然要建立在引领时代发展的先进生产技术之上。江泽民提出中国共产党"必须始终代表先进生产力的发展方向",具有多学科理论基础并能在推进经济社会发展中造成人、自然、社会和谐统一的生态技术当然是先进生产力。党的十六大曾指出,我国要实现跨越式的发展,则必须坚持以信息化带动工业化,以工业化促进信息化,走出一条科技含量高、经济效益好、资源消耗低、环境污染少、人力资源优势得到充分发挥的新型工业化路子。总体说来,新型工业化道路为我国人民从小康到相对富裕的发展做出了重要贡献,在向和谐社会迈进的过程中,我们则必须发展生态技术以进一步解决人与人、人与社会、人与自然之间突出的矛盾和凸显的问题。通过对生态技术的哲学分析我们将会揭示生态技术的内在禀性与和谐社会的目标追求的一致性,这种一致性使生态技术能成为构建和谐社会的核心技术和主导技术,也只有生态技术能真正成为构建和谐社会有力的技术支撑。

其次,和谐社会的建设也依托于生态技术的发展。要构建人与自然和谐相处的和谐社会,就要求在经济社会发展的过程中实现以人为本和保护环境的双重目标,只有对生态技术进行研究,充分挖掘发展生态技术的意义和可能性,大力发展既能很好推动经济社会发展又能有效保护生态环境的生态技术,构建和谐社会的目标才能实现。人与人、人与社会、人与自然的和谐是构建和谐社会对人、社会、自然之间关系的三重要求,这种目标追求在现代工业技术的带动之下无法实现。现代技术片面强调人在自然世界中的主体地位,使人从自然界中凸显出来,这对于使人类从刀耕火种的封建社会过渡到机器轰鸣的资本主义工业社会起到了积极进步的推动作用,但是要向更高形态和发展要求的社会主义和谐社会迈进,则必须依托扬弃了现代工业技术的生态技术,社会发展对人、社会、自然的三重要求才能实现。

另一方面,在哲学视野下对生态技术进行分析对于发展我国核心技术,建设自主创新型国家也有重要的理论和实践意义。

和谐社会的构建依赖于技术的发展,但是现代工业技术的核心技术基本上掌握在西方发达国家手中,西方国家工业技术已经过了两三百年的积累,要实现对现代工业技术的发展跨越,对于技术积累不足的中国来说有较大的困难。而世界各国生态技术的研究与发展则基本处在同一平台上起步,只要抓住机遇迎头赶上,通过生态技术的发展与创新,掌握未来技术发展的核心,实现技术发展的跨越,对于持续进行改革开放的我国来说是完全有可能的。对生态技术进行哲学的分析,厘清生态技术的基本概念,剖析生态技术的内在本质,梳理生态技术的发展逻辑,展现生态技术内部结构与外在功能之间的关系,对于推动生态技术的发展具有重要的理论意义。只有在这一基础上,促进我国生态技术的发展,形成我国自主完善的生态技术体系,则对于我国掌握未来发展的核心技术,建设自主创新型国家无疑具有重大的意义。

对生态技术进行哲学的分析本身也有重要的理论意义。究竟什么是生态技术?生态技术的实在性是什么?与现代工业技术相比,生态技术有什么样的合理性与超越性?生态技术的内部结构和外在功能之间是一种什么样的关系?如何从实践上推动生态技术的发展等,这一系列问题的研究基本上处于起步的阶段,对这样一些问题进行梳理和深入的研究,在理论上做出正确的回答,是一个重要的理论创新。目前有关生态技术的哲学分析主要停留在技术观的理解之上,对于诸如生态技术的本质、生态技术的内在结构与外部功能之间的关系、生态技术的发展演变等问题,则并未进行深入的分析,只有在深入探讨和解决了这些问题的基础之上,才可能从实践上推动生态技术本身的发展。也只有通过对这些基本问题的澄清,才能为生态技术的发展扫清理论的障碍,使生态技术成为21世纪发展的主导技术,为人类解决人、社会、自然之间的矛盾和问题提供一个切实可行的契机。

第二节 从社会和谐到生态技术的逻辑演进

2002年11月,江泽民在党的十六大报告中提出"我们要在本世纪头二十年,集中力量,全面建设惠及十几亿人口的更高水平的小康社会,使经济更加发展、民主更加健全、科教更加进步、文化更加繁荣、社会更加和谐、人民生活更加殷实。"①"社会更加和谐"的和谐社会理念逐渐显现。2005年,在中央省部级主要领导干部提高构建社会主义和谐社会能力专题研讨班上,胡锦涛指出:"我们所要建设的和谐社会,应该是民主法治、公平正义、诚信友爱、充满活力、安定有序、人与自然和谐相处的社会。"随着中央构建和谐社会思路日益清晰,学界也开始了对构建和谐社会的关注与研究。那么,什么样的社会是和谐社会? 构建和谐社会是在什么样的背景下提出来的? 这一战略构想是如何提出来的? 和谐社会有什么样的基本特征? 和谐社会与传统社会有何异同? 如何构建和谐社会? 和谐社会的构建需要什么样的系统支撑? 什么样的技术能支撑构建和谐社会? 生态技术是否能支撑构建和谐社会,生态技术又如何能够支撑构建和谐社会等,诸如此类的问题,笔者将在回顾前人研究成果的基础上在此做一扼要回答,梳理出从社会和谐到生态技术的逻辑演进脉络。

一、社会和谐从空想到实践

社会和谐是人类自古以来就追求的一种社会理想,不同国家不同民族都曾有人用自己的语言对这样一种美好的理想社会做出过各种各样的描述。"和为贵""兼相爱""爱无差等""老吾老以及人之老,幼吾幼以及人之幼""大道之行也,天下为公,选贤与能,讲信修睦。故人不独亲其亲,不独子其子,使老有所终,壮有所用,幼有所长,矜、寡、孤、独、废、疾者皆有所养""有田同耕,有饭同

---

① 江泽民文选(第3卷)[M].北京:人民出版社.2006年版.第543页

食,有衣同穿,有钱同使,无处不均匀,无人不饱暖""人人相亲,人人平等,天下为公"等,这样的大同思想是中国人从古至今的憧憬;柏拉图提出了基于整体主义的财产公有各尽所能各履其责的理想国;傅立叶空想式提出了以"法朗吉"为基本组成单位的平等、友好、劳动协作,人的"情欲"得到自由、正常和充分满足的"和谐社会";马克思则科学设想了"代替那存在着阶级和阶级的对立的资产阶级旧社会的,将是这样一个联合体,在那里,每个人的自由发展是一切人的自由发展的条件"[①]的自由人的联合体。人类对和谐社会从憧憬到空想到科学的设想,反映了人类对这一理想社会的永恒渴望与追求。只是到了20世纪,北欧个别国家才开始了构建和谐社会的实践并取得了巨大的成就。[②] 到了21世纪,我国政府提出构建和谐社会的战略构想,和谐社会及和谐世界的理念逐渐深入人心,和谐社会的建设实践活动开始轰轰烈烈地开展开来。

那么,究竟什么样的社会才是非空想的科学意义上的可实现的和谐社会?在党的十六届四中全会上,胡锦涛做出了《中共中央关于加强党的执政能力建设的决定》(以下简称《决定》),《决定》指出,我们要构建的社会主义和谐社会应该是一个充满创造活力的社会,是各方面利益关系得到有效协调的社会,是社会管理体制不断创新和健全的社会,是稳定有序的社会。根据《决定》的阐述,学界从多角度对和谐社会做出了丰富而又精彩的解读。

从和谐社会的基本内涵来看,邓志伟认为和谐社会就是民主法治、公平正义、诚信友爱、充满活力、安定有序、人与自然和谐相处的社会。[③] 胡锦涛在2005年2月19日中央省部级主要领导干部提高构建社会主义和谐社会能力专题研讨班上的讲话中指出,我们所要建设的和谐社会,应该是民主法治、公平正义、诚信友爱、充满活力、安定有序、人与自然和谐相处的社会。因此,从这个角度去认识和谐社会的内涵是没有问题的。庞元正则根据十六届四中全会《决定》的界定,认为和谐社会是物质财富相对宽裕的社会、是追求公平正义的社会、是稳定有序的社会、是民主法治的社会。[④] 这可以看作对和谐社会相对通俗

[①] 马克思恩格斯选集(第1卷)[M].北京:人民出版社.1995年版.第273页
[②] 周建明.胡鞍钢.王绍光.和谐社会构建——欧洲的经验与中国的探索[M].北京:清华大学出版社.2007年版.第1页
[③] 邓伟志.和谐社会与公共政策[M].上海:同济大学出版社.2007年版.第17页
[④] 中国辩证唯物主义研究会编.论和谐社会[M].北京:中共中央党校出版社.2006年版.第9-26页

简单的理解。姜小川则较系统地对和谐社会的内涵做了解读,并把它概括为社会系统的相互协调状态、社会的良性运行和协调发展、有层次的和谐三个方面。① 乐后圣认为,和谐社会是指全面系统的和谐,社会的和谐是一个十分复杂的系统,其基本内涵应包括以下几个方面:a 人与自然的和谐、b 人与人的和谐、c 人与社会的和谐、d 人、社会与自然的和谐、e 以人为本的政治和谐、f 以人为本的经济和谐、g 以人为本的文化和谐。②

我们也可以从和谐社会的基本特征来理解科学的实践的和谐社会。从其特征来看,姜小川从社会基本矛盾出发,将社会和谐的内涵拓展到经济发展、人的发展、政治建设、法制建设、道德建设、文化建设、环境建设等各个领域,具有较宽广的理论视野。③ 因为即使进入了和谐社会,社会基本矛盾依然存在,只有从社会基本矛盾的不断调整出发,坚持以人为本,经济、政治、法制、道德、文化、环境等协调发展的社会才可能实现和谐。邓伟志则从社会资源、结构、行为、运行管理的视角对和谐社会进行规定,认为和谐社会是社会资源兼容共生、社会结构合理、社会行为规范、社会运筹得当的社会。④ 乐后圣则认为和谐社会是协调发展的社会、是可持续发展的社会、是稳定有序的社会⑤,这实际上是从社会发展、环境保护、人的发展等几个方面来把握和谐社会的本质内涵。

只有从科学实践的视野出发,才能把马克思主义的和谐社会即中国共产党提出的社会主义和谐社会与幻想的空想的和谐社会思想相区别,也有学者从这个意义上对和谐社会进行解读。韩波等就在梳理法国空想社会主义者傅里叶的和谐社会思想基础上对社会主义和谐社会做出解读。他们认为,傅里叶从经济基础到上层建筑、从生产力到生产关系给予了资本主义社会以尖锐地揭露和深切地批判,构想了一个以"法朗吉"为基本单位的、善待自然、顺其自然、经济发展、人口协调、阶级融合的理想社会,但是由于没有找到实现美好社会的阶级力量和现实途径,这样的理想社会职能最终流于空想。社会主义和谐社会则是在社会主义建设实践基础上,在经济发展、制度合理、人民自由的基础上,展开

---

① 姜小川主编. 科学发展观与和谐社会[M]. 北京:中国法制出版社. 2009 年版. 第74 页
② 乐后圣. 和谐社会建构论[M]. 北京:中国人口出版社. 2005 年版. 第18 – 20 页
③ 姜小川主编. 科学发展观与和谐社会[M]. 北京:中国法制出版社. 2009 年版. 第77 – 78 页
④ 邓伟志. 和谐社会与公共政策[M]. 上海:同济大学出版社. 2007 年版. 第20 – 22 页
⑤ 乐后圣. 和谐社会建构论[M]. 北京:中国人口出版社. 2005 年版. 第20 – 21 页

的人与人、人与社会、人与自然和谐发展的伟大实践。

二、作为复杂巨系统的和谐社会

构建和谐社会的战略构想能够提上议事日程,乃基于改革开放以来我国经济建设所取得的成就为其提供的强大的物质基础,但仅有物质基础的支撑,离和谐社会的构建尚有差距。改革开放以来,特别是新世纪后进入小康社会的基本国情告诉我们,随着经济的发展其他各种问题和矛盾将日益凸显,和谐社会仅靠经济发展独臂难支。我们必须依靠经济、政治、文化、社会、生态等各方面的协调发展,从而构成一个整体的和谐系统,建设社会主义和谐社会才会取得实质性的进展。杨春贵明确提出,构建社会主义和谐社会是一项重大历史任务和社会系统工程。他认为构建社会主义和谐社会,既是当前迫切的现实任务,又是一项长期的历史任务,涉及经济、政治、文化等各个领域。因此,我们必须把它作为具有战略意义的重大社会系统工程,积极、全面、持续地推向前进。一方面,构建和谐社会是一项涉及经济政治文化各个领域的社会系统工程,必须整体向前推进。这就要求我们必须持续快速健康地发展经济、必须正确处理人民内部的物质利益矛盾、必须切实加强民主法制建设、必须切实加强思想道德建设、必须切实加强社会建设与管理,从而为构建和谐社会提供坚实的物质基础、提供最广泛的群众基础、提供坚强的政治保证、提供有力的精神支撑、提供有效的社会管理体制和机制。另一方面,杨春贵还认为构建社会主义和谐社会既是当前的一项迫切任务,又是一项长期的历史任务。[①] 因此,杨贵春认为,作为一项艰巨复杂长期的系统工程,我们必须从系统观的特征出发,不断夯实构建社会主义和谐社会的基础。[②] 有学者直接从系统论的观点出发对和谐社会进行研究,并提出了构建和谐社会的系统范式。[③]

诸多研究表明,人类社会作为一个整体纷繁芜杂,要构建社会主义和谐社会,没有一个长期而艰辛的历史过程其实现将无法想象,因此,对于这样一个浩大工程,我们必须从多个方面对其进行系统的考察。

---

① 中国辩证唯物主义研究会编. 论和谐社会[M]. 北京:中共中央党校出版社. 2006年版. 第1-8页
② 同上书,第63-66页
③ 乌杰. 和谐社会与系统范式[M]. 北京:社会科学文献出版社. 2006年版. 第8页

第一,和谐社会是由人、社会、自然共同组成的一个动态的整体的有机系统,因此,从系统论的视角来看,构建和谐社会要实现系统要素的和谐,即实现"人与人、人与社会、人与自然的和谐"。构建社会主义和谐社会的提出是对人类社会在发展过程中造成的各种全球问题引发的发展困境的一个思考与超越。众所周知,二战后,虽然从整体上人类社会取得了长足的发展,但是这种发展是不平衡的发展,发展过程中造成了人与人、国家与国家之间的贫富分化、环境污染、生态破坏、耕地锐减,土地沙化、资源枯竭等一系列问题,人与人之间,人与社会之间,人与自然之间的矛盾日益突出并变得尖锐化起来。中国社会在改革发展的过程中也不可避免地出现了这一系列问题。为了解决这些矛盾和问题,就必须在发展过程中使人与人、人与社会、人与自然的关系协调起来,从而实现人与人、人与社会、人与自然关系的和谐。也就是说,构建和谐社会必须解决人与自然之间、人与人之间、人与社会之间的和谐。① 有学者认为,社会主义和谐社会就是包含人与人、人与社会、人与自然三个方面和谐的社会,并且进一步提出,人与自然关系的和谐是和谐社会的重点与核心,因此,我们首先要树立人与自然相和谐的生态文明观;其次要形成生态化的生产、生活方式;最后要建立健全生态法律制度体系。② 安锐等则在具体分析人与自然和谐及人与社会和谐关系的基础上指出,在人、社会、自然这三者关系中,人与自然关系的和谐决定着人与人社会关系的和谐,因为人类生存的第一需要是人与自然发生关系的动力,人类社会的发展是以人与自然关系的发展为前提的;反之,如若人与自然的关系失和,则人与自然关系的矛盾对抗也将导致并决定着人与社会关系的对抗。从某种程度上看,人与人、人与社会之间关系的对抗从根本上表现为人与自然关系的紧张。人类为获取各种自然资源而相互掠夺相互厮杀。当然,人与自然关系及人与社会关系的和谐又决定并促进着人与人之间的和谐。③

第二,和谐社会是由经济、政治、文化、社会、生态的不断发展变化所组成的一个动态系统,这就要求构建和谐社会要实现经济、政治、文化、社会、生态的协调发展。我国在2001年人均国内生产总值已达1042美元,随着经济社会的发

---

① 习有禄.构建和谐社会是一个长期的系统工程[J].楚雄日报.2007.4.25.第3版
② 于延晓.建设人与自然和谐的生态文明[N].光明日报.2007.8.14.第1版
③ 安锐.曹亚茹.论人与自然和谐以及人与社会和谐的关系[J].陕西行政学院学报.2007.2.65-67

展,各种社会问题也层出不穷并日益多样化起来,经济、政治、文化、社会、生态的问题和矛盾不断增多,各方面协调发展的呼声不断高涨并日益受到重视,提出经济、政治、文化、社会、生态作为和谐社会系统工程的子系统,应得到均衡与协调发展,以确保构建社会主义和谐社会的实现。① 冯国瑞则提出构建社会主义和谐社会是一项特大的、复杂的、动态的社会系统工程,这项系统工程是涵括经济建设、政治建设、文化建设、社会建设四个子系统的一个有机整体,在运行机制和功能上都有其特殊的表现,四个子系统及其各个组成因素之间又存在着错综复杂的辩证互动关系,形成一种复杂的、动态的社会网络系统和社会系统工程。正确把握这些规律及其交互作用,对于推进社会主义和谐社会的建设至关重要。②

第三,和谐社会是由其基本特征、利益协调基础、基本内容构成的有机系统。胡锦涛提出要构建民主法治、公平正义、诚信友爱、充满活力、安定有序、人与自然和谐相处的社会。由此看来,诚信友爱应是和谐社会的一个基本特征,同时也是构建和谐社会的现实要求。吴潜涛就将诚信友爱看作"维系社会正常运行的基本纽带",认为诚信友爱"对于人类社会的存在与发展具有根本性意义""对于社会政治稳定、国家长治久安、人民安居乐业"有着特殊的功能和作用。③ 在经济体制改革取得了阶段性的成就之后,我国的利益格局发生了深刻变动,社会的利益冲突日益凸显,只有协调好各方面的利益关系,才能实现人与人、人与社会的和谐,这样,从制度建设角度来看,则要求以制度公平为基础来协调社会利益关系,因为制度公平是和谐社会利益关系协调的基础、制度公平是和谐社会安定有序的根本保障、制度公平是和谐社会充满活力的激励机制。④ 有学者则具体提出了教育机会公平、就业求职公平、收入分配公平、安全保障公平、执法司法公平、接受服务公平、文化分享公平、信息获取公平、环境资源公

---

① 向春玲. 对构建社会主义和谐社会的系统论思考[J]. 中共石家庄市委党校学报. 2005.8.9-11,45
② 冯国瑞. 构建社会主义和谐社会是一项复杂的社会系统工程[J]. 北京行政学院学报. 2006.3.32-36
③ 吴潜涛. 诚信友爱:社会主义和谐社会的一个基本特征[J]. 郑州轻工学院学报(社会科学版). 2006.10.3-5
④ 黄岩. 制度公平:构建社会主义和谐社会的有力保障[J]. 郑州轻工学院学报(社会科学版). 2006.10.5-7

平、经贸交往公平、性别年龄公平和发展机会公平十二个制度公平指标,认为如果能达到这十二个公平指标,和谐社会就指日可待了。① 同时,和谐社会也是以理想信念、民族精神为重要内容的复杂巨系统。杨丽坤就指出,崇高的理想信念具有导向作用,能够保证构建社会主义和谐社会的前进方向;崇高的理想信念具有凝聚作用,能够推动构建社会主义和谐社会的实践沿着正确的方向前进;崇高的理想信念具有支撑作用,能够保证构建社会主义和谐社会顺利前进。② 完颜华则认为,弘扬和培育中华民族精神,能够增强构建社会主义和谐社会的民族凝聚力;弘扬和培育中华民族精神,能够为构建社会主义和谐社会提供强大的精神激励力量。③

第四,构建和谐社会必须切实解决人民群众热切关注和急需解决的热点难点问题,关于这些热点难点问题,许多学者进行了深入的详尽研究。随着我国改革开放的不断深入发展,社会呈现出的问题不仅越来越多,也越来越深层化,人民群众不仅关心与经济物质相关的外部利益问题的解决,也关心公平公正等制度保障问题的解决,并且随着人民素质的提高,越来越关注自身权益等内在问题。这样,经济发展、科技、就业、收入分配、区域发展、新农村、民主法制、教育、医疗健康、环境保护、循环经济、社会稳定、对外开放、政府转型等④问题进入百姓关心和学者研究的视野,并成为和谐社会大系统的重要组成要素。更有学者提出,构建和谐社会,是走向清明政治、社会安宁、诚信友爱、绿色环保、新型管理、平民教育、生活安宁、身心健康、平稳发展、精神富足、共同富裕、社会保障、民主政治、男女平等、社会公正、教育公平、健康文化、安居乐业、科学文明、亲和互助⑤二十个方面的庞大社会系统。李洪泽等则提出,构建和谐社会必须正确处理好经济建设与社会各项事业、激发社会活力与维护社会稳定、效率与公平、先富与共富、不同社会阶层、群体之间、地区之间、行政管理与社会自我管理、传统政治优势与创新群众工作机制等各方面的关系,突出做好生产力发展、

---

① 张启人. 发展社会系统工程,加速构建和谐社会[J]. 系统工程. 2006.1.1 – 8
② 杨丽坤. 理想信念:构建社会主义和谐社会的灯塔[J]. 郑州轻工学院学报(社会科学版). 2006.10.7 – 9
③ 完颜华. 民族精神:构建社会主义和谐社会的精神动力[J]. 郑州轻工学院学报(社会科学版). 2006.10.9 – 16
④ 邓伟志. 和谐社会与公共政策[M]. 上海:同济大学出版社. 2007年版. 第5页
⑤ 王岗峰等编. 走向和谐社会[M]. 北京:社会科学文献出版社. 2005年版. 第10页

经济建设、民主法制建设、法律法规体系建设、社会主义先进文化建设、精神文明建设、以技术创新为重点的创新能力建设、社会子系统的和谐建设、环境保护和生态建设等重点工作。①

第五,和谐社会复杂巨系统的其他组成要素。如有的学者把和谐社会的建设概括为执政党建设、精神文明建设、体制改革、经济建设、民主建设、法制建设、宗教建设、国防建设、人口发展、社会阶层、国际思潮等是一个方面。② 王兆铮认为,构建社会主义和谐社会是系统工程。这个系统工程特别需要从纵向和横向两大方面加以把握:从纵向时间的跨度看,要充分认识这是需要长期推进、不断推进的任务,既要牢牢把握方向,更要研究发展进程中不同阶段的特点;从横向内容的宽度看,要充分认识这是一个复杂、艰巨的系统工程,涉及方方面面,其中,物质是基础,政治是主导,制度是规范,法治是保障,文化是灵魂,和谐是目的。③ 作为一个复杂的巨系统,和谐社会包含的诸多子系统也是纷繁复杂的要素,我们不可能对其详细列举,学界也不可能对其进行全面详尽的研究。

三、构建和谐社会的支撑系统

作为一个庞大繁复的系统工程,必然会有诸多的子系统,和谐社会的构建也是如此,它必将要求经济、政治、文化、社会、法制、教育、宗教等全方位的协调配合,才能支撑起这样一座人类文明的璀璨大厦。

第一,构建和谐社会需要强大的物质基础,经济的发展是其最基本的物质支撑。傅里叶的"法朗吉"只能是对未来美好和谐社会的空想,这种空想和谐社会的一个重要原因就是缺乏社会发展的基本物质基础,以手工业农业为基础的经济落后的"和谐社会"不可能实现。我国是在改革开放后经济发展取得了巨大成就,社会发展需要我们进一步协调人、社会、自然之间的关系,在这样的物质基础上,提出了构建社会主义和谐社会的发展战略。因此,要解决由人们的利益冲突引发的各种社会失谐关系,构建和谐社会就必须继续坚持发展第一要务,筑牢和谐社会的物质基础。季云姝提出,构建社会主义和谐社会,必须首先

---

① 李洪泽等. 对构建和谐社会的整体考虑[J]. 科技情报开发与经济. 2006. 19. 103-104
② 乐后圣. 和谐社会建构论[M]. 北京:中国人口出版社. 2005年版. 第2页
③ 王兆铮. 遵循唯物史观构建社会主义和谐社会系统工程[J]. 长春市委党校学报. 2010. 3. 13-16,93

抓住发展,打牢和谐之基。这就要求我们首先必须立足于加快发展,解决发展不够的问题,增强综合发展实力;其次,必须立足于协调发展,解决发展不平衡问题,提高经济社会发展层次;最后,必须立足于全面发展,化解深层次矛盾,创造稳定和谐发展环境。① 王晓燕认为,经济发展是社会和谐的基础,和谐社会应是物质富裕的社会,社会和谐也将为经济发展提供良好的条件,因此,只有大力发展经济,夯实和谐社会的物质基础②,和谐社会的构建才有可能。尤其在我国经济总体质量有待继续提升的情况下,继续解放和发展生产力是构建和谐社会的关键。③

第二,构建和谐社会没有优越制度的支撑将无法想象,制度创新和制度建设是构建和谐社会的基础和保障。社会主义的国家制度,即以公有制为基础多种经济成分并存的基本经济制度和以人民民主专政为核心的基本政治制度等是我国的优越制度体系,这将为构建和谐社会提供制度支撑。但是,任何事物都是在不断向前发展的,否则就将被滚滚向前的历史超越和抛弃,随着我国经济的发展,经济体制改革需要进一步向前推进,政治体制改革也呼声日高,科教文卫等体制改革也需要继续深化。尤其我国当前正处于经济政治体制的转型时期,转型本身就意味着不稳定,在这个特殊的阶段,没有制度的完善与规制,道德的力量是微弱的,制度建设远比道德建设更为关键。正如邓小平指出的,"制度好可以使坏人无法任意横行,制度不好可以使好人无法充分做好事,甚至会走向反面。"④只有通过制度建设和创新⑤,才能始终保持我国社会制度的优越性和旺盛的生命力,从而为构建和谐社会提供制度的支撑和保障。⑥ 有学者认为,社会和谐从本质上看是一种制度的和谐,这种制度的和谐表现为"人本性""公正性""民主性""均衡性""创新性"五个基本特质,是制度正义和制度理性的基本体现。在此基础上,魏海青提出,构建和谐社会,应以"民主法治"为

---

① 季云姝. 坚持发展第一要务,筑牢和谐社会的物质基础[J]. 世纪桥. 2006. 10. 21 – 22
② 王晓燕. 大力发展经济,夯实和谐社会的物质基础[J]. 现代经济信息. 2009. 24. 37 – 38
③ 刘泰来. 徐继开. 解放和发展生产力是构建和谐社会的物质基础[J]. 生产力研究. 2011. 2. 43 – 44
④ 邓小平文选(第3卷)[M]. 北京:人民出版社. 1991年版. 第333页
⑤ 马春如. 构建和谐社会重在制度创新[J]. 理论探索. 2006. 5. 39 – 41
⑥ 曾枝盛. 制度建设是构建社会主义和谐社会的保障[J]. 南都学坛(人文社会科学学报). 2006. 5. 112 – 115

价值基点,完善民主法治制度,提高制度供给质量;以"以人为本,公平与效率的平衡"为价值核心来变革制度、创新制度;以"全面均衡发展"为价值标尺,加强制度供给,实现供需平衡;以"现代技术"为工具创设微观制度与制度运行监督机制。保证其科学性、可操作性。① 王爱军认为,制度正义是和谐社会的本质要求,实现和谐社会必须以制度正义为核心,全面落实公平分配机制,正确处理公平与效率、国家权力和公民权利,以及权利、结果公平和机会、规则公平的关系。社会主义和谐社会的构建应凸显社会主义制度正义本质,强化法律制度在利益分配机制中的作用,达到社会各阶层各尽所能,各得其所,而又和谐相处的理想境界。② 梁木生则认为,我国目前正在迅速发展社会主义市场经济,与此相适应我国建立的是一种不同于传统静态社会的动态社会,因此我国目前和谐社会的建构当然需要通过制度整合实现,包括民间制度与国家制度两个方面。③ 黄新华也提出,制度的存在提供了人类相互影响的框架,是社会政治、经济秩序建构的基础。因此,制度安排是社会状态函数的一个关键性变量。在缺少制度保障的情况下,民主法治、公平正义、诚信友爱、充满活力、安定有序、人与自然和谐相处的社会主义和谐社会将难以实现。④

第三,文化是构建和谐社会的智力支撑。社会是由经济、制度、文化⑤等构成等一个有机整体,社会的发展有赖于文化提供的智力支撑。从历史上看,在人类发展的关键转折期,首先是文化的发展、创新和繁荣为社会的发展奠定了精神支柱和智力支持。社会的现代化首先是文化的现代化。我们欲构建和谐社会,社会的和谐也首先是文化的和谐。⑥ 和谐的文化是人们依附的精神家园,也是和谐社会具有凝聚力、向心力和感召力的源泉之一。⑦ 刘立杰也认为,和谐文化是社会主义和谐社会的基石,因为建设和谐文化有利于保证社会朝着正确

---

① 魏海青. 制度和谐:和谐社会的基石[J]. 理论与现代化. 2007.6.26 – 29
② 王爱军. 和谐社会与制度正义[J]. 齐鲁学刊. 2007.4.147 – 147
③ 梁木生. 论和谐社会的制度整合[J]. 湖北经济学院学报. 2007.7.82 – 85
④ 黄新华. 构建社会主义和谐社会的制度创新与路径选择[J]. 东南学术. 2008.4.138 – 147
⑤ 刘园园. 薛泉. 经济——制度——文化:和谐社会三部曲[C]. 湖北省行政管理学会2006年年会论文集. 2007.1.596 – 599
⑥ 秦刚. 构建和谐社会必须着力建设和谐文化[N]. 光明日报. 2005.10.18. 第1版
⑦ 向加吾. 许屹山. 和谐文化:社会主义和谐社会的精神基础[J]. 前沿. 2007.9.222 – 225

的方向发展、促进社会经济的协调发展、化解社会发展过程中的矛盾、调整利益冲突。① 因此,只有推动文化建设与创新②,构建和谐文化,才能为构建和谐社会提供一个良好的舆论环境和奠定良好的智力支撑。③ 通过文化建设与创新构建和谐的文化,也可以为构建和谐社会提供文化生态的支撑。④ 在和谐文化建设中,我们又应当把社会主义核心价值体系作为建设和谐文化的根本。⑤ 总之,和谐社会建设与和谐文化建设是相辅相成的,没有文化的和谐,就没有社会的和谐。⑥

第四,构建和谐社会需要技术的支撑。人类社会的发展从技术上看就是以生产工具为标志的技术的不断向前发展。从木棍木弓到青铜器、由青铜器到铁器、从铁器发展到以蒸汽为动力的大机器再到以电力为动力的大机器,如今信息技术如日中天,应用在社会生产生活的各个领域,信息化成为社会发展的主题。历史地看,正是以技术手段为标志的生产力的发展推动着人类社会不断前进。如今,在科学技术主导社会发展的新时代,我们必须依靠科学技术才能构建和谐社会。科学技术在我们构建社会主义和谐社会的历史进程中,不仅能够为社会文化建设提供精神支撑,而且也将为社会经济建设提供强大的物质支持,从而成为和谐社会建设的根本动力。⑦ 张虹等则认为,科学技术的发展是促进社会和谐的动力系统,科学技术的发展是促进社会和谐的协调系统,科学技术的发展是促进社会和谐的修复系统,科学技术的发展是促进社会和谐的保障系统,科学技术的发展是促进社会和谐的辅助系统。⑧ 赵钦聪认为,科技发展能够促进人与自然的协调发展,有利于解决人与自然的矛盾,科技发展可以促进

---

① 刘立杰. 和谐文化:社会主义和谐社会的基石[J]. 科教文汇. 2007.1.146
② 沈思. 和谐社会需要加强和谐文化建设[J]. 江苏省社会主义学院学报. 2009.2.75–76
③ 鲍洪武. 创造良好文化环境与构建和谐社会[J]. 攀登. 2007.4.8–10
④ 徐建. 构建社会主义和谐社会的文化生态支撑[J]. 山东省青年管理干部学院学报. 2010.11.7–10
⑤ 张洪江. 刍议社会主义核心价值体系是建设和谐文化的根本[J]. 理论经纬. 2009.12.146–152
⑥ 李媛媛. 和谐社会建设中的文化自觉[J]. 攀登. 2007.5.87–88
⑦ 娄玉芹. 充分发挥科学技术在和谐社会建设中的作用[J]. 山东社会科学. 2008.2.59.153–155
⑧ 张虹. 冯利哲. 高宁. 论科学技术是和谐社会发展的推动力量[J]. 法制与社会. 2009.1(下). 258

人际关系的改善,有利于解决人与人自身的矛盾。① 李锐锋则认为,构建和谐社会不仅要求一般的技术支撑,要实现人与人、人与自身的和谐需要的是人性化的技术支撑。② 李成芳则认为,构建人与自然和谐相处的社会,更需要生态化技术的支撑。③

第五,构建和谐社会需要公平正义的制度支撑。中国社会自古以来"不患寡而患不均",追求公平正义是我国古代劳动人民的一种社会理想,是社会主义社会发展的一个重要目标。随着我国经济社会的发展,当基尼系数超过0.4的警戒线水平,贫富分化日益严重的情况下,中国百姓对公平正义的关注更是与日俱增。察凤娥将公平正义看作和谐社会的必然要求。④ 我们不仅应把公平正义作为和谐社会的基本特征,它也是构建和谐社会的社会基础和关键要素,更应该是和谐社会的价值取向。张琼、钱德春把公平正义提高到人与人和谐相处的根本尺度的高度,认为公平正义的制度建设是构建和谐社会的核心环节。⑤ 回登明认为,公平正义既是社会主义和谐社会所追求的价值取向,又是构建社会主义和谐社会的主要环节。构建社会主义和谐社会,要把维护和实现公平正义作为切入点。⑥ 梁燕雯认为,公平正义是衡量社会合理性和进步性的一个重要标志,它与和谐社会的价值取向是一致的。⑦ 杨慧玲、黄琳庆认为,公平正义作为人类社会普遍的价值追求,一直在屡败屡战中延续至今未曾泯灭,并且砥砺出自己高贵的道德优越感。公平正义是衡量社会和谐与文明程度的重要尺度,更是构建社会主义和谐社会的前提,没有公平正义就没有和谐,因此必须加强公平正义⑧。但是,加强公平正义,实现公平正义,需要有公平正义的制度保

---

① 赵钦聪. 科学技术与和谐社会构建[J]. 科技风. 2012.11.205
② 李锐锋. 廖莉娟. 黄飞. 人性化技术与社会的和谐发展[J]. 科学技术与辩证法. 2005.10.74-77
③ 李成芳. 论技术生态化与和谐社会[J]. 前沿. 2013.7.175-176
④ 察凤娥. 公平正义是和谐社会的重要特征[J]. 山东省青年管理干部学院学报. 2006.9.35-36
⑤ 张琼. 钱德春. 公平正义——构建和谐社会的社会基础[J]. 毛泽东思想研究. 2005.11.9-10
⑥ 回登明. 公平正义:和谐社会的关键要素[J]. 贵州民族学院学报(哲学社会科学版). 2006.2.56-58
⑦ 梁燕雯. 公平政治:和谐社会的价值取向[J]. 思想教育研究. 2007.10.24-26
⑧ 杨慧玲. 黄琳庆. 加强公平正义,促进和谐社会的构建[J]. 传承. 2009.1.46-47

障,公平正义不会在和谐社会中自动产生,只有在制度的安排下,社会才能实现公平正义,这就要求首先有体现公平正义的社会制度,只有社会制度公平正义,才有整个社会的公平正义。① 而法律建设又是制度正义的保证,宪法则是构建公平正义和谐社会的最基本保障。蔡兴认为,宪法保障公平正义的分配,它规定了人民的平等权,是对弱势群体的保护,保护公民的人格尊严不受侵犯,是我们实现共同富裕的报障,不仅规定了代内公平,也规定了代际公平。② 在我国经济社会不断发展,蛋糕不断做大的条件下,人民群众又将公平正义的焦点放在了分配公平之上,因此,构建公平的分配制度是构建和谐社会的着力点,对构建和谐社会有重要的支撑作用。改革收入分配制度,促进社会公平,已经成为当前构建社会主义和谐社会的一项重要途径。③

第六,要构建人与自然和谐相处的和谐社会,还需要良好的生态环境和生态文明做支撑。在工业化的进程中,由于环境污染、生态破坏、水土流失、土地沙化等问题的出现,不仅影响着人类的持续健康发展,也造成了人与自然的对立和矛盾,造成了社会发展的失谐。构建良好的生态环境与生态文明,为人类自己提供一个良好的栖居环境,不仅将改善人与自然的关系,也将促进社会整体走向和谐。因此,良好的生态环境已经成为建设和谐社会的一个有力的方向标。④ 这就要求我们在构建和谐社会时必须时刻注意保护生态环境。⑤ 同时,我们必须加强生态环境建设,因为好的生态环境是建设和谐社会的必要条件,不管是人的存在和发展,还是社会的存在和发展,环境都起了基础的承载作用。一个良好的生态环境能促进社会的可持续发展,可持续发展需要自然生态系统可持续地提供发展的资源和环境,否则,可持续发展就会成为一句空话。⑥ 生态环境既是构建和谐社会的资源保障⑦,也是构建和谐社会的重要基础⑧,只有保

---

① 胡勇. 吴兴南. 构建和谐社会有赖制度安排的公平与公正[J]. 福建省社会主义学院学报. 2006. 2. 8 – 11
② 蔡兴. 宪法是构建公平正义和谐社会的保障[J]. 法制与经济. 2008. 1. 108 – 109
③ 赵春光. 构建公平分配制度促进和谐社会建设[J]. 北方经济. 2008. 4. 63 – 64
④ 杨睛. 扎西. 良好的生态环境是和谐社会的方向标[N]. 亚洲中心时报. 2007. 4. 12. 第3版
⑤ 高秀梅. 保护生态环境与构建和谐社会[J]. 社科纵横. 2007. 11. 58 – 59
⑥ 韩茂淑. 加强生态环境建设,构建和谐社会[J]. 合作经济与科技. 2010. 12. 96 – 98
⑦ 樊辉. 生态环境是构建和谐社会的资源保障[J]. 甘肃林业. 2007. 5. 1
⑧ 彭艺. 生态环境建设是构建社会主义和谐社会的基础[J]. 理论导报. 2005. 10. 2 – 3

护生态环境,积极开展生态环境建设,构建生态文明,才能为构建和谐社会添砖加瓦。①

第七,宗教是社会主义和谐社会复杂巨系统的一个重要组成部分,积极发挥宗教弘扬善的功能为构建和谐社会服务,使宗教事业成为构建和谐社会的重要支撑。唐丽丽、丁武就指出过,宗教作为社会系统的重要组成部分对于构建社会主义和谐社会具有重要意义。② 虽然马克思说过,"宗教是人民的鸦片。"③我们必须正确地理解这句话。在阶级社会,由于阶级对立和阶级矛盾的不可调和,被统治阶级承受着社会的各种深重灾难,劳动人民只能借助宗教获得精神上的支持以为自己提供活下去的勇气,其他则少有慰藉甚至无可慰藉,在这样的背景下,"宗教里的苦难既是现实的苦难的表现,又是对这种现实的苦难的抗议。"④在我国,剥削阶级已经被消灭,人民成为了国家的主人,在社会主义制度下宗教作为文化事业的一个组成部分承担着它扶助社会弘扬良善的积极的社会功能。在建设和谐社会中,通过发挥宗教伦理道德的正面功能建构新的人与人、人与社会的亲和关系。窦效民认为,宗教具有较强的社会调节功能,一是它可以调节人与人、人与社会之间的关系。我们可以看到,世界上几乎所有的宗教都主张泛爱,不少宗教的教义都规定了"财产公有""人人平等"的政治理想和"禁恶扬善""济世利他"的伦理道德思想,这在客观上有利于家庭、地区、国家的团结稳定。二是宗教可以调节民族关系,促进民族团结及和睦相处。在建设中国特色社会主义经济和文化中,信仰宗教和不信仰宗教的各族同胞,求同存异,互相尊重,互相交往,互相帮助,共同发展,成为党和政府贯彻民族政策,促进民族发展,维护社会和谐的得力助手。三是宗教可以起到调节国家关系的作用。⑤ 潘世信也认为,宗教对于构建和谐社会有重要的作用,一方面,我国有众多的信教群众,他们是构建和谐社会的一支重要力量;另一方面,宗教活动、场所已经成为社会主义文化的一个组成部分,成为了信教群众的精神家园。与

---

① 姚丽亚. 生态文明——为构建和谐社会添砖加瓦[J]. 现代营销. 2013.1.150-151
② 唐丽丽. 丁武. 宗教的社会功能与构建和谐社会[J]. 当代世界与社会主义. 2010.4.177-179
③ 马克思恩格斯选集(第1卷)[M]. 北京:人民出版社. 2012年版. 第2页
④ 同上
⑤ 窦效民. 宗教与和谐社会构建[J]. 郑州大学学报(哲学社会科学版). 2008.11.25-27

此同时,宗教活动和宗教界的善行义举对于构建和谐社会有不可忽视的重要作用。[①] 周晓燕也提出,宗教在构建社会主义和谐社会中具有重要的地位,它既是构建和谐社会的一项重要内容,也是衡量社会和谐的重要标志之一,宗教问题也是构建和谐社会的重要课题,因此我们必须贯彻落实党的宗教政策,调动起宗教界人士的积极性,积极引导宗教与社会主义和谐社会相适应,促进和谐社会发展。[②]

第八,构建和谐社会的其他支撑。作为一项复杂而长期的系统工程,和谐社会是由其各个子系统及诸组成要素共同支撑起来的,因此,除了上述列举的诸支撑体系外,和谐社会还有教育、管理、民族、人口素质等各方面的积极作用。杨丽华就认为,教育事业是一个民族最根本的事业,是构建社会主义和谐社会的基础,通过教育的和谐发展,为社会培养一代又一代和谐的人,从而实现从根本上促进社会的和谐发展。[③] 颜昌廉则指出,教育能够为和谐社会提供传统精神基础,注入高尚人格精神,构建强势创造主体,增强发展不竭动力,展现无限美好前景。[④] 又如,我国是一个多民族国家,民族问题在社会建设中异常重要,和谐的社会主义民族关系对于构建和谐社会具有重要意义。马黎晖、夏冰指出,和谐的民族关系是国家安邦强盛的基础,是社会安定进步的基础,也是各民族安乐发展的基础。这就要求我们必须坚持和完善民族区域自治制度,创造和培育民族和谐的社会氛围。[⑤] 我们必须正确处理好民族关系,建立健全合理的民族政策[⑥],大力发展民族地区经济,促进民族地区各项事业的向前发展,巩固和发展平等、团结、互助、和谐的社会主义民族关系,推动整个社会的和谐发展。[⑦] 再如,我国人口众多,要推动经济社会的发展和构建和谐社会,就必须不断提高人口素质,把人口压力转化为人力资源优势,从而为构建和谐社会助一

[①] 潘世信. 论宗教在构建和谐社会中的作用[J]. 理论前沿. 2007. 6. 22 – 23
[②] 周晓燕. 宗教与构建社会主义和谐社会[J]. 广州社会主义学院学报. 2012. 1. 70 – 73
[③] 杨丽华. 论教育在构建社会主义和谐社会中的作用[J]. 延边教育学院学报. 2007. 4. 17 – 19
[④] 颜昌廉. 论教育在构建和谐社会中的特殊意义[J]. 钦州师范高等专科学校学报. 2006. 2. 25 – 28
[⑤] 马黎晖. 夏冰. 和谐的社会主义民族关系对构建和谐社会的重要意义[J]. 新疆师范大学学报(哲学社会科学版). 2007. 3. 70 – 73
[⑥] 冶成云. 正确处理民族问题,切实构建和谐社会[J]. 攀登. 2006. 3. 42 – 44
[⑦] 吴秀兰. 论社会主义和谐社会框架中的民族关系[J]. 攀登. 2007. 3. 20 – 23

臂之力。①

总之,构建和谐社会这样一项艰巨复杂而又长期的系统工程,需要一个庞大的支撑系统,各系统相互作用,相互协调,才能共同推动和谐社会的发展。

四、构建和谐社会的现代技术支撑

现代技术的发展造就了现代社会,在现代社会的基础上构建和谐社会离不开技术的支撑。古代对未来美好社会的憧憬只能是幻想,近世的"和谐社会"思想也只能是空想,其中一个重要原因就是没有现代技术给这种美好社会的设想提供支撑,依托于落后的手工技术的只能是物质匮乏劳动繁重生活艰辛人性扭曲的人剥削人人压迫人的社会。在这样一个人剥削人人压迫人的社会,人与人之间的关系表现为紧张对立与激烈冲突。由于存在着阶级剥削与阶级压迫,剥削阶级以统治者和主人的身份突兀地呈现在人际关系面前,人与人之间处于一种不平等的尊卑关系中。实际上,一方面统治阶级作为食利者以享用社会劳动及劳动产品的姿态出现,这样,以食利者身份出场的统治阶级也就以与社会劳动及劳动产品相对立的方式出现。另一方面劳动者阶层即被统治阶级却以承受社会劳动但不能享用劳动产品的形式与社会劳动与劳动产品相对立。也就是说,在这两方面,都导致在生产和生活中人与人之间的全面对立,无法实现人与人之间关系的和谐。其次,由于技术水平低下导致生产劳动繁重,不合理的社会制度更加剧着这种劳动的非人性,造成人与社会关系的失和。人们不是在自己的生产活动中与社会融合在一起,而是在非人化的劳动这种生存方式中对抗着这个社会,想要挣脱社会强加在自己身上的锁链。最后,以手工技术为工具的生产方式虽然不会对生态环境造成巨大的影响和破坏,但这种效率低下的生产方式使自然以一种强大的力量神秘地矗立在人的面前,人在自然面前俯首膜拜,人从属于自然,人与自然之间处于一种自然中心的不平衡关系中。

现代技术则不仅改变了人与自然的关系,也改变着人与人、人与社会的关系。现代科学技术使人的主体地位不断凸显出来,人从自然界中真正地独立出来,人控制自然,改变自然,按照人的目的人的需要改变着自然。甚至人可以以自然的主人的身份在自然中出场。人与自然的关系发生了逆转。同时,现代技

---

① 娄淑华. 论人口素质在和谐社会发展中的作用[J]. 人口学刊. 2005.4.6–9

术也在不断地消解人与人、人与社会之间的紧张对立关系。在现代技术面前，人的身份地位退隐，在技术面前呈现出的是作为一般的技术人或技术使用者。譬如对于一辆汽车，不论作为资本家或作为工人，作为技术的使用者他们拥有一个共同的名字——司机。这不仅是因为现代技术遮蔽着人的身份地位，也同时改变着人的存在方式和认知模式，人的意识形态发生改变。这样，现代技术对人的身份地位的遮蔽和人的意识形态的改变使人与人之间和谐相处成为可能。① 同样，现代技术也如此这般地使人与社会的紧张对抗关系得到缓和。现代技术的发展呈现出这样一种力量，它使技术日益显现在场，社会的舞台在某种程度上留给了技术，人却退场到技术的背后。一个明显的现象就是，当代社会通过监控技术的广泛应用，使社会的盗窃违法事件显著降低。因此，现代技术也为人与社会的和谐提供可能。

现代技术促进人与人、人与社会、人与自然的和谐发展，因此，我们就有必要认识现代技术在构建和谐社会中承载的生态价值、人文价值、社会价值②，并运用现代技术承载的价值，充分发挥其在构建和谐社会中的作用。③ 进入信息时代，信息技术的发展一日千里，它将人与人之间的距离迅速拉近，尤其在互联网技术的快速发展与推动下，地球俨然成了一个"地球村"，人与人之间的沟通与理解与日俱增，社会也朝着整体有序的方向向前发展，信息技术正日益为构建和谐社会提供重要的支撑作用。④ 尚立群认为，我们可以通过现代信息技术的快速发展和广泛应用，通过推进国民经济信息化、加快社会信息化步伐、在信息技术发展的支持下，推行电子政务，提高办事效率，进一步促进经济社会发展，加快实现政府职能转变，具体包括继续推进重点业务系统和基础数据库建设、规范政务基础信息的采集和应用、推动政府信息公开、加快电子政务网络的建设和整合步伐、深化电子政务应用、加快建设宏观经济管理、应急指挥、工商管理等，以进一步提高跨部门信息共享和业务协同水平、进一步完善和扩展政

---

① 李锐锋．廖莉娟．黄飞．人性化技术与社会的和谐发展[J]．科学技术与辩证法．2005.10. 74 – 77
② 吕景城．科学技术在构建和谐社会中的价值[J]．河北理工大学学报（社会科学版）．2008.5. 117 – 120
③ 娄玉芹．充分发挥科学技术在和谐社会建设中的作用[J]．山东社会科学．2008.2. 153 – 155
④ 韩晓民．信息技术将为创建和谐社会发挥重要作用[N]．人民邮电．2006.10.24. 第5版

府网站功能、提高政务公开和公共服务水平。①

此外,在信息技术的带动之下,新媒介技术得到了迅猛的发展,给人类的政治、经济、文化和社会生活带来了颠覆性的影响,为构建和谐社会带来了新的契机。吴世文认为,在信息技术尤其是网络技术发展中催生的新媒介技术,为构建社会主义和谐社会提供了新的支撑与保障。②

循环技术也是对于构建和谐社会尤其是促进人与自然和谐发展有重大作用的新兴现代技术。依托于循环技术的循环经济在促进经济社会发展的同时节约不可再生资环、保护生态环境,成为和谐社会的构建支点。正如叶帆所指出的,循环经济是一种建立在物质和能量不断循环利用基础上的经济模式,发展循环经济与构建社会主义和谐社会是高度一致的。③

五、生态技术是构建和谐社会的关键技术支撑

构建和谐社会战略构想提出的一个重要原因,就是人类社会在发展过程中造成了环境污染、生态破坏、能源枯竭、土地沙化等人与自然之间矛盾的尖锐化,人与自然关系的失谐威胁着人类社会的可持续发展。因此,在经济社会发展的基础上重新实现人与自然关系的和谐是构建和谐社会的一个重要前提和基础,它也决定着人与社会人与人之间关系的和谐。④ 正如胡锦涛在省部级主要领导干部提高构建社会主义和谐社会能力专题研讨班上的讲话中所指出的那样,"大量事实表明,人与自然的关系不和谐,往往会影响人与人的关系、人与社会的关系。如果生态环境受到严重破坏、人们的生活环境恶化,如果资源能源供应紧张、经济发展与资源能源矛盾尖锐,人与人的和谐、人与社会的和谐是难以实现的。"⑤

前已论述,要构建人与自然关系和谐的和谐社会,离不开技术的支撑。现

---

① 尚立群. 发挥信息技术作用,促进和谐社会建设[N]. 青岛日报. 2006.12.30. 第6版
② 吴世文. 新媒介技术与和谐社会的构建[C]. 第六届亚太地区媒体与科技和社会发展研讨会论文集. 2008.11.98-103
③ 叶帆. 和谐社会的构建支点:循环经济[J]. 中共乌鲁木齐市委党校学报. 2005.6.32-35
④ 安锐. 曹亚茹. 论人与自然和谐以及人与社会和谐的关系[J]. 陕西行政学院学报. 2007.2.65-67
⑤ 胡锦涛. 在省部级主要领导干部提高构建社会主义和谐社会能力专题研讨班上的讲话[N]. 人民日报. 2005.5.20. 第1版

代技术为构建和谐社会提供了各种可能。但是,现代技术是一柄"双刃剑"。贝尔纳认为科学的社会功能的普遍性便是造福于人类[1],我们可以同样认为,技术的社会功能的普遍性也是造福于人类,技术独特而有效的社会功能便是技术活动和技术的应用构成了社会进步的基础。可以在这个意义上说,亚里士多德认为,技术是一种善,它以某种善为目的。[2] 科学技术的社会功能中也有其"恶"的一面。[3] 现代技术在促进人类社会迅速发展和给人类带来福祉的同时,也造成了社会的不和谐。这种不和谐主要表现为三个方面:首先,人类利用现代技术对自然征服和掠夺式的开发利用导致了自然生态危机并进而造成了人的生存危机;其次,现代技术强化了社会霸权主义,导致了社会不公并造成了社会生态危机;最后,技术理性至上导致人文精神的衰微并造成了人自身的心态危机。[4] 现代技术的应用对人类社会造成的这种负面影响可能是由人类对技术的不当运用造成的,也可能是由技术理性的泛化而对人文精神的僭越造成的。[5] 现代技术对人类社会发展的这种消极作用还可能是由现代技术自身无法克服的内在缺陷造成的。无论什么原因,现代技术在造福人类的同时所带来的消极后果和破坏性作用,无法从现代技术自身得到解决,只有超越于现代技术的生态技术,才能更好地承担起构建和谐社会的历史使命。

生态技术是以人为本的人性化的技术,是能够使人诗意地栖居的技术,是有利于人与自然、人与社会、人与人之间和谐发展的技术。李锐锋将这种技术称为人性化的技术,即将人性赋予技术,在技术中融入人性的因子,使技术在创造经济效益的同时,既能尊重人的价值、维护人的尊严、张扬人的个性,又能维护自然生态环境的平衡与稳定的一种理想化的技术模式。[6] 这样的技术当然有利于人与自然的和谐,有利于人与人、人与社会的和谐,也有利于人自身的和

---

[1] J·D. 贝尔纳. 科学的社会功能[M]. 南宁:广西师范大学出版社. 2003年版. 第1页
[2] 亚里士多德. 尼各马可伦理学[M]. 北京:商务印书馆. 2012年版. 第3页
[3] 华幸. 李锐锋. 科学技术在构建和谐社会中的悖论性[J]. 科技创业. 2008.7. 115 – 116. 126
[4] 李锐锋. 廖莉娟. 黄飞. 人性化技术与社会的和谐发展[J]. 科学技术与辩证法. 2005.10. 74 – 77
[5] 卢艳. 技术理性的消解与和谐社会的构建[J]. 江西电力职业技术学院学报. 2010.9. 48 – 50
[6] 李锐锋. 廖莉娟. 黄飞. 人性化技术与社会的和谐发展[J]. 科学技术与辩证法. 2005.10. 74 – 77

谐。在《论和谐社会的生态支撑》一文中,李锐锋就将这种技术明确地称为生态技术,并指出,人类当前所面临的环境问题,实质上就是人的问题、社会的问题,生态危机就是人类的生存危机。现代技术推动的人类社会发展造成了人与自然失谐,人与自然不和谐,社会的和谐就难以实现。而要使人与自然和谐相处就必须以尊重自然的生态价值观、合理适度的生态消费行为以及维护生态稳定与平衡的生态技术作为支撑。生态技术能够对构建和谐社会形成关键支撑,它以维护生态平衡为基本出发点,把生态环境的保护和建设纳入目标体系,追求的是自然生态环境承载能力下的经济持续增长。①

生态技术坚持以人为本,但是生态技术消解了人类中心主义,也消解了技术理性,使技术理性与价值理性相融、技术理性与人文精神相互整合。一方面,生态技术既为人类带来富足的物质产品和精神产品,推动社会更好更快的发展,又凸显价值理性对社会人生意义的关怀,从而做到一切努力都是为了维护、发展、实现人的经济、政治、文化利益,都是为了维护人的尊严、提升人的价值、促进人更好地生存、发展和完善。另一方面,生态技术在促使人类改造自然的水平得以彰显的同时,又加大了人文精神对技术理性的消解,从而使技术的负面效应消减。② 李成芳也提出,构建人与自然和谐相处的社会呼唤着生态技术,我们只有用生态技术取代传统工业技术,才能从根本上解决环境资源危机,并在更高的水平上实现人与自然的和谐。这要求我们树立生态技术思想,导引传统工业技术的生态化转向;开展生态技术创新,促进技术的生态化发展;实行生态消费,实现生态消费与生态技术发展的良性互动。③ 也有学者认为,实现生态技术对和谐社会的支撑就要发展生态化技术创新,从而促进经济持续增长与协调发展、社会和谐有序及维护生态平衡等,为社会和谐发展提供内在动力。④

需要指出的是,生态技术对构建和谐社会的关键支撑指的是生态技术本身作为技术的支撑,对于构建人与人、人与社会、人与自然和谐关系的关键作用,指的是从本体论意义上作为实体的技术本身,而并非认识论意义上的生态技术

---

① 李锐锋.罗天强.论和谐社会的生态支撑[J].马克思主义与现实.2007.3.186-188
② 卢艳.技术理性的消解与和谐社会的构建[J].江西电力职业技术学院学报.2010.9.48-50
③ 李成芳.论技术生态化与和谐社会[J].前沿.2013.7.175-176
④ 彭福扬.刘红玉.实施生态化技术创新促进社会和谐发展[J].中国软科学.2006.4.98-102

观或价值观。有学者从认识论或价值观的视角提出生态技术对构建和谐社会的重要意义和作用①,认为生态技术能有效解决企业的资源浪费和环境污染问题,有利于合理有效地利用不可再生资源、开发利用可再生资源等。这样的认识无疑是正确的,但并不是我们这里所指出的生态技术对构建和谐社会的支撑功能。

六、生态技术是天地人和谐相处的技术

生态技术能够超越现代技术而成为构建和谐社会的关键支撑,这是由生态技术的内在本质和由这种内在本质所决定的结构与功能关系决定的。生态技术是不同于以往手工技术和现代技术的一种技术超越,这种超越表现在与以往技术有不同的学科基础、自然观、认识论、方法论,最根本的表现为与以往技术相比所呈现的与天地人的不同关系。

第一,从本质上看,生态技术是不同于现代技术的一般技术。通常认为,"技术是物质、能量、信息的人工转换。"②也有学者把技术看作一种"特殊的知识体系"③,把技术看作"在实践过程中组织起来和表现出来的智能"。④ 当然,这里所指的技术是一般意义上的现代技术。而生态技术是"和生态环境相协调的生产性技术"⑤,是"与生态平衡相协调的技术,亦称之为清洁生产技术或清洁技术"⑥,是"一种节约资源、避免或减少环境污染的技术"⑦,是"依据生态学系统原理和生态设计原则,从工厂使用的原料开始,系统全面地对工厂的运作过程进行合理设计而得出的一套新的工艺流程、新的工艺方法、新的能源和原材料利用方法及新技术的使用方法"⑧,是"指遵循生态学原理和生态经济规律,能够保护环境,维持生态平衡,节约能源、资源,促进人类与自然和谐发展的

---

① 秦书生. 生态技术论[M]. 沈阳:东北大学出版社. 2009年版. 第12页
② 陈红兵. 陈昌曙. 关于"技术是什么"的对话[J]. 自然辩证法研究. 2001(4)
③ 张华夏. 张志林. 从科学与技术的划界看技术哲学的研究纲领[J]. 自然辩证法研究. 2001(2)
④ 张华夏. 张志林. 技术解释研究[M]. 北京:科学出版社. 2005年版. 第18页
⑤ 代锦. 生态技术:起因、概念和发展[J]. 科学技术与辩证法. 1994. 4. 15 – 18. 10
⑥ 周宏春. 生态技术:可持续发展的技术支撑[J]. 中国人口资源与环境. 1995. 6.
⑦ 吕燕. 杨发明. 有关生态技术概念的讨论[J]. 生态经济. 1997. 3. 47 – 49
⑧ 张丽萍. 吕乃基. 生态学视野下的技术[J]. 科学技术与辩证法. 2002. 2. 55 – 57

一切有效用的手段和方法。"①毛明芳认为,"从本体论看,生态技术是一个动态的开放的技术序列或技术系统;从认识论看,生态技术是以有机论自然观为基础的生态科学和生态思维应用形式;从方法论看,生态技术是模拟自然物质能量循环全过程的生态工程方法;从价值论看,生态技术是一种规范与整合的技术价值观。"②

可以看出,生态技术时刻关注着人、技术、社会、自然之间的关系,因此可以指出,生态技术是从自然到自然的一种技术应用,其基本公式是"自然→(人—技术—社会)→自然"。人、技术、社会作为整体隐于从改造自然到改善环境的过程。在自然改造→环境改善的循环过程中,人的本质通过技术力量得到彰显,经济效益显著提高,而作为整体,(人—技术—社会)与自然环境融为一体,隐于自然却未在自然中湮灭,人改造自然又保护自然。

第二,生态技术与现代技术的学科理论基础不同,由此也决定了两者的自然观不同。现代技术的学科理论基础是物理学、化学。物理学、化学的基本方法是分裂、分析、分化、分解、分割、还原等线性的思维方法,与这样的僵化机械方法相对应的是机械论的自然观。生态技术则有丰富系统的学科理论基础,既包括物理学、化学、地质学、生物学等传统学科,也包括生态学、社会心理学、组织学、组织行为学、协同学、大地伦理学、生命科学、系统论等新兴科学与交叉学科。③ 这种丰富系统的学科理论基础促使生态技术在其应用的过程中能以流动性、循环性、分散性、网络性、系统性、整体性、非线性的方法去观照人、社会、自然之间的关系,反映了人类的系统自然观。

第三,生态技术克服了现代技术主客对立的二元划分,超越了人类中心主义,辩证地回归了自然中心主义,构建了尊重人与自然的生命中心主义,使人与自然和谐相处成为可能。现代技术使人真正从自然界中分离出来,使人的主体性得到了张扬,人在自然面前的主体地位得到凸显,这是现代技术对人类发展所起的积极作用。但是,现代技术的强大力量支撑起来的人类中心主义造成了人对自然的僭越和狂妄,人类对地球进行掠夺式的开发,榨取式的利用,生态污

---

① 秦书生. 生态技术的哲学思考[J]. 科学技术与辩证法. 2006.8.74-76
② 毛明芳. 生态技术本质的多维审视[J]. 武汉理工大学学报(社会科学版). 2009(10)
③ 佘正荣. 从"硬技术"走向"软技术"——一种生态哲学技术观[J]. 宁夏社会科学. 1995.3.33-39

染,环境破坏,最终导致人类自身发展的困境。① 只有生态技术的发展才能弥合由于人类对自然的伤害所造成的人与自然之间的鸿沟。

第四,生态技术呈现出和谐的天地人关系。生态技术是促进人—社会—自然同生共存和谐发展的技术系统,因此,生态技术的应用能在自然、社会、人三个方面实现与现代技术不同的特征目标。首先,在自然系统方面,生态技术的应用能够保持生物多样性,使生态系统保持稳定和完善,通过节约利用非再生性资源和充分利用可再生资源,实现减少环境污染甚至达到对环境零污染的环保目标。其次,就社会系统而言,生态技术的广泛应用将不仅能够提高经济效益,也将减少贫困和扩大社会公平,生态技术能够尊重地方知识,达到与地方文化共存,通过生态技术的运用,还能够有效扩大大众的民主参与能力等。再次,从人的存在方面来看,生态技术的应用将能够有效地维护人的生存条件和保障人的生存安全,由于环境的改善与美化,增进了人的身心健康,促进着人的自由发展,使人的创造性潜能得到开发,有利于提高人的素质和道德完善。②

目前,学界对和谐社会的研究已经相当充分,对生态技术的分析也早已展开,也有学者已经看到了构建和谐社会与发展生态技术之间的某种逻辑相似和相互联系,但是也存在一些问题与不足,需要我们进一步展开与推进关于和谐社会的研究,尤其是和谐社会建设与生态技术之间的内在关系研究。

第一,从整体上看,关于和谐社会的已有研究主要停留在党的会议文献基础之上,在某种程度上并未超出国家政策或战略决策的层面,未真正进入学术理论研究的论域之中,上升到学术理论研究的高度,达到学术理论研究的真正水平。

第二,就和谐社会研究的具体内容而言,学界一般只是选择某一角度,从中央的既有表述出发进行解释与阐发,如对和谐社会基本特征公平正义等的陈述与阐释即是如此,而并未将这种研究上升到理论抽象的高度,从哲学上、语义上展开深入的分析。

第三,目前关于生态技术的研究主要停留在生态技术观或生态技术思想之上,即主要阐述的是关于对生态技术的态度与看法,并未深入对于生态技术作

---

① 李锐锋. 刘带. 生态技术缺位的原因分析[J]. 科学技术与辩证法. 2007. 8. 73-76
② 余正荣. 从"硬技术"走向"软技术"——一种生态哲学技术观[J]. 宁夏社会科学. 1995. 3. 33-39

为技术本身的哲学分析之中。

第四,由此,学界主要是从关于生态技术的看法观点出发从表面上谈论生态技术对于构建和谐社会的作用与意义,而没有在深入分析生态技术的基础之上,从生态技术的内在本质与和谐社会的内在联系出发,真正展开生态技术与和谐社会之间的关系研究。

因此,本书将在对生态技术作为技术本身展开深入分析与研究的基础上,揭示生态技术的内在本质,理清生态技术与和谐社会的内在逻辑关系,寻找它们之间的内在本质联系,从理论上为构建和谐社会提供真正的生态技术支撑。

第三节 研究的一般方法与创新之处

我们在这里要开展的研究是一个基础理论研究,主要采用文献研究的方法,定性地分析生态技术的本质特征和内在构造,在这个基础上论证生态技术对构建和谐社会的支撑作用。

首先,将在充分检索资料的基础上,详尽分析国内外的研究现状,运用差异分析和对比研究的方法,针对性地寻找本研究的突破口。

其次,在研究综述的基础上展开研究,定性地分析生态技术的本质内涵与内在特征,通过适当的案例分析,揭示生态技术内在的行为规则、手段目的关系,打开生态技术内部的结构功能黑箱,为合理性的结论提供理论支撑。

再次,运用历史与逻辑相统一的辩证分析方法,从技术发展的内在逻辑出发,阐述技术发展历经古代技术、工业技术、生态技术的辩证发展过程,解释技术发展不同时期的基本特点,说明生态技术作为对工业技术的超越、对古代技术的辩证复归,论证生态技术对构建和谐社会的关键支撑作用。

最后,本书将运用逻辑分析的方法,对生态技术的内在本性进行逻辑演绎分析,揭示生态技术的内在本质,建立起生态技术与和谐社会的内在逻辑关系,辩护生态技术为构建和谐社会提供的关键技术支撑。

关于和谐社会内涵特征及其意义的研究已经非常成熟,围绕构建和谐社会所依托的物质基础、精神支柱、文化基础、公平正义、制度建设、科学技术支撑、信息媒介技术、住房就业养老教育征地拆迁等社会热点问题的解决、理想信念、宗教、国防等一系列问题的论述也异常丰富，这为本书的顺利撰写奠定了一个良好的基础。本书就是要在这一基础上继续向前推进。

从国内外研究和著述的现状来看，尚未有学者就某一技术本身对构建和谐社会的作用展开全面系统的研究，本书将是这样一种新的尝试。通过本书的论述，笔者将揭示生态技术对于构建和谐社会所提供的关键支撑作用。

首先，在对和谐社会做概要阐述的前提下，本书将阐述生态技术具有不同于一般现代工业技术的本质内涵，这是一种天地人和谐聚集和涌现的技术，是人诗意的实践方式和生存方式，是对现代工业技术的超越和对古代技术的辩证复归。

其次，本书将定性分析生态技术的本质特征。从技术自身，技术与人的关系、生态技术促成的人的本质力量的实现，技术与社会的关系、生态技术使技术社会进入澄明之境，生态技术对实现天地人的和谐四个层次的分析，揭示生态技术从技术内在本性上如何为构建和谐社会提供支撑。

再次，本书的研究将深入对于生态技术作为技术其本身的结构与功能的关系分析，通过对生态技术内部的结构功能关系的辩证分析与逻辑分析，尝试打开生态技术的黑箱，真切展露出生态技术对构建和谐社会的关键支撑。

最后，笔者将总结性地阐述生态技术与和谐社会的内在本质联系，进而指出基于此种本质性联系，生态技术必将能够为构建和谐社会提供关键性的技术支撑。

在实现以上诸研究目标后，本书将实现如下几方面的创新：

第一，首次建构起生态技术与和谐社会的内在本质联系。通过书本的论述笔者将揭示出生态技术具有与和谐社会一致的内在本质，正是在本质上生态技术与和谐社会具有的内在一致性，使得生态技术能够成为构建和谐社会的关键技术支撑。

第二，从技术支撑的角度研究和谐社会的构建。关于和谐社会的研究成果斐然，技术对构建和谐社会的意义和作用的研究数量巨大，但是目前尚未有著述或文章从技术自身的内在本质、结构、功能属性等方面研究技术对于构建和谐社会的支撑作用，更无从技术自身的视角对生态技术进行研究，在这个基础上再揭示出生态技术对构建和谐社会的关键支撑。当前也尚未出版专门论述技术对构建和谐社会的作用、功能、意义或技术与和谐社会构建的关系的专著。

本书从技术自身为构建和谐社会提供的支撑入手展开研究无疑是一种新的理论尝试。

第三,从技术自身的角度对生态技术进行哲学的分析。生态主义运动由来已久,此后则开始了对于绿色技术、清洁技术、生态技术等方面的研究。有学者认为,生态技术古已有之,最早萌芽出现在古代农业社会,但这些研究鲜有从生态技术的本质内涵、内在特征、外部构造、结构功能关系等技术自身展开深入的哲学分析。因此,本书对生态技术的这些论域进行哲学的分析将是关于生态技术研究的一个新的理论拓展。

第四,本书将创造性地运用演绎逻辑和实践推理的方法对生态技术展开研究,从而为生态技术的生态性特征及其对构建和谐社会提供的关键支撑奠定坚实的逻辑基础。以往对于技术(生态技术)的研究主要停留在先验分析和定性描述层面,未深入技术(生态技术)的逻辑结构和逻辑生成之上。本书运用逻辑演绎和实践推理的方法对技术(生态技术)的内在结构展开剖析,无疑是一种新的方法尝试和创新。

第二章

和谐社会概述

人类总是对未来美好社会充满憧憬与想往,自古至今,我们孜孜以求奋斗不止,努力消除人与人、人与社会、人与自然之间的矛盾与冲突,构想着人与人、人与社会、人与自然的和睦共处和谐共融。马克思主义的诞生为消灭阶级剥削和阶级压迫这样一种人与人之间的紧张对立关系提供了一种科学的理论武器,中国共产党自1921年成立以来,就以为中国人民求解放而奋斗和实现共产主义为最高目标,带领中国人民改造旧的人、社会、自然之间的不和谐关系,试图构建一种崭新的人、社会、自然之间的和谐关系。在我国改革开放和社会主义建设取得了令世人瞩目的成就后,尤其是进入21世纪,随着中国共产党的领导智慧和水平的不断提高,党和国家提出要实现"社会更加和谐"。在十六届四中全会上,我们党明确提出构建社会主义和谐社会的战略任务,并把构建社会主义和谐社会作为加强党的执政能力建设的重要内容,构建社会主义和谐社会成为中国人民的一个共同理想,和谐社会自此成为中国人民常用常说的一个中心词汇,并作为社会主义和谐社会的简称为大家津津乐道。因此,在笔者行文过程中,和谐社会指称的就是社会主义和谐社会,是将和谐社会作为社会主义和谐社会的简称使用。

第一节 和谐思想的渊源

"和谐"是人类自古以来对未来美好社会的憧憬与向往,中外皆有诸多思想家提出过关于社会和谐的种种思想理论。如孔子提出"和而不同"的思想,墨子提出"兼相爱,交相利"的主张,柏拉图构想了"理想国",奥古斯丁梦想"上帝之城",傅立叶则设想了一个叫作"和谐社会"的未来组织,等等。但是,在人剥削人、人压迫人的阶级社会,人与人、人与社会、人与自然之间都不可能实现和谐相处。只有在社会主义制度确立起来,通过改革开放取得了一系列经济社会建设的成就后,构建社会主义和谐社会的伟大实践使人类社会实现和谐第一次奠基在了现实的基础之上。

一、对中国和谐思想源流的考察

关于和谐的思想早在中国古代就已经产生,其后先贤圣哲们又对它不断地进行丰富和发展,从而形成了比较成熟和完整的关于和谐的思想和社会理想。

据考证,"和"与"谐"这两个字早在《尚书·尧典》中就已经出现。《尚书·尧典》中是这样说的,"八音克谐,无相夺伦,神人以和。"其意思即是说,不同的声音会产生和谐的音乐,神仙和凡人也因闻听音乐而因此和乐。《左传》中也记载着各个诸侯国之间和谐相处的状况,云:"八年之中,九合诸侯,如乐之和,无所不谐。"讲述的是诸侯国之间和睦相处其乐融融天下太平的景象。

可以看出,古代中国人已经认识到,是事物之间的差异与殊相共生共存并相互配合相互协调,从而造成事物之间的和谐并孕生着万物。阴阳学说就认为,金、木、水、火、土五行顺相生隔一相克,即"木生火,火生土,土生金,金生水,水生木","水胜火,火胜金,金胜木,木胜土,土胜水",从而推动宇宙万物的生长与演化。

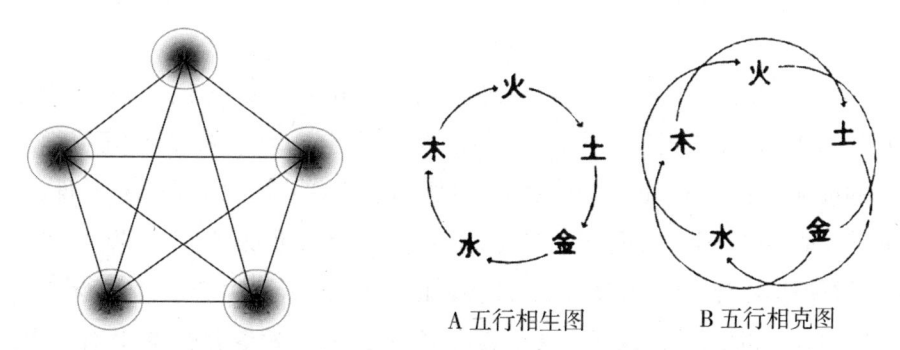

A 五行相生图　　B 五行相克图

《易经》中也认为,"说万物者莫说乎泽,润万物者莫润乎水,终万物始万物者莫盛乎艮。故水火相逮,雷风相悖,山泽通气,然后能变化,既成万物也"。所阐发的也是万物和合相生的和谐思想。

及至孔丘,则较系统地提出了人与人之间关系和谐的"和而不同"的伦理道德思想。子曰:"君子和而不同,小人同而不和。"①意思就是说,君子之间和谐共处但不失独特个性,而庸碌无为之人表面上好像相互附和趋同,实际上却无法和谐共处。在这里,孔子不仅表达了人与人之间应有的和谐状态,也提出了实现这样一种和谐关系的方法措施,即要实现人与人之间关系的和谐,不是表面上趋同附和,而是要保持自己的人格独立和独特个性。

在一定程度上,老子则较为全面地阐述了人与人之间、人与社会之间、人与自然之间和谐相处的思想主张。在《道德经》第八十章中老子写道:"小邦,寡民。使什佰人之器毋用,使民重死而远徙。有车舟无所乘之,有甲兵无所陈之。使民复结绳而用之。甘其食,美其服,乐其俗,安其居。邻邦相望,鸡犬之声相闻,民至老死,不相往来。"抛开老子在这里言说的弃绝技术、知识的愚民主张和达至和谐的手段之空想不谈,我们可以看到老子向世人描绘的一幅人与人、人与社会、人与自然之间和谐相处其乐融融的美丽画卷。当然,在老庄的哲学思想中所反映出的更多的是中国人自古以来就在不断追求的"天人合一"的和谐理念,这种和谐更多地强调的是人与自然宇宙的和谐。

同时,墨家创始人墨翟也提出了人与人、人与社会之间和谐相处的"兼爱""非攻"的美好愿望,提出"兼相爱,交相利",即人与人之间相互热爱、互助为乐,并且要做到"爱无差等"。墨子认为人与人、人与社会的和睦相处就必须要求反对战争,因为战争"贼虐万民,竭天下百姓之财用","而王公大人乐而行之,则此乐贼灭天下之万民也,岂不悖哉!"②由此可见,战争造成人与人、人与社会之间关系的紧张与对立,这当然不利于社会的和谐。

"和"与"谐"二字合作"和谐"一词连用,首次出现于《后汉书》。《后汉书·仲长统列传》有云:"夫任一人则政专,任数人则相倚,政专则和谐,相倚则违戾。和谐则太平之所兴也,违戾则慌乱之所起也。"这句话总的意思就是说,只有和谐才能使得社会太平稳定。自此而后,士大夫的知识分子对"和谐"的思想不断进行解读诠释、丰富和发展。汉代《礼记·礼运》云:"大道之行也,天下为公,选贤与能,讲信修睦,故人不独亲其亲,不独子其子,使老有所终,壮有所用,

---

① 语出《论语·子路》
② 语出《墨子·非攻下》

幼有所长,矜寡孤独废疾者,皆有所养。男有分,女有归。货恶其弃于地也,不必藏于己;力恶其不出于身也,不必为己。是故谋闭而不兴,盗窃乱贼而不作,故外户而不闭,是谓大同。"向世人描述的就是一个人人诚实守信,人尽其能、相互关爱、老有所终、壮有所用、幼有所长,夜不闭户、路不拾遗的人与人、人与社会之间关系和谐的大同社会。晋代陶渊明理想中的世外桃源、南朝宋裴松之在《三国志·注》中提出的"以和天人"、唐代柳宗元的"统和天人"的思想均反映出封建士大夫们对人与人、人与社会、人与自然之间和谐相处的理想和向往。及至明清之际,黄宗羲提出"有人者出,不以一己之利为利,而使天下受其利;不以一己之害为害,而使天下释其害,此其人之勤劳必千万于天下之人,而又不享其利"。人人勤劳耕作,却不独自享用好处,而是天下人共享社会之财富。顾炎武提出超越一家政权的"天下兴亡,匹夫有责"的大天下观,主张天下百姓相互之间和睦相处、共同进退,共同承担社会责任履行社会义务的社会和谐理想。

近代以后,中国遭遇历史上未有之变局,帝国主义的入侵造成华夏民族民生凋敝、社会衰败,满目疮痍。生活在水生火热中的炎黄子孙不断探索,救亡图存,希冀建立一个丰衣足食公正太平的理想国家。作为近代之后封建士大夫知识分子的重要代表,康有为提出"去人之私产""农工商归公""举世界之人公营全世界之事,如以一家之父子兄弟,无有官也"的"大同太平世"。在《大同书》中康有为写道:"大同之道,至平也,至公也,至仁也,治之至也,虽有善道,无以加此矣。"民族革命的先行者孙中山先生一生奔走海内,希望借助新兴资产阶级的力量和帝国主义的帮助,在中国创立一个"天下为公"的理想社会,真诚地希望"平均地权"能够发挥"社会主义"的作用,以消除资本主义的弊害。此后,孙中山又提出"耕者有其田"的主张,强调平等、自由、博爱的人道主义原则,主张发展实业造福人类的物质文明建设。[①]

二、对西方和谐思想历史的回溯

中西方文明基本上发端于同一历史时期,在这一时期,不仅东方哲人提出了关于未来美好社会的思想主张,西方智者自古及今也有关于和谐社会的理想和丰富论述。

[①] 构建社会主义和谐社会学习读本[M]. 北京:人民日报出版社. 2005年版. 第19页

毕达哥拉斯是西方明确提出和谐概念的第一人,他认为"整个天是一个和谐,一个数目",作为世界本原的数按一定的比例关系存在着,这种数的比例关系产生了宇宙万物的和谐。而天才的辩证法家赫拉克利特则直觉到了矛盾双方在事物中的统一,正是统一的矛盾双方使得事物得以产生,并推动着宇宙万物的发展演化。他在对立中谈论和谐,认为和谐是对立的和谐,相同的东西则无法产生和谐,提出"对立的东西产生和谐,而不是相同的东西产生和谐"的辩证和谐观。

古希腊对于未来理想社会展开较为系统论述的当属柏拉图。在其名著《理想国》中,柏拉图构想了蕴含丰富和谐社会理念,促进经济社会和谐发展的"理想国"。要实现"理想国"中所构想的社会和谐,首先要求城邦居民和谐地分工协作,因为每个人能力有限,"各人性格不同,适合于不同的工作"。① 不可能一个人把各种职业都做好,"农夫似乎造不出他的锄头和其他耕田的工具。建筑工人也是这样,他也需要其他的人。织布工人,鞋匠都不例外。"②其次,社会的和谐要通过合理的教育来实现。算术、几何、音乐、体操、哲学,这是教育必修的科目,通过这些科目的学习,分别塑造出具有不同能力,能够履行不同职务的人才,这些人大家各司其职、和睦相处,就可以达到理想的社会状态。再次,必须通过道德法律来实现社会的和谐。最后,还要通过哲学王的统治去实现社会和谐。③

中世纪,奥古斯丁则向人们构想了自然社会和谐的《上帝之城》,托马斯·阿奎那则通过自然和社会的和谐来证明上帝的存在。④ 当然,经院哲学家所构想的和谐离不开上帝的神迹。文艺复兴后,托马斯·莫尔的《乌托邦》富于天才性地为人们描绘了人类理想社会的美好图景;意大利思想家康帕内拉在监狱中写成的《太阳城》则向人们描述了一个每个人都拥有属于自己的财产,没有贫富差别,人人遵纪守法,心地良善,互助友爱,过着和平安详的美好生活的理想圣地——太阳城;托马斯·闵采尔(Thomas Münzer)则以工厂手工业为原型设想

---

① 柏拉图. 理想国[M]. 北京:商务印书馆. 1986年版. 第60页
② 同上书,第60页
③ 吴俊杰. 张红等编著. 中国构建和谐社会问题报告[M]. 北京:中国发展出版社. 2005年版. 第29-31页
④ 邓伟志. 和谐社会与公共政策[M]. 上海:同济大学出版社. 2007年版. 第6页

了一个财产公有、人人劳动、按需分配的未来理想社会。这种对未来社会和谐的空想式构设到19世纪英法的空想社会主义达到了顶峰。

英、法空想社会主义者看到了资本主义发展初期的各种矛盾与冲突以及人类社会的不平等现象,对资本主义的各种丑恶现象进行了深刻的揭露和提出了尖锐的批判。圣西门提出用"实业制度"代替存在阶级特权和剥削的资本主义制度,在这种制度下,阶级差别不复存在,人人都必须参加社会劳动,社会按照才能和贡献成比例地分配个人所得,这样,在劳动中并且通过这种劳动,人获得了自由,社会也实现了和谐。① 傅立叶在《全世界的和谐》中设想了一个叫作"和谐社会"的未来组织。在他设想的"和谐社会"里,阶级已不复存在,代表部分社会集团利益的政党也不复存在,国家逐渐消亡;城市和乡村的差别已经消失,不同产业(如工业和农业)之间的差异也将不存在;社会的基本组成单位是"法朗吉",在这样的社会组织中,人们可以根据自己的兴趣爱好自由地选择工作方式和工作种类;在社会生活中,男女在生活中工作上均处于平等的地位,社会重视教育,并提供完善的社会公共服务,从而使人们从家庭劳动的束缚中摆脱出来。欧文则不仅提出了理想社会的设想,还通过社会实验实践他的空想未来和谐社会。他设想的社会是一个没有剥削、贫富平均、运行协调、文明高尚的社会。②

三、中西方和谐思想对构建社会主义和谐社会的意义

从前面的论述可知,马克思主义之前的中西方和谐思想历史源远流长,对当前我国构建社会主义和谐社会有重要的借鉴意义。

首先,在人与自然关系面前,人采取的是谦和的态度,强调的是人与自然的亲和关系,如在古代中国人看来,人作为自然的一部分,是应效法于自然的,即老子所说的人法自然。③ 这样的思想对构建和谐社会有重要的借鉴作用。

其次,在人与社会的关系面前,要通过消除社会的不平等、不公正以实现人与社会关系的和谐。就人与社会二者的关系而言,人相对于社会总是处于一种

---

① 费英秋. 社会主义:从理想到现实[M]. 北京:红旗出版社. 1999年版. 第10页
② 吴俊杰. 张红等编著. 中国构建和谐社会问题报告[M]. 北京:中国发展出版社. 2005年版. 第34页
③ 《道德经》第25章

弱势的、从属的地位,要实现二者关系的和谐,不是处于弱势地位的人迁就或依附于始终强势的社会,而必须是从社会本身着手,构建和谐的文化,建立公平正义的社会制度,以保证人的自由全面发展,从而实现人与社会关系的和谐。

再次,历史上,中西方都强调人与人之间的和睦相亲,"博爱"和"爱无差等",人人参与社会劳动,人人自由平等。

最后,就人与技术的关系而言,强调技术的社会分工,在社会技术分工的基础上,技术为人的发展服务。如柏拉图就指出技术的社会分工对于推动社会发展的重要性;庄子的机心①之论实际上从一个侧面反映了古代中国人对于技术的这样一种态度,即技术的使用应为人自身服务,而不是反过来支配人控制人。那么,在社会主义和谐社会,要实现人自身的发展,也就必然要消除技术支配人控制人的现象,并进一步消除技术对自然的支配与控制,从而实现人自身的和谐以及人与自然的和睦相处。

虽然对当下而言中西方的这些和谐思想有其积极的意义,但是我们也应注意到,由于没有认识到人类社会发展的客观规律,这样的和谐思想最终都只能流于空想。只有马克思主义的诞生,才真正科学地论述了和谐社会以及实现社会和谐的现实道路。

四、构建社会主义和谐社会是对马克思主义和谐社会思想的继承与发展

在中学毕业论文中,马克思就郑重向世人宣告,要选择一个最能为人类谋幸福的职业。博士毕业后,马克思开始实践他崇高的人生理想,并为之奋斗了一生。在考察了人类社会历史发展规律、批判资本主义发展的罪恶现实基础上,马克思、恩格斯创立了辩证唯物主义,提出了唯物主义的历史观,发现了剩余价值学说,创立了科学社会主义。在《1844年经济学哲学手稿》中,马克思极富诗意地为人类科学地构想了未来理想社会——共产主义,提出"共产主义是私有财产即人的自我异化的积极的扬弃,因而是通过人并且为了人而对人的本质的真正占有;因此,它是人向自身、向社会的即合乎人性的人的复归,这种复归是完全的,自觉的和在以往发展的全部财富的范围内生成的。这种共产主义,作为完成了的自然主义=人道主义,而作为完成了的人道主义=自然主义,

---

① 《庄子·天地篇》

它是人和自然之间、人和人之间的矛盾的真正解决,是存在和本质、对象化和自我确证、自由和必然、个体和类之间的斗争的真正解决。它是历史之谜的解答,而且知道自己就是这种解答"。① 这个科学构想的未来理想社会是"自由人的联合体",社会实行财产公有,人们"各尽所能、按需分配"②,每个人都实现了自由而全面的发展。

毛泽东既是一位政治家、革命家,也是一位满怀豪情的浪漫主义革命诗人。一方面,对于中国,他以诗人的浪漫情怀写道:"踏遍青山人未老,风景这边独好。"对于世界,他则希望"太平世界,环球同此凉热"。另一方面,作为政治家、革命家,毛泽东则根据中国社会的实情,提出了实现中国发展社会和谐的系列方针政策。在《论十大关系》中,他针对当时我国社会存在的各种矛盾和问题,提出要处理好"重工业和轻工业、农业的关系,沿海工业和内地工业的关系,经济建设和国防建设的关系,国家、生产单位和生产者个人的关系,中央和地方的关系,汉族和少数民族的关系,党和非党的关系,革命和反革命的关系,是非关系,中国和外国的关系"③等十大关系,从而调动起国内外一起积极因素,为我国社会主义革命和建设服务,把我国建设成为一个强大的、人与人、人与社会相互和谐的社会主义现代化国家。随后,在最高国务会议第十一次(扩大)会议上,毛泽东又做了《关于正确处理人民内部矛盾的问题》的讲话,指出要正确认识并处理好"敌我之间的矛盾和人民内部的矛盾"这两类性质完全不同的矛盾④,以创造一个人民内部团结和谐的局面,将社会主义的新中国建设得更加美好。

邓小平在弄清楚"什么是社会主义,怎样建设社会主义"这个首要的、基本的理论问题上认识到,"中国的问题,压倒一切的是需要稳定"。⑤ 只有社会稳定、和谐,社会主义建设才能顺利向前推进。中国要保持稳定,实现和谐,就必须进行经济体制改革和政治体制改革。邓小平说:"我们提出改革时,就包括政治体制改革。现在经济体制改革每前进一步,都深感到政治体制改革的必要

---

① 马克思.1844年经济学哲学手稿[M].北京:人民出版社.2000年版.第81页
② 马克思恩格斯选集[M].北京:人民出版社.1995年版.第12页
③ 毛泽东著作选读(下册)[M].北京:人民出版社.1986年版.第721-740页
④ 同书,第757页
⑤ 邓小平文选(第3卷)[M].北京:人民出版社.1993年版.第284页

性。不改革政治体制,就不能保障经济体制改革继续前进,就会阻碍生产力的发展,阻碍四个现代化的实现。"①社会的和谐要求生产关系的和谐,即生产关系要适应生产力发展的要求,才能实现经济发展社会进步。因此,邓小平关于经济、政治体制改革协同推进的社会和谐思想具有重大的理论和现实意义。

江泽民针对人类社会进入知识经济时代后的发展实际提出,中国共产党要"总是代表着中国先进生产力的发展要求,代表着中国先进文化的前进方向,代表着中国最广大人民的根本利益"②的"三个代表"要求,使生产力和生产关系、物质文明与精神文明发展相协调,社会发展与人民利益相一致,保障社会的繁荣稳定,实现社会的和谐。

在党的十六届三中全会上,胡锦涛提出"坚持以人为本,树立全面、协调、可持续的发展观,促进经济社会和人的全面发展"③及至2004年9月19日党的十六届四中全会所作《中共中央关于加强党的执政能力建设的决定》将"提高构建社会主义和谐社会的能力"作为提升党的执政能力之一,构建社会主义和谐社会的思想在继承马克思主义关于和谐思想的基础上正式提出并开始了它的不断丰富与发展。党的十八大报告再次强调,全党要增强紧迫感和责任感,牢牢把握加强党的执政能力建设、先进性和纯洁性建设这条主线。强调了新形势下保持党的纯洁性是为了坚定理想信念,坚守共产党人的精神追求,始终保持党同人民群众的血肉联系。

第二节 构建社会主义和谐社会的形成和发展

人与动物的一个重要区别就是,人类总是怀揣着理想前进,每当在充满荆棘的历史道路埋头前行遇到阻隔,不忘抬头远眺为之奋斗的目标,以鼓起勇气披荆斩棘继续前进。历史的发展在进入20世纪末21世纪初这样一个人类发展的重要时期,中国社会在迅速向前发展的同时也遇到种种问题,在中国社会的急剧转

---

① 邓小平文选(第3卷)[M]. 北京:人民出版社. 1993年版. 第176页
② 江泽民文选(第3卷)[M]. 北京:人民出版社. 2006年版. 第2页
③ 中共中央关于完善社会主义市场经济体制若干问题的决定[M]. 北京:人民出版社. 2003年版. 第3页

型时期,中国共产党人高瞻远瞩,在着眼于改革开放以来所取得的经济社会发展成就基础上,向世人展现出构建社会主义和谐社会的一幅宏伟蓝图。

一、构建和谐社会提出的历史背景

1978年12月,中国共产党第十一次全国代表大会第三次会议在北京召开,在这次会议上,党和国家领导人做出我国实行对内改革对外开放的重大决策。自此,我国的改革首先从农村从经济领域开始,逐步由农村向城市、由经济体制向政治、文化、科教等各个领域扩展开来。经过二十多年改革开放,至2003年,我国GDP总量已达1640958732775美元,人均GDP突破1000美元向3000美元迈进。在经济社会发展取得巨大成就的同时,我国社会阶层发生深刻变动,利益格局进入深层次的调整,社会矛盾日益复杂,社会问题层出不穷。如何解决中国社会在发展过程中涌现出来的这些矛盾和问题,以巩固我国改革开放以来所取得的发展成果,并在此基础上进一步推动中国社会的持续快速健康的发展?面对这些矛盾和问题,党和国家高瞻远瞩地提出了构建社会主义和谐社会的战略构想和奋斗目标。

1. 构建社会主义和谐社会的提出是基于我国改革开放以来所取得的经济社会建设成就

十一届三中全会后,我国开始进行改革开放和建设中国特色社会主义的伟大实践。一方面,我们进行对内改革以解放我国长期以来被束缚的生产关系,调动广大劳动人民的生产积极性,促进我国经济社会的向前发展。另一方面,进行对外开放,以扩大中国人民的视野,解放中国人民的思想,为生产力的发展引进资金,带来西方发达国家先进的科学技术和先进的管理经验。经过近三十年的改革开放和社会建设,至十六届四中全会召开时,我国经济社会发展已经取得了丰硕的成果。

第一,我国的经济实力和综合国力显著增强。1978年做出的对内改革和对外开放的重大决策极大地解放了我国的生产关系,调动了劳动人民的生产积极性,激发了整个社会的生产活力,从而使我国社会发生了天翻地覆的变化,经济长期保持快速发展,GDP总量不断增长,至2004年,我国国内生产总值(GDP)已达136515亿元,经济总量居世界第6位,发展中国家第1位,国际竞争力排名跃升至第24位。① 国家外汇储备达6099亿元。与此同时,许多重要的工农业产品产量也居于世界前列。粮食、棉花、油料、蔬菜、水果、蛋类、肉类、鱼类等主要农产品产量2002年已居世界第1位。至2004年,在我国的主要工业原材料产品中,粗钢产量为2.73亿吨,钢材产量为2.97亿吨,水泥产量为9.7亿吨。②

第二,人民生活水平显著提高。改革开放以来,我国人均GDP不断增长,2003年已经超过1000美元,达1090美元。通过经济发展和社会建设,城乡居民收入不断增长,人民生活水平不断改善,生活质量不断提高,实现了由温饱到总体小康的历史性跨越,开始进入全面实现小康社会和加快推进社会主义现代化建设的新时期。至2004年,全国农村居民人均纯收入2936元,城镇居民人均可支配收入达9422元。城乡居民储蓄存款额高达126196亿元。2004年,中国居民国内旅游人数突破11亿人次,创造了旅游总收入4711亿元。2002年,中国出境旅游人数为1660万人次,2003年,这一数字达到2020万人次,2004年,中国消费者境外游人数达到2900万,比2003年同期增长43%。2004年,我国社会消费品零售总额达53950亿元,私人汽车达1365万辆。这些数据充分表明,中国人民的生活水平在不断改善,生活质量显著提高。

第三,中国特色社会主义建设取得了重大成果。中国的社会主义建设不能走苏联的老路,照搬照抄苏联模式没有出路,建设社会主义也没有其他经验可资借鉴,只有从我国的基本国情出发,实事求是,走一条具有中国特色的社会主义道路,我们的社会主义建设才可能取得成功。十一届三中全会后,党和国家领导人民从我国实际出发,走出了一条中国特色的社会主义建设道路,经过多年的建设发展,取得了重大的突破和成果。至2004年,我国社会主义市场经济体制已初步建立并日益完善,社会主义法制不断健全,依法治国基本方略进一步得到贯彻落实,人民民主专政的政治制度日益完善,社会主义文化繁荣昌盛,各项事业正大踏步地向前推进。

2. 构建社会主义和谐社会的提出也基于我国发展进程中遇到的各种矛盾和问题

毋庸置疑的是,我国的改革开放事业取得了重大突破,中国特色社会主义

---

① 以上数据参见瑞士国际管理发展学院(IMD)《2004年国际竞争力报告》
② 参见《中华人民共和国2004年国民经济和社会发展统计公报》.2005.2.28

建设也取得了令世人瞩目的成绩,经济发展、社会开放、人民富裕、国家富强,中华民族正在伟大复兴的道路上阔步前进。在取得这样巨大成就的同时,我们也应该清醒地看到,由于建设中国特色社会主义是一项前无古人的伟大事业,没有现成的经验可供我们借鉴,在"摸着石头过河"的过程中,我们难免一时滑脚或摔倒,犯这样或那样的失误甚至错误。因此,在经济社会迅速发展的过程中,我们也出现了一系列亟须解决的矛盾和问题:

第一,随着体制改革和经济社会发展,我国社会阶层结构发生深刻变动,以民营科技企业的创业人员和技术人员、受聘于外资企业的管理技术人员、个体户、私营企业主、中介组织的从业人员、自由职业人员等为主要组成的新兴社会阶层涌现,并成为建设中国特色社会主义的重要组成部分。而传统意义上的工人阶级在向信息化生产和管理的工人阶级转变,农民阶级也朝着新型现代农民转变,他们的知识水平、业务能力、生存方式、生活状况都发生着巨大的变化。工人阶级、农民阶级、新兴的社会阶层在经济地位、社会认同等方面都遇到某种程度的困惑和障碍,需要对他们的关系进行重新调整,使他们在新的历史条件下和更高的层次上实现社会身份地位的自我认同。

第二,在经济发展的"蛋糕"不断做大的同时,人们之间的利益格局也在深刻调整之中。邓小平提出,允许和鼓励一部分人先富裕起来,然后走上共同富裕的道路。共同富裕是社会主义最大的优越性。但是国家统计局的数据却表明,随着我国经济发展和"蛋糕"不断做大,我国人民的贫富分化程度却在不断加大。2000年我国基尼系数达0.412突破世界警戒线水平,此后贫富分化程度继续加大,基尼系数从整体上一路攀升,并达到2008年0.491的最高水平。贫富分化造成人与人之间关系的日趋紧张,少数贫穷者的"仇富心理"及富裕者的冷漠和蛮横,都在一定程度上给社会带来一种不安的因素。加上中国人自古以来"不患寡而患不均"的文化心理发展到当下中国人"既患寡又患不均"的国民心态,贫富严重分化正加重着这种社会不安。

第三,各种社会矛盾逐渐凸显,民生问题层出不穷并日益变得复杂。改革开放以来,我国的经济社会建设确实取得了巨大的成就,人民的生活水平得到了巨大提高,生活方式发生了巨大改变,中国人民真正富裕起来了。我们摆脱了自古以来面朝黄土背朝天的辛苦劳作,不再日出而作日落而息地处于低水平重复单调的生活状态之中。在物质生活水平获得了巨大提高的同时,我们的精神生活日益丰富,生活日益休闲化,休闲逐渐成为生活的主导方式。但是,我们也需要看到问题的另外一面,即改革开放的成果如何能更广泛地惠及大众。比如,在经济社会发展中日益涌现和加剧的医患冲突、征地补偿、劳资纠纷等社会问题的产生,导致人与社会关系的紧张和对立。这些社会矛盾如果得不到有效解决,从而使发展的成果惠及十几亿中国人民,势必影响整个社会的繁荣稳定,阻碍经济的发展,导致局势的动荡。

第四,20世纪八九十年代,我国经济发展主要是走高能耗、高投入、高污染的"粗放型"发展道路,主要依靠资金、资源、人力、物力的高投入低产出推动经济发展和GDP增长,最终造成我国尚未实现工业化就面临着资源枯竭、环境污染、生态破坏的现象,影响和阻碍着我国经济社会的可持续发展,造成人与自然关系的紧张对立。煤炭、森工、石油、有色金属等资源型城市随着资源枯竭成为资源枯竭型城市,经济社会发展面临巨大困境,若不实现经济转型城市发展将遭遇重大挫折。在经济发展中,生产生活污染物排放量非常巨大,远远超过环境自身的清洁恢复能力,重要的河流湖泊遭受不同程度的污染,导致我国水系的70%都受到污染,更有40%被严重污染。全国七大水系总体为轻污染,三亿多农民喝不到干净的水,饮用水安全受到威胁。[①]

考察20世纪六七十年代新兴工业化国家的发展我们发现,一个国家或地区在经济发展由人均GDP1000美元迈向3000美元的过程中可能出现两种迥然不同的前途:一种情况是经济社会开始进入发展的"黄金时期",在一段较长时期内保持经济的持续快速健康发展,并顺利地实现工业化和现代化,从而成为发达国家或地区,如新加坡、韩国;另一种情况是经济社会发展进入"矛盾凸显时期",即由于认识的不足、经验的缺乏等导致政策制定的失误,以致在工业化和城市化的进程中,经济发展不协调,社会民生问题层出不穷并且得不到有效的解决,最终社会矛盾激化,经济发展停滞,甚至导致社会动荡不安和经济发展衰退,从而跌入发展的陷阱,如墨西哥、阿根廷等拉美国家即是如此。

那么,我国在经济社会发展取得阶段性成果,人民生活水平步入小康之后,如何避免进入发展的"矛盾凸显期"陷入发展的陷阱,如何避免出现拉美国家在

---

① 杜向民. 樊小贤. 曹爱琴. 当代中国马克思主义生态观[M]. 北京:中国社会科学出版社. 2012年版. 第22页

发展过程中遇到的发展困境？我们如何在经济社会迅速发展过程中将目前所遇到的问题各种矛盾和问题有效地一一化解,使我国经济社会发展进入"黄金时期"的发展通道,从而顺利地实现工业化现代化,实现中华民族的伟大复兴？面对我国发展过程中涌现出的这些矛盾和问题,为了顺利实现我们的战略目标,我国提出了构建社会主义和谐社会的宏伟构想。

二、构建和谐社会提出的历史过程

任何一种科学理论都不是无源之水、无本之木,而是在汲取前人思想精华的基础上,逐渐地孕育和发展起来的。构建社会主义和谐社会重大思想理论也是在继承和发展前人思想理论的基础上,经过酝酿萌芽、形成成熟、发展推进而逐渐建立起来的。

1. 酝酿萌芽阶段

在社会主义建设探索初期,毛泽东在经济、政治、文化等各方面就已经提出了许多关于实现社会和谐的真知灼见。比如在经济建设问题上,提出了既反保守又反冒进,在综合平衡中稳步前进的方针;在民主政治建设上,提出了扩大人民民主,健全社会主义法制,造成"又有集中又有民主,又有纪律又有自由,又有统一意志又有个人心情舒畅、生动活泼,那样一种政治局面"。在社会主义文化建设问题上提出了"百花齐放,百家争鸣"的方针。

十一届三中全会后,邓小平继承了毛泽东关于经济、政治、文化等和谐发展的合力思想内核,把社会主义建设提高到"是否有利于发展社会主义社会的生产力,是否有利于增强社会主义国家的综合国力,是否有利于提高人民的生活水平"的高度上来,以判断改革开放和社会建设的是非得失。这一评判标准实际上蕴含着邓小平关于社会改革与发展的平衡、国家富强与人民富裕的和谐思想。他还提出"一部分地区、一部分人可以先富起来,带动和帮助其他地区、其他的人,逐步达到共同富裕"。强调物质文明与精神文明要"两手抓,两手都要硬"。这反映出邓小平关于先富与后富之间的动态平衡关系,以及如何实现共同富裕,实现发展、人民、国家之间关系和谐的和谐思想。

十三届四中全会以来,江泽民提出"三个代表"重要思想,阐述了发展过程中要实现生产力与生产关系的和谐,物质文明与精神文明的和谐,社会发展与人民利益之间的和谐,党群关系、干群关系和谐的思想。

胡锦涛同志在贵州当省委书记的时候,为了推动地方经济社会的发展,就曾经指出过在经济发展的过程中,我们要慎重地处理好经济发展与社会发展、经济发展与环境保护、经济发展与人民生活水平提高等之间的关系,并且提出"要建立一个和谐的社会,不但要协调处理好人与自然的关系、人与社会的关系,还包括人与人之间的关系。只有这三个环节环环相扣,社会才可以在以人为本的目标下和谐发展。"①邓伟志认为,这可以说是构建社会主义和谐社会提出的萌芽。②

2. 形成成熟阶段

进入21世纪,随着我国经济发展所取得的成绩,各种社会矛盾和问题也随之涌现和凸显。为了有效地解决这些矛盾和问题,进一步推动我国经济社会的发展,并将这种发展所取得的成就惠及各族人民,党和国家从战略的高度提出了构建和谐社会的构想。2002年11月8日,在党的十六大报告中,首次提出了"社会更加和谐"的目标,社会主义和谐社会思想开始正式形成。

和谐社会构想的提出为解决我国日益凸显的各种矛盾和问题提供了一个强大的理论武器,也为党的执政能力建设树立了一个标准。在2004年9月19日的十六届四中全会上,党做出了《中共中央关于加强党的执政能力建设的决定》,明确将"提高构建社会主义和谐社会的能力"作为提高党的执政能力之一,且专门作为一个部分展开论述,这被看作构建社会主义和谐社会概念的正式提出。

2005年2月19日,在中共中央举办的省部级主要领导干部专题研讨班上,胡锦涛提出"我们所要建设的社会主义和谐社会,应该是民主法治、公平正义、诚信友爱、充满活力、安定有序、人与自然和谐相处的社会"。对社会主义和谐社会的内涵特征做出了进一步的理论概括,标志着构建社会主义和谐社会思想的成熟。

3. 发展推进阶段

构建和谐社会战略思想的提出在中国社会自上而下都引起了巨大的反响,党和国家努力解决在发展过程中遇到的矛盾和出现的问题,人民群众也希望在

---

① 秦文. 胡锦涛17年前在贵州进行可持续发展试验[N]. 新京报. 2005.3.12. 第2版
② 邓伟志. 和谐社会与公共政策[M]. 上海:同济大学出版社. 2007年版. 第14页

共享经济社会发展成果之时能够邻里和睦、互助相帮,生存环境能够不断改善,生活在清凌凌的水蓝莹莹的天的美好社会。为尽快实现人民群众的这一美好愿望,胡锦涛在十六届六中全会上进一步提出要把我国建设成为一个富强、民主、文明、和谐"四位一体"的社会主义现代化国家,在经济发展、政治民主、文化昌荣的同时,更要实现社会的和谐,因为"社会和谐是中国特色社会主义的本质属性,是国家富强、民族振兴、人民幸福的重要保证"。在这次大会上,还提出了到 2020 年构建社会主义和谐社会的目标和重要任务,在理论和实践两个层面推动了构建社会主义和谐社会思想的继续发展。

2012 年 11 月,在党的十八大报告中指出:"我们一定要更加自觉地珍爱自然,更加积极地保护生态,努力走向社会主义生态文明新时代。"社会主义生态文明建设的要求进一步反映出,面对我国社会建设的实际和要实现的奋斗目标,我们必须改进自己的价值观念和思维方式,不断完善社会制度,在改造物质世界、进行物质生产过程中,优化人与自然的关系和人与人的关系,促进经济、社会和环境协调发展,形成人与自然和谐统一、共同进化的社会。

第三节 社会主义和谐社会的含义与特征

建设和谐社会是人类世世代代追求的美好理想和奋斗的目标,和谐社会思想中外自古有之,从前述可见,许多思想家、理论家苦心孤诣对之孜孜以求不懈探索。马克思主义者也在揭示社会发展一般规律的基础上科学地设想着人类社会未来发展,中国共产党人开理论之先河,提出构建社会主义和谐社会的战略目标。那么,究竟什么是社会主义和谐社会,社会主义和谐社会有什么样的基本内涵与本质特征?

一、社会主义和谐社会的基本内涵

十六届四中全会所作《中共中央关于加强党的执政能力建设的决定》对社会主义和谐社会做了如下界定:"所谓社会主义和谐社会,是社会主义国家全体人民能够各尽所能、各得其所而又和谐相处的社会,是占主体地位的非对抗性矛盾一般不采取对抗能够达到矛盾各方相互促进,良性运行,和谐共存,共同发展的社会。"人类社会是一个异常复杂的生命生存生活系统,要素繁多,结构复杂,我们可以多层次多角度地对其进行考察。社会主义和谐社会的基本内涵也可以从多个方面对其进行理解和把握。以人为中心,这一复杂的巨系统可以分解为生产方式、地理环境、人口因素三个部分,也可以分解为人、社会、自然三个要素,也可以概括为社会资源、社会结构、社会行为、社会利益四个部分组成,等等。因此,人类社会的和谐指称的就是其各个构成要素之间协调一致协同运作,从而使人类社会的整体功能能够得到显现并发挥出来,实现人类社会的良性发展。

1. 社会主义和谐社会是生产方式、地理环境、人口因素内在协调一致协同运作的社会

我们知道,人类社会是由社会存在和社会意识两部分共同构成。社会存在是人类社会生活的物质方面,而社会意识则是人类社会生活的精神方面。辩证唯物主义认为,世界是由永恒运动着的物质组成的,物质的运动、变化和发展构成了宇宙万物,并演生出了意识,物质决定意识。辩证唯物主义进入人类社会历史领域,就形成了唯物主义的历史观。唯物史观认为,社会存在决定社会意识。社会存在并不是由单一要素简单组成,而是由生产方式、地理环境、人口因素共同构成,这三个要素相互联系相互作用,影响和推动人类社会的发展。人类社会要实现和谐,首先是构成社会存在的生产方式、地理环境、人口因素三个方面关系协调。

在社会存在的诸要素中,生产方式对人类社会的存在和发展起决定性作用。因为"一切人类生存的第一个前提也就是一切历史的第一个前提,这个前提就是:人们为了能够'创造历史',必须能够生活。但是为了生活,首先就需要衣、食、住以及其他东西。因此第一个历史活动就是生产满足这些需要的资料,即生产物质生活本身。"① 并且,"物质生活的生产方式制约着整个社会生活、政治生活和精神生活的过程"。② 生产方式对人类社会发展的决定作用主要表现在:第一,物质资料的生产方式是人类社会存在和发展的基础,是人类社会一切关系的发源地,也是人类其他一切活动的首要前提;第二,物质资料的生产方式

---

① 马克思恩格斯选集(第1卷)[M].北京:人民出版社.1995年版.第32页
② 马克思恩格斯选集(第2卷)[M].北京:人民出版社.1995年版.第89页

决定着社会的性质与面貌。有什么样的生产方式就有什么样的社会性质。第三,物质资料的生产方式决定着社会制度的更替。随着社会生产力的发展,物质资料的生产方式也会发生改变。当旧的生产方式被新的生产方式所取代,旧的社会制度也就会被新的社会制度所代替。第四,物质资料的生产方式对地理环境和人口因素能起影响与制约作用。资本主义生产方式确立后,生产力的发展,机器的广泛使用使地理面貌发生巨大改变,大量人口仿佛用法术般从地下呼唤出来,就是生产方式对地理环境和人口因素影响和作用的结果。

生产方式由生产力和生产关系构成。生产方式的和谐就是物质资料生产过程中生产力与生产关系的相互适应和协调发展。

一方面,随着生产力的发展,社会生产关系要适时地做出调整以适应生产力的发展。社会主义改革就是要改变束缚生产力发展的旧的生产关系,以调动社会上的一切积极因素,促进生产力发展。如以大机器为标志的生产力的发展必将要求抛弃封建地主阶级占有土地的生产关系,从而建立起资本家占有生产资料的雇佣劳动制关系。另一方面,一种新的先进的生产关系确立之后,也将极大地促进社会生产力的发展。如通过经济体制改革,旧的生产关系被扬弃之后,我国人民的生产积极性被充分调动了起来,建设中国特色社会主义的热情空前高涨,从而取得了当今令世人瞩目的巨大成就。

人类社会的生存与发展也离不开一定的地理环境和人口因素,地理环境与人口因素的和谐也是社会主义和谐社会的应有之义。地理环境是指一定社会所处的地理位置以及与此相联系的各种自然条件的总和,包括气候、土地、河流、湖泊、山脉、矿藏以及动植物资源等。构建社会主义和谐社会,其核心就是实现人与自然之间关系的和谐。但是如果没有充足的淡水资源和各种矿藏资源,气候条件恶劣,河流湖泊污染,植被覆盖率低,土地沙漠化、盐碱化,人类经济发展必将受到影响和限制,无法实现人与自然的和谐相处。人口因素是指构成人类社会的有生命的个人的总和,包括人口数量、人口质量、人口结构、人口发展、人口密度、人口分布和人口迁移等各种因素。实现社会和谐需要保持一定的人口数量,人们掌握先进的科学技术和知识文化,有较高的道德休养和法律意识,男女比例要协调,人口结构要合理,人口密度必须适中,人口分布均匀,人口流动保持一定的比例和速度。因此,没有人口因素的协调一致和良好运作,也不能实现人类社会的和谐。

2. 社会主义和谐社会是人与人、人与社会、人与自然之间关系和谐的社会

首先，和谐社会是人与人之间关系和谐的社会。构建社会主义和谐社会的任务之一就是要处理好人与人之间的关系，实现人与人之间的和谐发展。① 人与人之间的关系就是在社会生产生活中形成的经济、政治、文化等关系。人与人之间关系的和谐也就是人们之间在经济、政治、文化等方面的和谐。②

在经济上，从生产过程来看，人们在生产中有着平等的地位，保持独立的人格尊严，劳动没有高低贵贱之分，只有社会分工的不同。从分配上看，最重要的就是要做到社会财富的分配公平公正。中国人自古以来"不患寡而患不均"，由此可见，分配公平公正对于保证社会稳定实现人与人之间关系的和谐有多么重要的作用。从交换过程来看，在社会主义市场经济体制下，人们应诚实守信，在商品交换过程中能够按照价值规律实行等价交往，不短斤少两，不欺行霸市。从消费上看，人们崇尚节俭生态的消费方式，做到合理理性消费，不盲目跟风，不追赶时髦，不相互攀比，杜绝奢侈浪费。

在政治上，一方面，人们具备民主法治精神与民主政治理念，民众不盲从盲信，主动寻找合法的民主参政通道，积极参与政治文明建设，从而促进政治文明的发展。另一方面，社会政治发展能够满足人们参政议政的需要，民主政治发展，法制健全完善。

在文化上，社会文化事业繁荣，价值观念多元化，能够满足人们不断增长的精神文化需要。教育事业完善，能满足人们对知识文化的渴望与追求，从而使人们的修养与智慧不断得到提升。人们有学习与追求科学文化知识的积极性，自身潜能被充分发掘，素质不断得到提高。

其次，和谐社会是人与社会之间关系和谐的社会。马克思说："人的本质并不是单个人所固有的抽象物。在其现实性上，它是一切社会关系的总和。"③人不是离群索居的单个存在，不是漂流到孤岛上的鲁滨孙，人是在人类社会中生存和发展。因此和谐社会理应包含人与社会之间关系的和谐。在利益分配中，社会能按公平正义的基本原则，处理好社会不同阶层不同社会群体之间的利益

---

① 吴俊杰.张红等编著.中国构建和谐社会问题报告[M].北京:中国发展出版社.2005年版.第9页
② 谢舜主编.和谐社会:理论与经验[M].北京:社会科学文献出版社.2006年版.第20页
③ 马克思恩格斯选集(第1卷)[M].北京:人民出版社.1995年版.第18页

关系;在个人发展上,社会教育资源充分,资源分配合理,使得社会上每个人的潜能都能充分挖掘,素质得到全面拓展,人格健全,个性鲜明;在社会保障上,社会保障体系完善,医疗、养老、就业、住房等问题得到合理有效的解决,社会申诉机制完善,社会正义得到伸张。这样,整个社会呈现出一种公序良俗的良好风貌,人与社会和睦相处,在社会生活中其乐融融。

最后,和谐社会是人与自然之间关系和谐的社会。谢舜认为,人与人的和谐是和谐社会的核心。① 也有其他学者认为,人与自然的和谐是和谐社会的核心。笔者认为后者更为合理。构建社会主义和谐社会是在科学发展观的基础上提出来的,其所面对的现实背景是由于改革开放以来我国经济的粗放型发展造成资源枯竭、环境污染、生态破坏,从而使我国经济社会的健康持续发展受到威胁。面对这一严峻挑战,中共中央提出构建人与人、人与社会、人与自然和谐相处的社会主义和谐社会。因此,人与自然的和谐是构建社会主义和谐社会的核心。自然世界是人类社会生存和发展的物质基础与根源,离开自然界,没有自然界为人类社会生存发展所提供的大气圈、水圈、岩石圈、生物圈构成的水、空气、土壤、矿藏、动物、植物等各类资源,人类社会就一刻也不能够存在,更遑论发展。因此,人类社会在发展过程中,必须处理好人与自然的关系,合理开发自然资源、节约利用自然资源,保护环境,关爱地球,实现人与自然和谐相处。

3. 社会主义和谐社会是社会资源兼容共生、社会结构合理、社会行为规范、社会利益协调的社会②

第一,和谐社会是社会资源兼融共生的社会。任何一个社会,总是由不同的阶级、阶层和不同的社会群体组成。对于我们这样由 56 个民族聚居而成的多民族国家,不同民族有不同的民族传统和宗教信仰;人们之间由于利益的差异和政治主张的不同结成不同的党派,有多个政党参与到国家政治生活中来。这样,不同阶级、阶层、社会群体、民族、宗教信仰、党派等的人们形成不同的社会力量,这些不同的社会力量具有平等公正地获得各种社会资源的权利,不同社会力量之间同生共存、和谐共契。

第二,和谐社会是社会结构合理的社会。前已述及,人类社会是一个异常

---

① 谢舜主编. 和谐社会:理论与经验[M]. 北京:社会科学文献出版社. 2006 年版. 第 20 页
② 邓伟志. 和谐社会与公共政策[M]. 上海:同济大学出版社. 2007 年版. 第 20 页

复杂的巨系统,这系统由各种要素和子系统按照一定的社会结构耦合而成。社会整体要实现和谐,就必须要求组成这一整体的要素及其组成结构稳定协调,系统在开放的环境中不断与外界进行熵流交换,这样,社会系统始终保持一种非线性的动态平衡,形成一种稳态结构,社会才能走向和谐。人类社会主要由人口结构、人口密度、人口分布、人口数量、人口质量、阶级结构、阶层结构、家庭结构、民族结构、职业结构、地区结构等要素和子系统组成。这些要素和子系统共同构成的稳态结构是社会的总体框架。社会结构合理,社会构成要素充满活力,社会结构之间保持一种松弛有度的张力,社会总体框架就将保持整体平衡并实现社会和谐。

第三,和谐社会是社会行为规范的社会。要使社会行为规范,就需要健全和完善的社会约束机制。正如中国古语所云:"没有规矩,不成方圆。"社会要实现和谐,人类要得到自由,就必须服从法律法规等的约束。正如康德所言:"自然状态是一种不公正的弱肉强食状态,人们一定必须放弃这种状态,以便服从法律的约束,这种约束把我们的自由只限制在它能够与每个别人的自由共存、并正因此而能与共同的利益相共存的范围内。"[①]也就是说,我们的自由只能够限制在它能够与每个别人的自由相共存、并正因此而能与共同的利益相共存的范围内,只有这样,我们的自由才有可能得到保障。道德、法律、宗教、风俗习惯等都能对社会行为进行规范,从而实现这种限制。这些规范可分为强制性规范和非强制性规范。强制性规范,如法律,是国家或社会组织制定的、以某种强制力执行,以他律的方式对人们的行为进行的规范,从而使人们的社会行为与社会规范保持协调一致,以保障他人与社会的安全和利益。非强制性规范,如道德,是在人们的社会生产生活中形成的,以自律的方式对人们的行为进行的规范。强制性规范与非强制性规范相互衔接,互相配合,相辅相成地约束着人们的行为,使人们的行为规范化、社会化。

第四,和谐社会是社会利益协调一致的社会。换句话说,社会发展的成果能够为全体人民所享。不同阶层的人们,不同的社会群体,在利益分配格局中能够各得其所。在社会运行过程中,能综合运用多种手段以多样的方式,调节不同社会群体的利益关系,避免出现贫富悬殊的不合理现象。不同阶层的人们

---

① 康德著. 邓晓芒译. 纯粹理性批判[M]. 北京:人民出版社. 2009年版. 第504页

幼有所学、壮有所用、老有所养、病有所医、住有所居,社会运转协调顺畅。

二、社会主义和谐社会的基本特征

人类社会是由各个要素组成的一个复杂的巨系统,和谐社会就是社会巨系统中各个要素之间及要素内部之间相互协调、相互依存、互相促进的一种非线性动态平衡的理想状态。在这种理想社会状态中,社会发展既有序高效,社会分配又公平正义,公平和效率得到有机统一;社会发展既充满活力,社会生活也安定有序,发展动力和社会平衡实现有机结合;社会发展既有自己的现实目标,也提出了应有的价值诉求,理想与现实相得益彰,伦理价值熠熠生辉。

无疑,在两千多年的封建专制社会,生产力发展水平低下,人民物质生活贫困、精神生活匮乏、文化素质缺失,社会政治生活专断,人们相互之间处于阶级对立的状态,社会问题层出不穷,社会矛盾异常尖锐,这样的社会不可能是和谐的社会。只有消灭阶级剥削,人民当家做主,在劳动人民的生产积极性被充分调动起来的前提下,生产力不断发展,社会不断进步,人民的生存状态不断改善、生活水平不断提高,社会才能从整体上走向和谐。也只有这样,社会的和谐才不至于跌落至空想主义的怀抱,而是在经济社会发展、人民生活富裕的坚固的现实的基础上,呈现出与以往空想式和谐社会完全不同的本质特征。对于这些本质特征,胡锦涛在中共中央举办的省部级主要领导干部提高构建社会主义和谐社会能力专题研讨班的讲话中做出了精辟的概括,指出,"我们所要建设的社会主义和谐社会,应该是民主法治、公平正义、诚信友爱、充满活力、安定有序、人与自然和谐相处的社会。"[①]

第一,社会主义和谐社会是民主法治的社会。在封建社会,剥削阶级对广大劳动人民进行专制统治,虽然统治阶级标榜"王子犯法与庶民同罪",但同时又通过"刑不上大夫"的虚伪道德为自己的人治统治进行开脱和狡辩。在这样的专制与人治社会中,统治阶级高高在上享尽特权,老百姓沦为鱼肉,任人宰割,人与人、人与社会之间矛盾丛生、斗争尖锐,社会不可能走向和谐。只有社会主义制度确立之后,剥削阶级作为一个阶级不复存在,人与人在制度的框架

---

① 胡锦涛在省部级主要领导干部提高构建社会主义和谐社会能力专题研讨班上的讲话[N].人民日报.2005.2.20.第1版

之下,在法律面前真正实现了相互的平等与尊重,劳动人民当家做了国家的主人,作为主人的劳动人民依据宪法和法律治理国家,管理国家和社会公共事务,从而推动整个社会走向和谐。

第二,社会主义和谐社会是公平正义的社会。这里所讲的公平正义是指社会各方面的利益关系得到妥善协调,人民内部矛盾和其他社会矛盾得到正确处理,社会公平和社会正义得到切实维护和实现。换句话说,公平正义就是指社会在解决个人与个人之间、个人与群体之间、个人与社会之间、群体与群体之间、群体与社会之间的利益关系过程中,能够体现出一种公正、正义的原则和精神。所谓正义,即是"作为公平的正义"[1],这种作为公平的正义首先必须确立正义的原则,"正义的概念就是由它的原则在分配权利和义务、决定社会利益的适当划分方面的作用所确定的"。[2] 因为"正义的原则将是那些关心自己利益的有理性的人们,在作为谁也不知道自己在社会和自然的偶然因素方面的利害情形的平等者情况下都会同意的原则"。[3] 正义的原则有两条:"第一个原则:每个人对与其他人所拥有的最广泛的基本自由体系相容的类似自由体系都应有一种平等的权利。第二个原则:社会的和经济的不平等应这样安排,使它们(1)被合理地期望适合于每一个人的利益;并且(2)依系于地位和职务向所有人开放。"[4]而对于中国人民而言,我们自古"不患寡而患不均"。所谓不均,即不公平、不公正、不正义。因此,社会公平正义是人类自古以来的一种不懈追求,人们希望自身的利益得到切实有效的保障和维护。一方面,人们希望在社会利益分配中实现公平,在社会生产生活中,人们各尽所能、按劳分配、多劳多得、少劳少得、各得其所,在此基础上,共同积累生产资料,推动经济社会向前发展。另一方面,因为不同人们之间天生禀赋与社会背景的现实差异,智力、体力、能力、社会地位、拥有的社会资源等各不相同,社会能够遵循"最少受惠者优先"的原则,即"一种不够平等的自由必须可以为那些拥有较少自由的公民所接受",以及"一种机会的不平等必须扩展那些机会较少者的机会"。[5] 只有这样,

---

[1] 约翰·罗尔斯. 正义论[M]. 北京:中国社会科学出版社. 1988年版. 第11页
[2] 同上书,第10页
[3] 同上书,第19页
[4] 同上书,第60-61页
[5] 同上. 第303页

才能真正实现公平正义,避免出现贫富两极分化,造成社会和谐。

第三,社会主义和谐社会是诚信友爱的社会。所谓诚信友爱是指社会全体成员相互之间互帮互助、诚实守信,全体人民平等友爱、融洽相处。随着人类社会的不断向前发展,人们之间的社会关系变得日益错综复杂,实现人与人、人与社会之间关系的和谐融洽,必然要求人们在生产生活中相互帮助、相互理解、相互尊重、相互包容、平等友爱,加强人与人之间的联系,密切人与人之间的关系。人们相互之间谨言慎诺,一诺千金,信守诺言。中华民族自古讲诚修信,孔子云:"人无信不立""人而无信,不知其可也。"[1]只有做人诚实守信,才能在社会中有立足之地,才能造成人与人之间的相互信任和社会和谐。在社会主义市场经济条件下,在经济交往和商品交换活动中,人们的商业行为应该遵循价值规律,按等价交换的原则实行等价交换,诚实买卖,做到童叟无欺,只有这样,社会才会和谐。

第四,社会主义和谐社会是充满活力的社会。所谓充满活力是指能够使一切有利于社会进步的创造愿望得到尊重,创造活动得到支持,创造才能得到发挥,创造成果得到肯定。社会的活力无疑是推动社会发展前进的重要条件。马克思主义认为,人是生产力诸要素中最活跃最革命的要素。只要人的积极性被调动起来,聪明才智得到发挥,社会生产力就将获得巨大发展。而要将人的聪明才智发挥出来,使人的劳动积极性和创造力调动起来,就要在全社会形成一种"尊重劳动、尊重知识、尊重人才、尊重创造"的良好社会风气。与此同时,也要使一切自然资源和社会资源得到充分合理的使用,使其自身的价值在社会生产过程中得到有效的转移和充分的实现。通过适当的政策,最广泛地调动一切积极因素,增强全社会的创造力。鼓励一切劳动、知识、技术、管理、资金、资源都参与到社会财富的创造中来,做到人尽其才、物尽其用,以造福于人民。

第五,社会主义和谐社会是安定有序的社会。所谓安定有序是指社会组织机制健全,社会管理完善,社会秩序良好,人民群众安居乐业,社会保持安定团结。人类社会是由各种各样的团体组织所组成,如各种经济组织、政治组织、文化组织、教育组织,等等。这些社团组织又可以分为两类,即官方组织和民间组织。各种社团组织在社会生产生活中各自发挥自己独特的作用,相互配合、协

---

[1] 语出《论语·为政》

调运作,推动社会的发展,保持社会的稳定。在社会主义和谐社会,这些组织成立合法,机制健全,管理完善,在生产生活的各个环节协调一致有条不紊地运行。在社会管理过程中,管理行为依据法律制度和政策法规有序展开,经济文化事业顺利发展;在国家民主政治生活中,则是"既有集中又有民主,既有纪律又有自由,既有统一意志又有个人心情舒畅、生动活泼,那样一种政治局面"。党群、干群关系如鱼水之情,其乐融融。在社会生活中,人们尊老爱幼,救死扶伤,互帮互助。社会为每一位劳动者提供合适的工作岗位,人人有职可谋、有业可创、有事可做,住有所居、病有所医,生活稳定又有保障,整个社会呈现出一种安定团结的局面。

　　第六,社会主义和谐社会是人与自然和谐相处的社会。所谓人与自然和谐相处是指生产发展、生活富裕、生态良好。"人本身是自然界的产物,是在他们的环境中并且和这个环境一起发展起来的。"[①]人从自然界中分离出来,这是人之为人和人类社会得以形成的基本前提,但是人却不能脱离自然界而存在,人必须和自然界结为一体,才能实现自身的生存和发展。就人自身而言,实现人与自然的和谐要求生产发展、生活富裕。在生产力发展水平低下,人们食不果腹生活窘困的历史条件下,人类在自然面前力量薄弱,微不足道,人与自然之间属于一种从属的关系,人处在属于自然的地位,自然支配人、控制人。只有随着人类社会生产力的不断发展和生活水平的不断提高,在现代科学理论的指导下,在现代技术的帮助下,人类合理地有效地开发利用自然,人类才开始从自然界的支配与控制下摆脱了出来,人们从繁重的体力劳动中解放了出来。就自然方面来说,社会主义和谐社会是生态良好的社会。在技术理性主义支配下造成的对自然的征服与统治,将自然界当作持存物向自然界的过度索取,对自然界的无节制的开发利用,造成了一系列严重的自然恶果。环境污染、生态破坏、资源枯竭、土地沙化,等等。这种人与自然之间对立的恶果不仅使自然世界千疮百孔、喘息不止,同时也威胁着人类自身的继续发展。只有改变人类对待自然的态度,敬畏自然、尊重自然、关爱自然、与自然和谐相处,自然才会始终以自己年轻的身体绿色的美貌孕养一代又一代的人们。

---

① 马克思恩格斯全集(第20卷)[M].北京:人民出版社.1971年版.第38-39页

三、社会主义和谐社会与生态技术的关系

从社会主义和谐社会的基本含义与特征我们可以看到,我们要构建的和谐社会,就是要实现人、社会、自然关系的三重和谐。人类社会作为一个复杂巨系统,不仅包括经济、政治、文化、制度、教育、技术等基本要素,也包括人自身、自然等子系统,要实现社会的整体和谐,就必须同时实现诸子系统之间、诸要素之间关系的和谐,而构建社会主义和谐社会的核心就是要实现人与自然的和谐。

生态技术也是一个涵括人、技术、社会、自然的复杂巨系统[①],生态技术的生态本性要求人、技术、社会、自然之间和睦相融和谐共存。生态技术一词本身也是就人与自然关系进行言说,其核心也是要实现人与自然的近在亲和关系。

这样看来,社会主义和谐社会与生态技术同样作为复杂巨系统,不仅其基本组成要素具有高度的一致性,从内在本性上来看,两者也都以人与自然关系和谐为核心,同时要求人与人、人与社会及其他诸要素关系的和谐,并最终为实现人自身的发展服务。

第四节 构建社会主义和谐社会的重要意义

在我国经济发展进入关键历史时期,在我国社会发展的重大转型期,面对我国社会矛盾日益凸显、社会问题层出不穷的内部危机,面对全球化浪潮席卷世界带来的严峻挑战,中国共产党提出构建社会主义和谐社会的重大战略决策,这既是理论发展的呼唤,也是社会前进的现实需要。在这样的时代背景下提出构建社会主义和谐社会,既有重要的理论意义,也有重大的实践意义。

一、构建社会主义和谐社会的理论意义

构建社会主义和谐社会既是对马克思主义理论的继承和发展,也是对社会主义社会发展规律的深化和社会主义建设实践的理论升华,还是我国进一步推

---

① 关于生态技术具体含义与特征,及生态技术诸要素及其关系笔者将在后述章节中详细展开,在此仅就生态技术系统及其要素关系做一扼要概述。

进社会主义现代化建设的新纲领。

首先,社会主义和谐社会理论的提出是对马克思主义理论的继承和发展。前文已经论述过,构建社会主义和谐社会理论是对马克思、恩格斯、毛泽东、邓小平、江泽民等关于和谐社会思想的继承、丰富与发展,这里我们着重指出的是,社会主义和谐社会理论对马克思主义理论的继承和发展主要表现在三个方面:

一是社会主义和谐社会理论丰富和发展了马克思主义对社会的理论思维方式。尤其从马克思恩格斯的著作我们可以发现,马克思主义理论对社会的发展规律和未来探索提出了许多的新观点、新思路、新方法,对于后世无疑具有重大的意义和启迪。但不可否认的是,马克思主义社会理论主要的是一种批判的形态,是一种社会批判理论。这种社会批判理论是从批评资本主义的不合理现状的视角和自由资本主义发展的问题与弊端背景下提出来的,其主题是对资本主义现实的批判。而社会主义和谐社会理论则是从对中国特色社会主义建设和维护的视角发展了马克思主义,是一种新的辩护性的理论思维方式。也就是说,社会主义和谐社会理论是一种社会建设理论,而非一种社会批判理论。

二是构建社会主义和谐社会理论是对马克思主义社会理论的丰富与发展。一般认为,马克思主义理论包括了哲学、政治学、政治经济学三个学科领域,也有西方学者认为马克思是一个社会学家,对此马克思本人并不承认。而构建社会主义和谐社会理论则自觉运用社会学、社会组织学、管理学等科学理论,从对中国社会发展面对的现实问题和面临的严峻挑战出发,对中国社会发展的目标和组织原则、社会运筹状况和方式、社会群体状态和影响等进行深入分析与论述,形成构建社会主义和谐社会的理论体系,以非凡的理论勇气将马克思主义理论由哲学、政治学、政治经济学进一步拓展至马克思主义社会学。

三是构建社会主义和谐社会理论在继续回答实现什么样的发展、怎样发展这一理论问题的基础上,进一步回答了中国如何进一步发展、成为一个世界强国的问题。毛泽东在20世纪上半叶世界处于无产阶级社会主义革命的时代背景下,回答了中国如何实现国家独立、人民解放的问题,领导中国共产党带领中国人民取得新民主主义革命的胜利,建立了中华人民共和国,并通过社会主义改造确立了社会主义制度,实现了国家独立、人民解放。邓小平则回答了什么是社会主义、怎样建设社会主义这一基本理论问题,带领中国人民进行改革开放和建设中国特色社会主义,使中国人民找到了一条摆脱贫困进入小康走向富裕的现实道路。江泽民在进一步回答什么是社会主义、怎样建设社会主义这一问题基础上,创造性地回答了建设什么样的党、怎样建设党这一理论问题,使党的执政地位不断巩固、执政能力不断增强、执政水平不断提高,保持了中国的繁荣稳定,使中国社会稳步向前发展。科学发展观则回答了实现什么样的发展、怎样发展这一理论问题,提出以人为本,树立全面协调可持续的发展观,促进经济社会和人的全面发展。总之,构建社会主义和谐社会理论,在此基础上进一步丰富和发展了马克思主义,推动了马克思主义中国化的历史进程。

其次,社会主义和谐社会理论是对社会主义社会发展规律认识的深化和社会主义建设实践的理论升华。马克思、恩格斯在考察资本主义发展特点及批判资本主义社会弊端的基础上,揭示了人类社会发展的一般规律,科学构想了未来社会发展景象,创立了科学社会主义理论。但是对于未来社会主义的发展特点、发展途径、发展道路、发展步骤、发展战略等问题没有也不可能做进一步的回答。新中国成立后,为了推动我国经济社会的发展,尽快摆脱社会生产力发展水平低下,改变国民经济一穷二白的局面,毛泽东发表了《论十大关系》,提出要正确处理好"重工业和轻工业、农业的关系,沿海工业和内地工业的关系,经济建设和国防建设的关系,国家、生产单位和生产者个人的关系,中央和地方的关系,汉族和少数民族的关系,党和非党的关系,革命和反革命的关系,是非关系,中国和外国的关系"①等十大关系。1957年,在社会主义改造完成,社会主义制度确立后,毛泽东针对我国社会的实际进一步提出要正确地认识并处理好敌我之间和人民内部这两类性质完全不同的矛盾②,理顺社会主义制度下人与人、人与社会之间的各种经济、政治、文化关系,以顺利推进社会主义建设向前发展。十一届三中全会之后,我国进行改革开放和建设中国特色社会主义,邓小平在带领中国人民进行改革开放和建社中国特色社会主义的伟大实践中,厘清了社会主义发展阶段、发展道路、发展战略、发展动力等一系列理论问题,形成了对社会主义本质的科学认识,指出"社会主义的本质,是解放生产力,发展生产力,消灭剥削,消除两极分化,最终达到共同富裕"。③ 2003年10月,在中

---

① 毛泽东著作选读(下册)[M].北京:人民出版社.1986年版.第721-740页
② 毛泽东著作选读(下册)[M].北京:人民出版社.1986年版.第757页
③ 邓小平文选(第3卷)[M].北京:人民出版社.1993年版.第373页

共十六届三中全会上,胡锦涛提出科学发展观,解决了社会主义社会发展中存在的城市与乡村、沿海与内地、东部与西部、中央与地方、个人与社会、整体与部分、人类社会与自然、当下与未来等之间的矛盾关系,进一步深化了我们对社会主义社会发展规律的认识。十六届四中全会后,我们党又提出了"坚持最广泛最充分地调动一切积极因素,不断提高构建社会主义和谐社会的能力"。2005年2月19日,胡锦涛又强调指出,"构建社会主义和谐社会,是我们党从全面建设小康社会、开创中国特色社会主义事业新局面的全局出发提出的一项重大任务,适应了我国改革发展进入关键时期的客观要求,体现了广大人民群众的根本利益和共同愿望"。① 从而深化了马克思主义关于社会主义社会建设和发展规律的认识,也是我国社会主义社会建设实践的理论升华。

最后,社会主义和谐社会理论的提出是我国进一步开展社会主义现代化建设的新纲领。为了使社会主义建设事业有条不紊地向前推进,为了实现人民富裕、国家富强、民族振兴的中国梦,早在1964年,周恩来就提出了实现国民经济发展的"两步走"战略。② 党的十三大在"两步走"战略的基础上又明确提出基本实现现代化的"三步走"战略。为了建设一个"经济更加发展、民主更加健全、科教更加进步、文化更加繁荣、社会更加和谐、人民生活更加殷实"的社会,实现"到本世纪中叶基本实现现代化,把我国建设成富强民主文明的社会主义国家"。③ 江泽民在"三步走"战略第三步的基础上又提出了21世纪上半叶的三个阶段性目标。④ 十六届六中全会上,胡锦涛全面提出了到2020年构建社会主义和谐社会的九大目标和主要任务。2007年,在党的十七大上,胡锦涛又提出了建设"富强、民主、文明、和谐""四位一体"的和谐社会奋斗目标。党的十八大以来,中央高度重视培育和践行社会主义核心价值观,习近平总书记多次作函更要记述并提出明确要求。2014年5月30日,在视察北京市海淀区民族小学时说:"建设富强民主文明和谐的社会主义现代化国家,实现中华民族伟大复兴、是鸦片战争以来中国人民最伟大的梦想,是中华民族的最高利益和根本

---

① 胡锦涛在省部级主要领导干部提高构建社会主义和谐社会能力专题研讨班上的讲话[N]. 人民日报. 2005.2.20. 第1版
② 周恩来选集(下卷)[M]. 北京:人民出版社. 1984年版. 第439页
③ 江泽民文选(第3卷)[M]. 北京:人民出版社. 2006年版. 第543页
④ 江泽民文选(第2卷)[M]. 北京:人民出版社. 2006年版. 第4页

利益。"

二、构建社会主义和谐社会的实践意义

构建社会主义和谐社会的提出不仅是对马克思主义理论的丰富与发展,是建设中国特色社会主义实践经验的总结和理论升华,并且对于在新的历史条件下加强党的执政能力建设、提高党的执政水平,在全球化背景下面对日益严峻的国际挑战,实现全面建设小康社会的奋斗目标,创造一个"富强、民主、文明、和谐""四位一体"的社会主义和谐社会也有重大的现实意义。

首先,构建社会主义和谐社会的提出有利于我们党在新的历史条件下进一步加强党的执政能力建设,提高我们党的执政水平。邓小平警告我们,中国发展要是出了问题,关键还是我们的党。他说:"中国要出问题,还是出在共产党内部。"[1]中国共产党是建设中国特色社会主义事业的领导核心,因此,加强党的执政能力建设,提高党的执政水平,对于顺利推进建设中国特色社会主义、实现中华民族伟大复兴具有关键性全局性的重大意义。面对苏联解体东欧剧变后的世界新格局,江泽民提出中国共产党必须"总是代表着中国先进生产力的发展要求,代表着中国先进文化的前进方向,代表着中国最广大人民的根本利益"。[2] 使中国共产党成为一个人民尊敬、人民信赖、人民拥护的有崇高威望与巩固地位的执政党。科学发展观和构建社会主义和谐社会的提出,使我国经济、政治、文化、社会等各项社会主义事业协调、平衡、综合、有序地向前发展,通过分配、医疗、养老、教育、就业、住房、安全、稳定、环境等一系列社会民生问题的有效解决,经济社会发展的成果惠及十几亿中国人民。这样,在构建社会主义和谐社会理论的指导下,在人与人、人与社会、人与自然的和谐相处中,中国共产党执政的社会基础日益巩固、执政的历史任务逐步实现、执政的理念圆满升华。

其次,构建社会主义和谐社会的提出有利于我国在日益严峻的国际环境中应对各种挑战,使建设中国特色社会主义事业顺利向前推进,实现全面建设小康社会的战略目标,助推民族振兴、国家富强、人民幸福的复兴之梦。从国际范

---

[1] 邓小平文选(第3卷)[M]. 北京:人民出版社.1993年版.第380页
[2] 江泽民文选(第3卷)[M]. 北京:人民出版社.2006年版.第2页

围内看,和平与发展仍然是当今时代的主题。但是国际局势风云多变,从总体上看并不天下太平,各种不稳定因素此起彼伏,国际金融安全、南北差距继续拉大、宗教民族矛盾、领土边界争端等传统安全威胁没有得到有效解决,恐怖主义等新的威胁又困扰着世界,造成世界局势的紧张和对立。20 世纪 80 年代末 90 年代初,苏联解体东欧剧变,两极格局瓦解,世界朝着多极化的方向发展。但是多极化格局的发展一波三折,到了 21 世纪,新的世界政治经济格局并未完全确立起来。霸权主义、强权政治依然存在,并且通过从"硬霸权"向"软霸权"的转变,霸权主义和强权政治还进一步巩固和加强了起来。发展中国家受到西方发达国家经济、政治、文化、军事等全方位的剥削与控制,在激烈的国际竞争中处于劣势地位,话语权主要掌握在西方发达资本主义国家的手中。西方国家利用自身的经济、政治、军事、文化、科技等优势,将发展中遇到的全球性问题及以新形式表现出来的资本主义经济危机——金融危机转嫁给发展中国家,加紧对发展中国家的剥削与控制。由于西方发达国家占据着国际分工链顶端的有利地位,发展中国家在资源枯竭、环境污染、生态破坏、土地沙化等全球问题的困扰中艰难蹒跚地向前发展。面对全球化的机遇与挑战,作为发展中国家的中国,只有把握机遇迎接挑战,在国际严峻局势的大风浪中披荆斩棘乘风破浪迎难而上,才能实现自身发展,实现民族振兴、国家富强、人民幸福的中国复兴之梦。因此,一方面,中国自己需要审时度势,通过自力更生、艰苦创业、卓绝创新,建设资源节约型、环境友好型的自主创新型国家,实现经济社会的跨越式发展,构建人与人、人与社会、人与自然和谐相处的社会主义和谐社会。另一方面,在国际社会上,坚持和平共处五项原则,走和平崛起的发展道路,积极推动世界政治经济新秩序的建立,加强南南合作,与西方发达资本主义国家开展积极和具有建设性的对话,进行灵活多样的交流,吸取和借鉴西方国家的有益经验,推动我国经济社会朝着和谐的方向发展,推动构建和谐世界。

最后,构建社会主义和谐社会的提出有利于我国建设"富强、民主、文明、和谐""四位一体"的社会主义现代化国家。经过改革开放三十多年的发展,我国经济社会建设取得了举世瞩目的巨大成就,经济发展、民主推进、文化繁荣、社会总体和谐。但不可否认的是,我国经济社会发展的整体水平较低,经济发展质量不高,单位 GDP 能耗过大。2012 年我国一次能源消费量 36.2 亿吨标煤,消耗全世界 20% 的能源,单位 GDP 消耗是世界平均水平的 2.5 倍,美国的 3.3

倍,日本的 7 倍,同时高于巴西、墨西哥等发展中国家。经济结构不够合理,发展方式有待进一步转变,实现经济发展方式由主要依靠人力、物力、资金、资源投入的"粗放型"模式转移到主要依靠科技进步和提高劳动者素质的"集约型"发展轨道上来,并进一步向自主创新型经济发展模式转换,使我国由经济大国成长为经济强国。在民主政治上,依法治国基本方略得到贯彻落实,人民当家做主的形式多样,人民群众的参政议政意识逐渐增强,生存权、发展权、平等权、自由权等宪法和法律赋予的基本权利得到保障。但是政治体制改革有待进一步继续推进,政府决策有待进一步科学化、制度化、透明化。文化教育事业、科学技术发展虽然取得了巨大的成就,但科学技术创新的整体水平不高,创新的力度不够,创新资金投入不足的现象比较普遍。社会诚信机制尚不完善,诚信缺失的问题一时之间也无法有效解决,社会"黄赌毒"问题仍然比较严重,精神文明建设与物质文明建设在一定程度上出现脱节,人民的科学文化素质需要进一步提高、法律意识和道德修养有待进一步加强。在生态环境保护上,我们面临严峻挑战。目前,我国长江、黄河、珠江、松花江、淮河、海河、辽河七大水系水质总体上轻度污染,旱季断流水域面积呈不断扩大的态势,资源枯竭型城市不断增多。土地沙漠化、耕地盐碱化面积不断扩大,可耕地面积逐年减少,从而造成我国经济社会发展的环境瓶颈。因此,虽然我国社会整体和谐,但各种不和谐因素也广泛存在。只有在构建社会主义和谐社会的思想理论指导下,推动科技创新,转变经济发展方式,加快民主政治体制改革,繁荣以马克思主义为指导的中国特色社会主义文化,及时有效解决人民群众关心的难点热点问题,保持社会稳定有序,全面建成社会主义小康社会的目标才能实现,实现中国梦和中华民族伟大复兴的愿景才会达成。

本章小结

通过本章的阐述我们可以看到,人类自古以来就憧憬着社会的和谐,和谐的思想中外古已有之。古代先贤的和谐思想苦心孤诣各具千秋,但是这些思想有一个共同的特点,即他们都只能停留在对未来美好社会的幻想之上,由于没有寻找到人类社会纷争的历史根源,由于人与人之间根本对立的阶级社会的存在,和谐在那时只能是幻想,和谐思想也只能是空想。

唯物史观的创立揭开了人类社会发展的神秘规律,揭示了人类社会进步的根源与动力,使人类对未来美好社会的构设由空想走向科学。进入20世纪,社会主义制度的确立为实现社会和谐提供了坚实的制度保证。在我国,十一届三中全会后,改革开放和经济建设所取得的成就为中国社会走向和谐奠定了强大的物质基础。与此同时,在发展过程出现的一系列矛盾也为建设社会主义和谐社会提出了现实的要求。正是在这样的社会历史背景下,我们党和国家经过酝酿发展最终提出了构建社会主义和谐社会的战略构想。

社会主义和谐社会理论有着异常丰富的内涵,基本特征既涵括生产力的发展与生产关系的解放,也拓展到经济、政治、文化、社会的协同互动。社会主义和谐社会是以人、社会、自然为子系统的系统要素协调平衡的社会,这与以人、技术、社会、自然为子系统的系统要素整体平衡的生态技术具有高度一致的内在本质,这种内在本质的一致性使得生态技术能够成为构建社会主义和谐社会的关键技术支撑。

第三章

生态技术的含义

构建人与人、人与社会、人与自然和谐相处的社会主义和谐社会是一个巨大复杂的长期系统工程,涵括经济、政治、文化、社会、生态等诸多领域,需要这些要素的协调、平衡和整体支撑,而生态技术则将为构建社会主义和谐社会提供现实的技术支撑。那么,什么是生态技术?生态技术与核心技术的关系如何?生态技术与生态技术观又有什么样的联系与区别?本章将对这些问题一一展开论述与解答。

第一节 生态技术的基本内涵

那么,什么是生态技术?生态技术与技术之间是什么关系?生态技术与生态化的技术及技术的生态化有什么联系与区别?

一、技术与生态技术

要弄清楚生态技术的基本内涵,我们就需首先对技术概念及其演化进行考察。那么什么是技术呢?

1. 什么是技术

关于什么是技术这个问题,现在可考的答案或许有一百多种,许多哲学家、思想家都从不同的角度对技术下过定义,之所以会出现这样的局面,是因为技术本身不是既成的事物,而是在人类历史发展过程中不断生成的,处于不断的变动之中事物,于是如尼采所言:只有无历史的东西才是可以定义的。黑格尔则说:"要下界说的对象的内容愈丰富,这就是说,它提供我们观察的方面愈多,则我们对这对象所可提出的界说也就愈有差异。"①技术既是有历史的,同时也是内容丰富的,因此,要弄清技术的本质是什么,我们只能从多维的视角对技术概念进行历史的考察。

从词源含义上看,技术一词在古希腊已出现,在希腊语中意指"技艺"(technē)。亚里士多德在《尼各马可伦理学》中开篇即谈论了"τέχνη",他说:"每种技艺(τέχνη)与研究,同样地,人的每种实践与选择,都以某种善为目的。"②在亚里士多德看来,技艺的目的就是求善,技艺中包含有德行,他还说,"技艺是一种与真实的制作相关的、合乎逻各斯的品质。"③"技艺"(technē)一词通常译作"工艺、手艺"(craft)、"艺术、技术"(art)、"科学"(science),这三个名称中任何一个的外延都可以称作技艺,芬博格(Andrew Feenberg)认为,技艺(technē)一词是所有西方语言的现代词语中技巧(technique)和技术(technology)的起源。④

在古汉语中,"技"和"术"是两个有不同含义的词,"技"除有时指某种艺术(如歌舞)之外,主要泛指才能、本领,如"凡执技从事上者,祝、史、射、御、医、卜及百工"(《礼记》)。"黔驴技穷"中的"技"就是指活动本领或能力。"术"的意思则更为广泛,凡是能用于达到目的的均可称之为术,"夫圣贤之治世也,得其术则成功,失其术则事废"(《论衡》)。可见,方法,手段、策略,方术,计谋,权术等都统称为"术"。⑤ 而"技术"作为一词连用,则至少在西汉已经开始。司马迁在《史记·货殖列传》中记载:"医方诸食技术之人,焦神极能,为重糈也。"宋代爱国主义诗人陆游在《老学庵笔记》卷三中记载:"忽有一道人,亦美风表,多技术……张若水介之来谒。"这里,技术一词意为技艺、法术。

《简明大不列颠百科全书》认为,"技术是人类改变或控制客观环境的手段或活动"。

我国出版的《自然辩证法百科全书》则认为技术是"人类为了满足社会需要

---

① 黑格尔.小逻辑[M].北京:商务印书馆.1980年版.第414页
② 亚里士多德.尼各马可伦理学[M].北京:商务印书馆.2003年版.第3页
③ 同上书,第172页
④ [加]安德鲁·芬博格.海德格尔和马尔库塞——历史的灾难与救赎[M].上海:上海社会科学院出版社.2010年版.第6页
⑤ 许良.技术哲学[M].上海:复旦大学出版社.2005年版.第49页

依靠自然规律和自然界的物质、能量和信息来创造、控制、应用和改进人工自然系统的手段和方法"。[1]

学术界对于"技术"的定义远未达到统一的看法：

从技术的思想被提出，最早对技术做研究并论述的首推亚里士多德，亚氏认为"一切技术，一切规划以及一切实践和抉择，都以某种善为目标"，"技术就是具有一种真正理性的创新品质"。[2] 狄德罗是第一个给技术下接近现代观点的定义的哲学家，他认为技术是为完成特定目标而协调动作的方法、手段和规则的体系。马克思认为技术的本质是人的本质的外化，是人的本质力量的对象化。被公认为技术哲学创始人的恩斯特·卡普（Ernst Kapp）则在1877年发表的《技术哲学纲要》中把技术的本质看作人体器官的投影，并提出了著名的"器官投影说"，他指出"在工具和器官之间所呈现的那种内在的关系……就是人通过工具不断地创造自己。……大量的精神创造物突然从手、臂和牙齿中涌现出来。弯曲的手指变成了一只钩子，手的凹陷成为一只碗。人们从刀、矛、桨、铲、耙、犁和铁锹中看到了臂、手和手指的各种各样的姿势，很显然，他们适合于打猎，捕鱼，从事园艺和耕种工作"。[3] 德国技术哲学家德韶尔（Friedrich Dessauer）则认为"技术是通过目的性导向以及自然的加工而出现的理念现实存在"。[4] 法国学者埃吕尔（Jacques Ellul）用效率来定义技术，认为"技术是指所有人类活动领域合理得到并具有绝对效率的方法的总体"。[5] 海德格尔则把技术的本质看作"座架"（Ge-stell），认为技术是事物的解蔽方式。海德格尔认为，本质作为"座架"的技术摆弄世界，也摆弄人。一方面，技术将世界作为持存物，与此同时，人也作为一种资源，尤其在现代社会，人是通过作为人力资源而变成了持存物；但另一方面我们也要看到，技术就是解蔽，也是一种解蔽方式，是存在本身；技术解蔽世界，使存在者存在，使在场者在场；因此，人类不可能因

---

[1] 于光远主编. 自然辩证法百科全书[M]. 北京：中国大百科全书出版社. 1995年版. 第87页
[2] 亚里士多德全集(第8卷)[M]. 北京：中国人民大学出版社. 1996年版. 第3.124页
[3] Carl Mitcham. Thinking Through Technology[M]. The University of Chicago Press. 1994. pp. 23–24.
[4] 乔瑞金. 技术哲学教程[M]. 北京：科学出版社. 2006年版. 第48页
[5] Jacques Ellul. The technological Society [M]. Trans. John Wilkinson. New York. Vintage Books. 1964. p. 159.

技术把人变成持存物而抛弃技术:因为抛弃技术即是抛弃存在自身。美国著名技术哲学家米切姆(Carl Mitcham)指出,"技术与人关键性地卷在一起"。因此"我们可以容易地清晰区分出作为知识的技术、作为活动的技术和作为客体的技术——技术具体化的三种根本模式。……作为意志的技术必须加上作为技术具体化的第四个模式。"①F. 拉普(Friedrich Rapp)认为,技术是以遵照工程学科进行的活动和科学知识为基础的物质技术。② 邦格(Mario Bunge)给技术下过一个这样的定义:"技术可以看作是关于人工事物的科学研究,或者等价地说,技术就是研究与开发(R&D)。如果你愿意,技术可以被看作是关于设计人工事物,以及在科学知识指导下计划对人工事物进行实施、操作、调整、维持和监控的知识领域。"③

由此可以看出,要对技术下一公认有效的定义其难度可想而知,对此,我国学者陈昌曙先生采取了知难而"绕"的做法避免给技术下定义,却提出了技术的三个特征,认为"技术是物质、能量、信息的人工转换。这是技术的功能特征,是技术的最基本的特征"。"技术的第二个特征,即技术是人们为了满足自己的需要而进行的加工制作活动。这是技术的社会目的特征,技术作为过程的特征。""技术是实体性因素(工具、机器、设备等)、智能性因素(知识、经验、技能等)和协调因素(工艺、流程等)组成的体系。这是技术的结构性特征或技术的内部特征。"④张华夏、张志林先生认为二陈实际上是从实体论角度审视技术,强调技术是一种社会存在,而他们则从技术工具论的维度给出了技术的定义,认为"技术也是特殊的知识体系,一种由特殊的社会共同体组织进行的特殊的社会活动。不过技术这种知识体系指的是设计、制造、调整、运作和监控各种人工事物与人工过程的知识、方法与技能的体系"。⑤ 把技术看作"在实践过程中组织起来和表现出来的智能"。⑥ 远德玉则从过程论的视角提出了自己对于技术的理

---

① Carl Mitcham. Thinking Through Technology [M]. The University of Chicago Press. 1994. p. 159.
② F. 拉普. 技术哲学导论[M]. 沈阳:辽宁科学技术出版社.1986 年版. 第29-30 页
③ 张华夏. 张志林. 技术解释研究[M]. 北京:科学出版社.2005 年版. 第2 页
④ 陈红兵. 陈昌曙. 关于"技术是什么"的对话[J]. 自然辩证法研究.2001.4.16-19
⑤ 张华夏. 张志林. 从科学与技术的划界看技术哲学的研究纲领[J]. 自然辩证法研究. 2001. 2. 31-36
⑥ 张华夏. 张志林. 技术解释研究[M]. 北京:科学出版社.2005 年版. 第18 页

解,认为"技术是一个独立的存在、一个客观的手段(包括硬件和软件)同主观的能力(包括人所具有的知识、经验和技能)相结合的产物、是主体与客体相结合而形成的一个动态过程"。① 肖锋则认为,"从最直观的感受上,技术是同人工制品联系在一起的,即使将技术看作是一种活动,也无非是一种将自然物改变成人工制品的活动"。②

以上种种主要从词源学、技术实体论、技术工具论、技术过程论或者是技术社会批判理论等视角对技术进行考察,要真正厘清技术概念把握技术本质,还需要从技术的起源来考察。

从起源来看,我们无法简单判定究竟是人创造了技术还是技术造就了人,我们毋宁说人与技术是在人从自然界分离出来这一过程中相互生成的。恩格斯说在某种程度上劳动创造了人,这种劳动不是动物的本能活动,而是作为人所特有的一种技术、技术性或技术化活动。比如人制造的用于劈砍的第一把原始粗陋的石斧,虽然原始而粗陋,也许由于山崩或地裂的自然力量造就的一个石块都会比那把石斧更为精致,更像一把真正意义上的石斧,但只有这把人造的原始石斧才是人的本质力量的体现,它凝结了人的运思,有了人的凝视,打上了人的烙印,具有了属人性。也正是在打制这把原始石斧的过程中,因为有了运思和凝视,人的形象才在石斧上凸显出来,人成其为人。现在我们已无法辩护是打制了这把石斧后猿转变成了人,还是在猿已转变成人后才打造了这粗陋之物。但是可以辩护的是,猿转变成人和石块转化为技术物都不可能在这一次活动中真正完成,而是在千百次的类似重复活动中,猿转变成了人,从而这种活动成为技术性的活动。在每一次这种类似的活动中,人越来越在自然的背景下凸显,石块或木棍也越来越作为技术显现,与人和技术一起日益显现出来的是作为背景的自然本身。人作为猿和石斧作为石块本身就是自然的一部分,就是自然,是自然本身,因而无所谓呈现。猿、石块、木棍和其他山川河流花鸟百兽就是自然,自然就是猿、石块、木棍和其他山川河流花鸟百兽。当猿开始打造石斧后,一切开始了一种前所未有的变化。猿不再是猿而是作为人显现,石斧不是石块而是作为技术和技术物显现,与人和技术共同显现的是自然自身,因为

---

① 远德玉. 技术是一个过程——略谈技术与技术史的研究[J]. 东北大学学报(社会科学版). 2008. 5. 189 – 194

② 肖锋. 论技术实在[J]. 哲学研究. 2004. 3. 72 – 79

只有这时自然才不再表现为猿、石块、木棍和其他山川河流花鸟百兽,而是作为猿、石块、木棍和其他山川河流花鸟百兽的自然在人和石斧(技术)面前显现出来。人、技术、自然在这时真正出场。因此,从一开始,技术与人是作为自然本身在自然中显现,是自然的在场化,此时,技术是作为人的内生力量而存在,人、技术与自然原始地天然地结合在一起。

古希腊人从一开始即对人、技术、自然做出了这种正确并真实的理解。海德格尔认为,在古希腊语中,φύσις 即包含了产生、设置之意,其最初含义就是摆造,摆出来,即摆置入外观的无蔽之中,让在场,在场化,后人将 φύσις 翻译成"自然"。τέχνη 则既是指一种知识,也是指此种知识为基础的制作物的产生方式,后人翻译成"技术"。因此从本意上看,技术作为知识是对自然的理解、解释,同时技术与自然一样,都是一种产生方式。不同的是,自然 φύσις 在制作物产生的运动中,占有其运动起始状态的是制作物本身,是在它自身之内的本有之物,即将自身摆置入自身之中。而技术(τέχνη)在制作物产生的运动中,占有其运动状态起始的不是制作物本身,而是在它之外的他物,并没有把自身摆置入自身中,它还需要他物——制作技术的协助,在它的帮助下把适合于如此外观的适合者和可占用物摆置入这种外观中。①

譬如桥,它所沟通的是人与自然的天然联系,使人与自然在场。桥是作为人的在场,也是作为自然的开显。河流将两岸的人们分开,也同时把两岸人们与对岸的自然相隔离,对岸的自然不能在此岸的人的存在中得到真实的显现。自然在人的存在中的真实显现是人作为自然的有机的身体和自然作为人的无机的身体相互呈现,人以自然产出的方式作用于自然,自然以自然产出的方式来维系人的生存。现在通过桥,人的出场方式发生改变,人以在场的方式显现,两岸人们的关系天然地联结在了一起,人与两岸的自然也相互融和。通过桥,人与自然一起出场,人的生存实现了海德格尔所说的"诗意地栖居"。

通过以上分析我们可以看到:

第一,技术是人的技术,是人特有的显现于世界的方式,反之也可以说,人是技术的人,是技术性的人,是技术化的人;

---

① 包国光. 依据海德格尔的"存在论"追问技术的五条途径[C]. 第六届全国现象学科技哲学学术会议论文集. 2012

第二，技术是人与世界相互作用的方式、方法、途径、程序、中介等，通过技术，不仅人正式出场，自然也正式出场；

第三，人只有借助技术才能与世界相互作用相互显现，使人与世界相互作用相互显现的就是技术；

第四，技术既可以是人类的目的理性活动，也可以是人类目的理性活动的结果；

第五，技术即是自然，是使人显现的自然，是使自然在人面前呈现出来的自然。

一言以蔽之，我们可以这样对技术进行概括：技术是人的存在方式，是人解释世界的方式，是人显现于世界的方式。人的这种存在、解释、显现方式构成人所特有的生存发展模式，在这一模式变化的连续流中，技术不断更替，形成由渔猎技术、农耕技术、机械工业技术、电子工业技术、信息技术……的发展序列，并在这一发展序列中，催生了生态技术这一沟通人与自然新型关系的方式。

2. 什么是生态技术

那么，究竟什么是生态技术？

首先，"生态"一词源于古希腊语"οἶκος"，意为"家、家园"或"栖息地"。"Eco"一词原意也是"家园""栖息地"或"周围的生存环境"。1866年，德国生物学家恩斯特·海克尔(Ernst Haeckel)提出生态学概念，生态学(ecology)一词开始广为传播。1895年，日本植物学家三好学将"ecology"一词翻译成"生态学"，张挺又将"生态学"一词引进我国，我国人民开始对生态学和生态概念有了广泛的接触和了解。

"生态"一词在我国古代实际上就已经存在。据记载，早在南朝时，梁简文帝在其所作《筝赋》中就说，"丹黄成叶，翠阴如黛。佳人采掇，动容生态"。明末小说家冯梦龙在其所著《东周列国志》第十七回中写道："(息妫)目如秋水，脸似桃花，长短适中，举动生态，目中未见其二。"在这里，"生态"一词皆为"显露美好的姿态"的意思，可以引申为显现事物始源的美好状态。

因此，若从词源含义来看，"生态"一词可以理解为生物(或广而言之事物)本有的存在状态及其与存在环境的始源性关系。从"生态"的这一内涵出发，生态技术应该可以理解为能够维系生物本有的存在状态及其与存在环境始源性关系的技术。

那么,生态技术是"是……的技术"吗?要真正厘清生态技术这一基本概念,我们还必须从语义学的角度对其进行语词分析。"生态技术"这个词组本身有两个基本语词单词组成,即"生态"和"技术"。那么,"生态"和"技术"这两个基本语词是如何相互联结而成为"生态技术"一词的?"生态技术"所表达的是一事物还是一事件?在英语中,事物对应的是 thing,事件对应的是 affair。事物是描述性的,具有空时性特征;而事件既可以是描述性的也可以是规范性的,具有历时性的特点。我国学者王迎春、卢锡超认为生态技术是一事件[1],肖显静也将生态技术看作事件而确立。[2] 在大多数学者看来,生态技术是一事物。生态技术其实既是事物也是事件。一方面,某种事物是某种事物,必有某种事物之所以为某种事物者。借用中国古代哲学家的话说:"有物必有则。"另一方面,存在的事物还都能存在。即能存在的事物必都有其所以能存在者。借用中国古代哲学家的话说:"有现必有气。"因此,生态技术不仅作为"是……的技术"存在,还是"作为……的技术"存在。作为"是……的技术"和是"作为……的技术"的生态技术,这会是一种什么样的技术?

生态技术当然是技术发展的结果。若从技术发展序列分析似乎可以认为,生态技术是人类技术发展序列中的最新形式和最新阶段,我国学者余谋昌就把生态技术看作"向新的经济时代迈进"的技术。[3]

的确,无论从本体论视角、工具论视角、认识论视角抑或价值论视角审视,生态技术都与以往渔猎技术、农耕技术、工业技术不同,也与不断取得进展和突破的信息技术或者生命科学技术存在差异。毛明芳认为,从本体论看,生态技术是一个动态的开放的技术序列或技术系统;从认识论看,生态技术是以有机论自然观为基础的生态科学和生态思维应用形式;从方法论看,生态技术是模拟自然物质能量循环全过程的生态工程方法;从价值论看,生态技术是一种规范与整合的技术价值观。[4]

---

[1] 王迎春.卢锡超.作为哲学事件的生态技术[J].东北大学学报(社会科学版).2010.3.189-193

[2] 肖显静.从海德格尔的技术哲学看生态技术的确立[C].2002年全国自然辩证法学术发展年会论文集.2002.7

[3] 余谋昌.发展生态技术创建生态文明社会[J].中国科技信息.1996.5.9

[4] 毛明芳.生态技术本质的多维审视[J].武汉理工大学学报(社会科学版).2009.10.99-104

第三章 生态技术的含义

目前我国学者主要从技术实体论、工具论等视角把生态技术与以往技术（一般称作传统技术）相区别进行定义，一般认为传统技术主要以物理学、化学作为学科理论基础，从局部的、机械的自然观出发，运用分析、分解、还原的方法，强调的是经济增长，忽略了社会效益和生态效益，造成了环境污染生态破坏，是高投入、高能耗、低产出的技术，是与生态环境不相协调的技术。而生态技术则主要以生物学、生态学、生命科学、社会心理学、生态伦理学、生命伦理学、协同学、系统论等综合学科和横断科学作为理论基础，从系统论自然观、有机论自然观出发，运用综合、系统、协同、自组织等科学方法，是和生态环境相协调的技术[1]，是依据生态系统原理和生态设计原则，从工厂使用的原料开始，系统全面地对工厂的运作过程进行合理设计而得出的一套新的工艺流程、新的工艺方法、新的能源和原材料利用方法及新技术的使用方法[2]，是遵循生态学原理和生态经济规律，能够保护环境，维持生态平衡，节约能源、资源，促进人类与自然和谐发展的一切有效用的手段和方法。[3]

把技术简单做传统技术、现代技术、信息技术、生态技术等的划分是要么对技术所做的时间序列的划分，要么是对技术所做的技术实体或技术本体的划分，这种划分会经常出现不自洽的情况。传统技术、现代技术中均有生态技术，也都有非生态技术，传统的都江堰工程、风车、水车等可以认为是生态技术，现代的火电站、炼油厂、钢铁厂等由于造成环境污染、生态破坏是非生态技术。因此从学科基础、自然观、目的论、方法论等视角无助于从本质上把生态技术和其他技术相区别。佘正荣另辟蹊径，从技术是否与自然融洽、与人性共契的角度，把技术划分为"硬技术"与"软技术"，认为工业文明的硬技术违反了自然过程的流动性、循环性、分散性、网络性，割裂了技术活动与自然生命的统一，并且由于其构造的自然机理的缺陷和运作的社会条件的弊端，不能不给自然、社会和人的存在造成深远而复杂的破坏性影响。[4] 而软技术则是这样一种新型的技术，由于它充分吸收工业技术的合理因素，尽可能地消除其负面影响，因而成为

---

[1] 代锦. 生态技术：起因、概念和发展[J]. 科学技术与辩证法. 1994. 4. 15–18
[2] 张丽萍、吕乃基. 生态学视野下的技术[J]. 科学技术与辩证法. 2002. 2. 55–57
[3] 秦书生. 生态技术的哲学思考[J]. 科学技术与辩证法. 2006. 8. 74–76. 108
[4] 佘正荣. 从"硬技术"走向"软技术"——一种生态哲学技术观[J]. 宁夏社会科学. 1995. 3. 33–39

了一种与自然相融洽的、符合人性发展需要的技术。

我们讨论生态技术实际上是就人—技术—世界的相互关系进行提问,是对技术的自然社会后果进行反思,是对人如何与世界遭遇进行追问。在这个意义上,我们把技术划分为前生态技术和生态技术或许更切肯綮。前生态技术又包括古代技术(古代技术主要指的是农耕技术,下文均简称为古代技术)和现代工业技术。从人—技术—社会—自然的关系看,古代技术使人从自然界中生成,但仍使人与自然之间保持了一种源初意义上的统一。工业技术虽然成就了人类社会的经济增长技术进步,却造成了自然世界的退化,导致人与自然关系的紧张与对立,甚至使人的本质丧失。而生态技术则不仅促进人类社会经济发展技术进步,也能够在改善环境的同时保护自然保持生态平衡,能够使人直面自然与自然同生共融。因此,生态技术是从自然到自然的一种技术应用,其基本公式是"(天性)自然→(人—技术—社会)→(人性)自然"。人、技术、社会作为整体隐匿于从改造自然到改善环境的过程。如赵州桥、都江堰工程均可视为人类生态技术的典范。都江堰工程以为人类生存发展服务为目的出发,最后落归于自然,在自然改造→环境改善的循环过程中,人的本质通过技术力量得到彰显,经济社会效益良好显著,而作为整体,(人—技术—社会)与自然融为一体,人隐于自然却未在自然中湮灭,人改造自然又保护自然。

3. 技术与生态技术的关系

要真正厘清生态技术这一概念,就必须理顺技术与生态技术的关系,这又要求我们进一步对技术史的分期进行分析。

与其他许多动物相比,人类有重大的生物学缺陷(比如跑不快、跳不高、肌肉力量不够发达强大等),为了与其他物种竞争,为了在自然界保存自己,人类发展了自己的技术装备,即使仅为了满足基本的衣食住行需要,人类也创造和利用了适当的技术物。因此,技术无疑是伴随着人的产生而产生的。

但是在充斥生活世界的现代技术社会里,人们却忽视了以往的技术成就,没有看到技术的历史性,没有看到现代技术的继承性。F. 拉普认为,即使当代技术充斥生活世界,技术原理却并非一种当下发现,大多数技术进步都是在改进原有方法的过程中取得的,古代技术为现代技术的发展奠定了全部的原理基础。斜面、钻、针、杠杆、犁和轮子等,这些古代技术,甚至史前和远古时代的技术,可以说是人类技术发展的最重要时期。① 马克思也认为,现代机器由发动机、传动机及工具机三部分组成,而这三部分的基本形式在工业时代之前早已形成:发动机作为动力机构,其进步不是实质的改变,只是动力来源方式的改变,即是由风、水提供动力还是由蒸汽机、热力机、电磁机提供动力;传动机的各种组成附件也早已被人类发明出来,重大的变化是运动形式的变化——由垂直运动变为圆周运动,不可持续运动变成循环运动;工具机尽管在形式上有很大的改变,但大体上还是手工业者和工厂手工业工人所使用的那些器具和工具,只不过在数量上和复杂性上发生了变化。② 因此,技术就是技术的历史的展开。

马克思从社会—政治批判的视角对机器的资本主义运用进行了分析与批判,认为在资本主义制度下,人被自己创造的机器奴役与控制,人依附于机器之上,人在精神上和肉体上都被贬低为机器,人变成了机器,技术(机器)的本质成了人的本质力量的外化,技术也成了异化的技术。③ 因此在马克思看来,技术就是异化的技术。但这仅是就资本主义制度下的机器运用而言,也就是说,工业社会的技术是异化的技术。那么工业社会之前呢？马克思曾经这样说过,"资产阶级在它已经取得了统治的地方把一切封建的、宗法的和田园诗般的关系都破坏了,它无情地斩断了把人们束缚于天然尊长的形形色色的封建羁绊,它使人和人之间除了赤裸裸的利害关系,除了冷酷无情的'现金交易',就再也没有任何别的关系了。"④对这句话进行分析我们可以发现,在马克思看来,在资产阶级取得其统治地位之前的生产是田园诗般的,与这种田园诗般的生产相适应的技术也就应该是田园诗般的技术。因此在马克思看来,技术发展至资本主义社会,已历经了田园诗般的技术和异化的技术两个阶段。异化的技术不仅造成人的异化,也使人与自然的关系紧张和对立,代替那剥削人、人压迫人的无阶级的社会也是人与自然和解的社会,与自由人的联合生产管理相应的技术也应该是一种异化消除的和谐的技术。这样看来,根据马克思的阐述,我们可以把技术分为田园诗般的技术、异化的技术、和谐的技术。

---

① F. 拉普. 技术哲学导论[M]. 沈阳:辽宁科学技术出版社. 1986 年版. 第 23 页
② 马克思. 资本论(第 1 卷)[M]. 北京:人民出版社. 2004 年版. 第 429-430 页
③ 马克思. 1844 年经济学哲学手稿[M]. 北京:人民出版社. 2000 年版. 第 10 页
④ 马克思恩格斯选集(第 1 卷)[M]. 北京:人民出版社. 1995 年版. 第 274-275 页

J.拉菲特(Jacques Lafitte)根据"那些与自然无差别最小的、最为简单的机器也是在属性上最不丰富的,同时也使最为原始的……那些构建最为丰富、结构最为复杂、从而最具有特性的机器,也是最为新式的机器"这一分类方法,将机器分为被动机器、主动机器和反射机器。被动机器简单地接受外部的能量,它们从属于人工制品范畴中形而上学研究的实体;主动机器改变或输送外部的能量,它们从属于人工制品范畴中形而上学研究的力;反射机器"具有非凡的判断特性,它们根据自身感知的指令(这些指令由某些它们与周围环境关系的确定变化而形成),从而做出运转方式的改变。"这些机器属于人工制品世界中形而上学研究的合目的性。① 在拉菲特看来,技术表现为机器,机器也就是技术,即是说,技术可分为被动技术、主动技术和反射技术。被动技术无须操作与控制,它是人类改造自然后以静态的方式存在于存在之所,如桥、房子等;主动技术则可对之施加控制,对其进行操作,如汽车等;反射技术则可以根据变化了的环境重新变换指令以改变运转方式,如警报系统、光电元件等。如果技术中介人与自然,那么技术的继续向前发展就是反馈技术,这种技术则是根据人与自然之间的关系设定(和谐的关系)进行自我反馈,达到自我控制,并实现人与自然的和谐。这样,技术被分为被动技术、主动技术、反射技术、反馈技术。

　　L.芒福德(Lewis Mumford)在《技术与文明》中将技术历史分为三个时代:始技术时代,时间从10世纪到18世纪,其基本特征是能源(如水力资源和风力资源)与材料(如木材和玻璃)的共存;古代技术时代,在1870年达到其鼎盛时期,其基本特征是煤—钢偶,即"煤炭资本主义";新技术时代,是从20世纪开始的技术时代,其基本特征是石油—电力能源偶和新金属以及合金的出现,如铝、稀有金属、合成化合物等。② 在始技术时代,社会秩序没有被打乱,人们的新的活动与传统的活动融合成一个和谐而透明的混合体,这是一个不受权势约束的时期,是由生命控制的节奏;古代技术社会则是黑暗的社会,在精神上是蒙昧主义的社会,技术的扩张将环境铺满各种各样的垃圾,社会"道德低下——不花代价地获得某物的欲望——无视消费与生产之间平衡——破坏的习惯,就好像千疮百孔的破败是正常人类环境的一部分"③,人类自己已经同机器类同起来,社

---

① 让-伊夫·戈菲. 技术哲学[M]. 北京:商务印书馆. 2000年版. 第70-71页
② L.芒福德. 技术与文明[M]. 北京:中国建筑工业出版社. 2009年版. 第99-193页
③ 同上书,第147页

会占支配地位的是人的机械化;新技术时代是这样一个时代:它在超越机器的同时,将有能力加强生命。①

西班牙的职业哲学家约瑟·奥特加·伊·加塞特(Jose Ortega Y Gasset)根据当时占统治地位的技术概念将技术史各时期划分为机会的技术、工匠的技术以及工程科学的技术。他认为机会的技术是偶然的技术,那时没有熟练的工匠,各种技术发明都只是偶然的事情,而不是有意识进行的,这是史前人类和当代原始部落人的特点;工匠的技术时代各种技术工艺已经十分复杂,劳动分工已经专门化,但是特定过程的知识和实践仅只限于特定的行业,技术统一成一个传统的技术体系,全部技术诀窍基本不变,这就是古代和中世纪的工匠技术的特点;工程科学的技术则为现代技术,技师和工程师占据着主导地位,工具如机器等已经具有了一定的自主性,技术物不再由人直接操纵,而是与人相分离。②

马克斯·舍勒(Max Scheler)则将技术划分为四个基本过渡时期:从巫术技术到武器和工具的实用技术的过渡、从母权制的用锄头耕种的技术到用犁耕作的农业和城堡的兴起、从传统的手工工具到科学的独立驱动的发动机、从早期资本主义制度到以煤为能源。格伦则认为实际上只有两个最重要的历史转折,即新石器革命以及向工业革命的"机械文化"的转变。③

米切姆则认为,技术在其最密集处分为两类,即古代技术和现代技术。④ 根据海德格尔的看法,按照招致方式的不同,我们可以把技术分为手工技术和现代技术。手工技术以产出的方式将技术物(实际上是将存在者、在场者)带出来,把在场者带入显露中,使在场者显现出来;而现代技术则是促逼着自然,蛮横地要求自然提供本身能够被开采和贮藏的能量。⑤

我国学者吴国林认为,技术是由经验性要素、实体性要素和知识性要素涌现出来的,按照这样的要素构成,则技术可划分为经验型技术、实体型技术和知

---

① 让-伊夫·戈菲.技术哲学[M].北京:商务印书馆.2000年版.第115页
② F.拉普.技术哲学导论[M].沈阳:辽宁科学技术出版社.1986年版.第23页
③ 同上书,第24页
④ 吴国盛.技术哲学经典读本[M].上海:上海交通大学出版社.2008年版.第35页
⑤ 海德格尔.演讲与论文集[M].上海:生活·读书·新知三联书店.2005年版.第8-13页

识型技术。① 肖峰认为技术的历史分期服从于人类历史的一般分期,据此他把技术史分为史前(原始)技术时期、古代技术时期、现代技术时期和当代技术时期四个阶段。其中,史前(原始)技术时期对应于材料分期的旧石器时代,是以打制石器为标志的人类文化发展阶段,属于"器具的最初发现"时期;古代技术时期始于以磨制石器为主的新石器时代,历经铜器时代和铁器时代,直至文艺复兴和启蒙的时代。在古代技术时期,由于政治、经济和宗教等的需要,技术开始融合,尤其是建筑设计技术的发展,导致设计、项目和组织等工程技术活动形式的出现,从而创造了古代人类世界的建造文明,如中国的长城、都江堰工程,埃及的金字塔、方尖碑,英格兰索尔斯堡大平原上的巨石柱,遍布西欧的250座宏大华美的教堂;现代技术时期肇始于文艺复兴和思想启蒙时代,对应于人类历史发展中的"工业时代",蒸汽机、电动机、以冶金技术为代表的"重工业"的发展是这一技术时期不同发展阶段的重要标志和鲜明特征;20世纪中叶电子计算机的发明和使用使人类进入"信息时代",从而形成了与以往工业时代许多不同的特征,因此也被人们称为"后工业时代",肖峰教授把与此相关的技术发展界定为"当代技术时期"。②

　　以上我们对技术史分期做了简单的概述,从技术史的角度来看,技术是一个发展的连续统,在这个发展的连续统中,随着现代技术的向前演进,生态技术才可能产生。因此,生态技术是技术历史发展的产物,没有技术的历史发展,便不可能有生态技术的产生。但技术总是在人类活动中不断向前发展,技术在不断克服自身的不足,以使人的生物学缺陷通过技术的完善得到弥补。从运转方式、能量获取、控制模式等方面,技术使人越来越快、越来越高、越来越强大;在克服自身缺陷的同时,技术日益弥合人与自然分裂的关系,使人、技术、社会、自然作为一个有机整体而存在和呈现出来。当人、技术、社会、自然作为一个整体而呈现出来,从形式上看,技术就朝着生态技术向前发展。

　　也就是说,生态技术是技术发展的逻辑后承,是技术发展将要进入的一种形式或一个阶段。按马克思的技术发展逻辑,技术是田园诗般的技术、异化的技术、生态技术。田园诗般的技术固然没有割断人与自然的天然联系,但在自

---

① 吴国林. 论技术本身的要素、复杂性与本质[J]. 河北师范大学学报(哲学社会科学版). 2005. 4. 91 – 96
② 肖峰. 哲学视域中的技术[M]. 北京:人民出版社. 2007年版. 第209 – 219页

  然力面前,人是渺小的和微不足道的,人被自然支配和控制,人没有获得自由和解放,自然也只是作为蒙昧的自然而与人打交道,对立而突兀地呈现在人的面前;异化的技术是褫夺式的技术,一方面它使人异化为机器,另一方面咆哮着征服统治着自然,人与自然的关系已被割裂,自然成为客体作为人的对象性存在存在着,人以僭越的方式控制自然,改变自然;生态技术则是能使人、技术、社会、自然和谐相处的技术形式,技术的发展已经达到了这样一个高度:技术自身具有自我反馈并反馈人、社会、自然关系的能力,技术使人从自然界中显现出来,技术解蔽自然,技术也解蔽人,技术使人作为自然自身存在,自然也作为人的自然显现出来。这种沟通人与自然,使人与自然共同显现和在场的解蔽方式也应是海德格尔的技术发展的后果。因为在海德格尔那里,手工技术虽以产出的方式解蔽自然,将自然招致人的跟前,但是,自然仍然裹着一层面纱,在人的面前若隐若现,并为得到完整完全的显现;现代技术以促逼的方式解蔽自然,自然被作为持存物遭受在世界中操劳的此在之谋划,而在谋划自然的同时,人自身也作为持存物被摆弄及摆置着。看来只有生态技术,一方面既能如现代技术使人的存在方式得以凸显,另一方面又能够像手工技术一样产出式地将自然招致人的跟前。此外,从技术要素看,生态技术以生态学、生物学、伦理学、系统论、协同论、超循环理论等现代学科作为其科学基础,因此,生态技术首先是知识性技术而非经验性,当然也是实体性技术。但也应注意到,在技术发展过程中,始技术或手工技术或经验性技术中,也可能经验性地产生生态技术所具有的沟通人与自然、使人与自然同时得以真实显现的基本特征的技术或技术物,如都江堰工程即是这样一种工程技术物,它沟通着人与自然,孕育着人与自然,使人与自然同生共荣。

  因此,我们从人、技术、社会、自然的关系出发,将技术发展序列化分为古代技术、工业技术和生态技术。古代技术是经验性技术,是人们在实践活动过程中,在偶然的情况下获得的技术发现或技术创造,这种技术没有打乱社会秩序,没有打破人与自然的天然联系;工业技术又称现代技术,是近代以来建立在自然科学(主要是理化科学)基础之上的技术,这种技术是人们有意识有目的地创造活动的结果,或许更主要的是在商业和军事目的下进行创新的结果,与其说工业技术使人的力量变得强大毋宁说技术使其自身获得自主发展的强力逻辑,它割裂了人与自然的关系,不仅把自然作为征服的对象,也使人依附于机器并最后沦落为机器的一部分;生态技术则是对工业技术的超越,又是对古代技术的辩证复归,它拥有了工业技术的力量却又克服了工业技术对人与自然的蛮横,弥补了古代技术的纤弱又具有古代技术的田园诗情,生态技术还弥合了人与自然关系的裂痕,不仅使人的本质力量得到实现,也使自然恢复自身的魅力,人与自然的关系实现和解。

二、技术的生态化、生态化的技术及与生态技术的关系

在厘清了技术与生态技术的基本内涵及其关系后,我们也要区分技术的生态化、生态化的技术及其与生态技术的关系。

1. 技术的生态化

从上文的分析我们可以看到,生态技术实际是技术发展序列中的一个阶段或时期,在这个时期,技术使得人与自然获得双重解放,人、技术、社会、自然之间形成一个闭合的循环,人从自然界中获取物质能量,又能以自然环境可吸收的方式将废弃物纳还自然。因此,生态技术在解放人的同时也实现人与自然的和解。但是,这种和解是一个生成的过程,而不可能是一蹴而就的条件假设。这个生态技术生成的过程就是技术的生态化过程。

从技术的历史演进我们可以看到,现代技术(工业技术)作为古代技术的发展结果,其产生是历史发展的必然产物。我们知道,人类社会的发展就是以生产工具为标志的生产力的向前发展,马克思说,"手推磨产生的是以封建主为首的社会,蒸汽磨产生的是以工业资本家为首的社会"。[①] 这实际上也即是说,蒸汽磨代替手推磨——工业技术取代手工技术,这就是社会的前进与发展。这种取代的合理性即现代技术的合理性首先表现为,它以自身的力量极大地推动了人类社会生产力的发展,以至现代技术(第一次工业革命后)在它产生的不到一百年的时间里,为人类创造的生产力比过去一切时代所创造的生产力总和还要多、还要大。轮船的行驶、机器的采用、火车的通行、电话电报的发明、化学工业的发展,以及仿佛用法术从地下呼唤出来的大量人口——这一切都为现代技术的合理性进行着强有力的辩护。其次,现代技术使人从危险而繁重的体力劳动中解放出来,为实现人的全面发展奠定了基础。正如列宁所说,英国化学家威

---

① 马克思恩格斯选集(第1卷)[M].北京:人民出版社.1995年版.第108页

廉·拉姆赛发明的从煤中直接提取煤气的技术可以"解放"千百万矿工及其他工人劳动,能立刻缩短一切工人的工作时间,能使劳动条件更合乎卫生,使千百万工人免除烟雾、灰尘和泥垢之苦,能很快地把肮脏的令人厌恶的工作间变成清洁明亮的、适合人们工作的实验室。① 现代技术是具有理化等自然科学基础的知识性技术,技术的科学性使得技术得以迅速复制和普遍推广开来。再次,现代技术的发展使技术演化呈现自身的规律,在雅克·埃吕尔看来,现代技术已经获得了某种自主性,技术发展有其自身的逻辑和遵循自己的规则,通过技术自身发展的规则,技术为自我发展开辟道路的同时也为自身合理性进行辩护。最后,现代技术以其成功渗透人类生活世界的每一个角落,使人类生活更方便、便捷、舒适而不断赢得自己的合法地位,借助于现代技术,人类正变得越来越快、越来越高、越来越强。

现代技术的合法性不断得到辩护的同时,其合法性也一直受到怀疑与反思。不管承认与否,技术终是一柄双刃剑,在推动人类社会向前发展的同时,技术也带来了环境污染、生态破坏等一系列负面效应,破坏着人与自然的和谐关系。一方面,现代技术在把人从繁重危险的劳动中解放出来的同时,也使人碎片化、机械化,现代人依附于机器,甚至沦落为机器的组成部分,人成了一颗螺丝钉。现代技术的广泛使用并没有兑现它在童话故事里的美好承诺,人并未因此获得幸福,反而迷失在寻找幸福的途中。现代技术在把人的肉体解放出来的同时,却又把人的精神紧紧地束缚在技术符号之中。离开技术符号,我们不仅无法生活,我们甚至已无法思考。在互联网技术高度发达的今天,这种技术无疑使我们的生活舒适、快捷、方便;可众所周知的是,当代社会的人们已沉溺于网络无法自拔,衣食住行都依靠一根线和外部世界紧密关联,离开这根线,我们的现代生活将无法继续,我们将无所适从,离开键盘和这根线,我们甚至已不懂得如何去思考。只有在敲击键盘的声响中,我们书写阅读的基本能力才得以呈现出来,我们思考的能力才能得到恢复。另一方面,现代技术宰制着自然,机器的轰鸣声早已打破了森林的宁静,百灵鸟的婉转啼唱已成为老唱片里带有金属质感的声音。化工企业将一条条清澈的河流变成了鱼儿不再畅游的污浊河流,

---

① 列宁全集(第19卷)[M].北京:人民出版社.1963年版.第42页

蕾切尔·卡森(Rachel Carson)称之为"死亡的河流"。① 近海赤潮泛滥,地球的绿色斗篷已无法遮挡现代技术带给人类的疯狂。总之,自然早已失去了"青春的光华"。现代技术的负效应或许是人类发展必须付出的代价,那么在进入21世纪,当全球性的生态危机不仅仅威胁人类社会的持续发展,甚至使人类的生存成为问题的时候,问题的解决也就迫在眉睫了。

如果是现代技术造成了人与人、人与社会、人与自然关系的紧张对立,对现代技术的超越则将成为解决问题的落脚点。超越现代技术,无非就是使现代技术能够朝着沟通人与自然关系、实现人与自然和解的方向发展。沟通人与自然关系、实现人与自然关系和解的技术就是生态技术,因此,实现技术的生态化既是解决环境问题的必然要求,也是现代技术发展的必然趋势。

那么,什么是技术的生态化？技术的生态化就是技术生态化。E. F. 舒马赫认为,创造能够促进双手和大脑具有更大的生产能力,能够充分利用现代的知识和经验,能够适应生态学的规律,能够为人们服务,而不是使人们称为机器的仆人的中间性民主性技术②,这就是技术的生态化。芒福德认为,现代技术的本质是"巨机器"或"巨技术",这种"巨机器"或"巨技术"背离了有机世界的系统性,从本质上看是与人的生命本质与人性相异化的技术,其目标不是彰显人性和使生活人性化。③ 技术生态化就是要让技术为生命服务,让技术为人的生活世界服务,让技术为人性的获得服务,一句话,要使技术人性化。④ 海德格尔认为,本质作为"座架"的现代技术将自然展现为持存物,技术摆弄自然,也摆弄人,并将人也变成了持存物。要消除技术带来的威胁,就要走向"思"与"诗词",要"向着物的泰然处之"并且"对于神秘的虚怀敞开"⑤,这就是海德格尔意义上技术的生态化。当然,因为在马克思看来,现代技术是人的本质力量的外化,技术的生态化就是要使技术恢复人的本质,使人的本质力量得到实现。

---

① 蕾切尔·卡森. 寂静的春天[M]. 上海:上海译文出版社. 2011 年版. 第 127 页
② E. F. Schumacher. Small Is Beautiful: Economics as If People Mattered[M]. Harper Perennial. New York. 2010. pp. 12 – 13.
③ [美]芒福德著. 钮先钟译. 机械的神话[M]. 台北:黎明文化事业股份有限公司. 1972 年版. 第 114 – 127 页
④ [美]芒福德. 技术与文明[M]. 北京:中国建筑工业出版社. 2009 年版. 第 238 – 240 页
⑤ 海德格尔. 演讲与论文集[M]. 上海:生活·读书·新知三联书店. 2005 年版. 第 187 – 194 页

第三章 生态技术的含义

中间技术、替代技术、生态工厂、绿色技术、清洁技术、环境技术、对环境有利的技术、低污染技术、共生技术、无废工艺等均非技术的生态化概念的含义。对"技术的生态化"一词做语义分析即可发现,这个词组的主词为"技术","生态"是修饰词,中心词是"化";"化"在现代汉语词典中的意思是:后缀,加在名词或形容词后构成动词,表示转变成某种性质或状态①,是"使转化""向……转化""由一事物向另一事物转变"等意思,因此,"技术的生态化"是一个动词词组,从词源来看其最直接的字面意思应是"向着生态的技术转化"。T·E. Graedel 和 B. R. Alleeby 的"工业生态化"②概念以及"生产生态化"③概念虽是一个动词词组,但也只是说明了技术生态化的途径,而没有凸显技术生态化的本质。秦书生认为,"技术生态化是指按生态学原理和方法设计和开发技术,在技术应用过程中全面引入生态思想,以可更新资源为主要能源和材料,力求做到资源最大限度地转化为产品,废弃物排放最小化,从而节约资源,避免或减少环境污染"。④ 这一概念则较为全面地阐述了"技术的生态化"的原则、思想、目标与途径。我们也认为:第一,技术的生态化首先应有自己的学科基础,而最基本最核心的基础科学就是生态学,也涵括生态伦理学、生命伦理学、环境伦理学等交叉学科。第二,技术的生态化应有自己的指导思想,这就是生态思想或生态观的观念。不仅仅在生产中,在技术的运用过程中也需要以生态思想为指导。第三,技术的生态化要解决的是环境污染生态破坏的生态危机问题,而生态危机既包括人的危机即人的本质丧失的危机,也包括自然环境的危机,因此,技术生态化的目标是要实现人的解放与自然的解放,要实现人与自然关系的和解。第四,实现技术的生态化应有具体的途径和可操作的方法。在满足这四个方面要求的基础上,我们认为,技术的生态化就是以生态学、生态伦理学、生命伦理学等学科为科学基础,以生态思想为指导原则,以实现人的解放与自然的解放、实现人与自然的和解为目标,通过合理开发和节约利用自然资源为途径,对技术进行发展和运用。简言之,技术的生态化就是向着生态的技术转化。

---

① 现代汉语词典第6版. 北京:商务印书馆. 2012 年. 第559 页
② T·E. Graedel, B. R. Alleeby. Industrial Ecology[J]. 产业与环境. 1996. 1
③ 刘国城. 生产生态化与技术的发展趋向[J]. 科学. 经济. 社会. 1984. 3
④ 秦书生. 科学发展观的技术生态化导向[J]. 科学技术与辩证法. 2007. 5. 64 – 68

2. 生态化的技术

成功实现向生态的技术转化的技术就是生态化的技术,即生态化技术。具体地说,生态化的技术"就是指在人与自然的关系这一维度上,能够节约能源和资源,对生态环境无害或危害小,有利于维护生态平衡的技术"。[①] 生态化的技术是技术转化[②]的产物,是技术生态化的结果。技术转化,生态化的技术的产生有其历史的必然性:

首先,现代技术对自然的褫夺性开发造成了生态危机以及人的危机,技术朝着解放人和自然的方向转变,促进人与自然关系的和谐是技术发展的必然。环境污染、生态破坏在某种程度上可以说是人类文明付出的代价,是伴随着人类文明的发展而逐渐产生的。正如恩格斯所注意到的,希腊、埃及、小亚细亚等地的荒芜不毛之地,我们也可以注意到今天尘土飞扬千沟万壑的黄土高坡,这些都曾经是郁郁葱葱森林覆盖的动物家园,但是由于人类的过度开发,如今这些地方都成为贫瘠荒芜生存环境恶劣的不适合人类居住的不毛之地。只是到了近代,在现代技术的裹挟下,人类以前所未有的力量开始对自然横征暴敛,现代机器所到之处,一切自然的宁静皆被打破,自然的魅力被祛除,自然沦为人类征服和榨取的对象,山川、河流、森林、矿藏……这一切都只是作为被人类开发和利用的资源而存在,人类对待自然早已不再怜香惜玉,而是以机器武装而成的强壮身躯粗暴野蛮地征服和统治自然。自然界在人类集体的暴政前喘息着,生态危机蔓延全球。自然界的危机实质上即是人自身的危机,自然界的被褫夺实质上即是人的本质的被褫夺。人在现代技术内在自主性逻辑的支配下依赖于技术并日益成为"巨机器"的组成部分,人的独立性和自主性却被遮蔽了,人被异化,人的本质力量无法得到实现。人与自然关系的危机实质上也就是人与人、人与社会的危机。人与自然的和解,人的解放与自然的解放,都要求改变现有的技术状态,使现代技术朝着促进人与自然和谐、实现解放人和解放自然的方向发展。

其次,现代技术造成人与人、人与社会关系对立并形成霸权主义,导致社会不公的社会危机,危害着人类的和平稳定和持续发展,要改变这一状况,也要求

[①] 樊宏法. 技术转化:生态化技术与人性化技术[J]. 武汉理工大学学报(社会科学版). 2011.6. 790-793

[②] 同上

现代技术的生态化转化,生态化的技术发展呼声日益高涨。从国际范围看,西方发达资本主义国家利用自身的技术优势,将被淘汰的高污染、高能耗、高浪费的落后技术和产业转移至广大发展中国家,实行技术霸权主义,对发展中国家的资源环境进行疯狂掠夺和压榨,造成发展中国家严重的环境污染和生态破坏,并在使发达国家与发展中国家发展差距进一步拉大的同时,也使南北之间的生存环境差距进一步拉大。发展中国家环境污染生态破坏日益严重,淡水资源日益短缺,甚至人们日常饮水也成为重大问题。据《人民日报》报道,非洲每年约有 2.5 亿人口因环境破坏气候变化面临缺水问题。由于经济欠发达,加上发达国家的经济、技术侵略,非洲和一些发展中的岛国居民,尽管对全球性生态危机环境恶化应负的责任最少,但他们承受的危害却更多。① 发展中国家的环境污染生态破坏影响经济社会的发展,这加剧着南北之间日益扩大的贫富差距,造成严重的恶性循环。由现代技术导致的全球性社会不公也因此形成,威胁着人类的和平稳定,构成人类社会的整体危机。从我国国内发展现状看(其他发展中国家也面临同样的问题),先富裕起来的沿海地区将淘汰的高污染、高能耗、高浪费的落后技术和产业转移至中西部地区,尤其在西部地区,使得原本就非常脆弱的生态环境更加遭受严重的破坏,造成一国范围内不同地区的经济发展差距和生存环境差异,形成一种新的环境不公平。只有改变技术发展路径,使现代技术朝着生态化的技术转化,当生态化的技术得到推广普及和广泛运用时,南北之间、不同地区之间的社会不公现象才能有效扭转,社会危机才能解除,人与人、人与社会之间的和谐才能得以实现。

最后,现代技术使人异化,人的本质力量不能得到实现,人的本质得不到恢复,人与自身存在产生危机,只有发展生态化的技术,使人的本质恢复、人的本质力量得到实现,人与自身实现和谐,人自身的危机才能消除。现代技术所产生的力量只是作为人的外在力量而存在,这种外在于人的力量对自然界表现为对自然界的征服与统治,对人自身而言则表现为对人自身的支配与控制。人依附于这种外在力量,依附在这种外在的力量之上使自身得到显现。如当今人们对于互联网技术的依附性存在即是明证,只有借助这一技术手段,我们才能进行思考、生产与生活,我们的生存活动已经在某种程度上不能离开互联网技术而展开,作为人的

---

① 彭敏."人类灭亡"并非危言耸听[N].人民日报.2008.9.21. 第 7 版

自身存在力量已被技术的力量取代,人自身的存在需要借助于这一技术才能得到辩护。人成为机器上的一颗螺丝钉是当下失去自身本质的人的存在状态的真实写照。消除人的异化,使人的本质得以恢复,实现人与自身的和谐,这是生态化的技术发展的内在要求,也是生态化的技术发展的历史必然。

使人与自然、人与社会、人与人、人与自身和谐相处的技术就是生态化的技术,也是绿色化、整体化、有机化、非线性化的技术。第一,生态化的技术是绿色化的技术,即不会造成环境污染和生态破坏,技术推动经济社会发展的同时也保护着环境;第二生态化的技术是整体化的技术,全面系统地整合人、技术、社会、自然的关系,实现经济效益、环境保护、社会进步、人的生存等多层次多维度的综合发展;第三,生态化的技术是有机化的技术,在物质变换过程中,将从自然界中摄取的物质能量作为有机整体纳入生产过程,在人类消费循环结束之时将废弃物以自然界能吸收的方式纳还自然;第四,现代技术主导下的实践活动是生产—消费—废弃物的线性模式,而生态化的技术是非线性化的技术:在科学基础上,生态化技术不以物理化学等单学科为科学基础,而是以生态学、生态伦理学、系统科学、协同学、自组织理论等综合交叉学科为科学基础;在生产目标上,生态化技术将实现产品生产与人的本质力量的统一,生产的过程不仅是物质活动与精神活动相统一的过程,也是人的生存与生活活动的统一过程。

因此,生态化的技术从其应有的目标看,是生产活动过程中物的生态化与人的生态化的统一。一方面,生态化的技术是符合自然本性的技术,自然界的价值得以承认,自然界的尊严得以维护,即自然界处于被保护被尊重的状态,没有造成环境污染生态破坏。但是,环境变迁却是不可避免的:人与自然的相互作用不仅使人发生改变——人的肢体与头脑、人的生产生活方式的改变,自然界也由于人的活动而发生改变——人的活动使得自然界朝着熵增的方向发生改变。另一方面,生态化的技术也是人的本质回复自身的技术,即人占有自身的本质。

有国内学者将生态化技术也称为人性化技术,或者认为人性化技术是实现人的解放的技术,是人在劳动过程中不危害劳动者的身心健康、使人舒适、方便、省力并在劳动中获得自由和舒畅的技术[1];或者认为人性化技术是以人为本

---

[1] 樊宏法. 技术转化:生态化技术与人性化技术[J]. 武汉理工大学学报(社会科学版). 2011.6.790-793

的技术、有利于人与自然和谐发展的技术、有利于人与人、人与社会和谐发展的技术以及有利于人的身心和谐发展的技术,这样的人性化技术不是一个具体的技术问题,而是一种发展思路或价值理念①;或者认为人性化技术是与人的各种本性相适宜、与人的内在特性相和谐的技术②,等等。人性化技术是现代技术的发展与演进的结果。但是人性化技术这一概念主要的还是从技术对人的解放这一方面对技术发展的扬弃,而对自然的解放却缺乏指涉。人性化技术固然是现代技术的进一步发展并对现代技术缺陷的克服结果,但其内涵无法全面涵盖对于现代技术造成的环境污染、生态破坏、人的异化等方面的辩证否定。中间技术、替代技术、生态工厂、绿色技术、清洁技术、环境技术、对环境有利的技术、低污染技术、共生技术、无废工艺、无害技术等概念也都仅仅强调生产过程或自然环境中的某一方面,也无法全面辩护人的解放与自然的解放的双重目标。只有生态化的技术能够更好地描述对现代技术的扬弃,既内含了对自然的解放,也包括人的本质力量的实现。

3. 技术的生态化、生态化的技术与生态技术的辩证关系

由上述概念分析可知,技术的生态化是一个动词词组,描述的是技术发展转化的动态过程,即由于现代技术的缺陷和不足、现代技术对自然的破坏和对人的支配与控制及由于现代技术导致的人的异化,而推动现代技术朝着人性化、生态化的方向向前发展,使技术成为实现人的本质力量的手段和方式,使技术在推动人类社会迅速发展的同时也保护自然环境维持生态平衡。

生态化的技术正是技术的生态化所产生的静态结果,即生态化的技术是人类推动技术朝着生态化的方向转化过程中所形成的能够实现生产发展、社会进步、环境保护、人的自由全面发展的技术。当然,生态化的技术本身也确实在不断地发展,在技术生态化的过程中,技术的生态性即实现经济发展和保护自然环境是一个在社会博弈中不断双赢的过程。人类不可能在朝夕之间一蹴而就使技术发展克服自身的缺陷与不足,从而实现人的解放与自然解放的双重目标,因此在技术的生态化过程中,可能会形成阶段性的技术发展成果,这种技术发展阶段性的成果能够使技术朝着绿色化、整体化、有机化、非线性化的方向发

---

① 李锐锋等. 人性化技术与社会的和谐发展[J]. 科学技术与辩证法. 2005.5.74－77
② 龙翔. 陈凡. 现代技术对人性的消解及人性化技术的重构[J]. 自然辩证法研究. 2007.7.69－73

展。如绿色技术、无害工艺、零污染工艺、清洁技术等,这都是技术生态化的结果,这些技术形式都在一定程度上使得人类在生产过程中减轻了环境污染生态破坏,使得人与自然之间的关系朝着和谐的方向发展。但是这些技术形式都有待进一步生态化,使得人类生产不仅实现人与自然的和谐,也在生产过程中及生产完成时,即在整个人与自然界进行物质变换的过程中,人、技术、社会、自然之间和谐共荣。

如果将技术的生态化过程中形成的并未完全实现人的解放与自然的解放双重目标的技术也称作生态化的技术,如绿色技术、清洁技术、无害工艺等,则生态化的技术并不等于生态技术。生态技术是能够完全实现在人与自然界进行物质变换过程中人的解放与自然的解放双重目标的技术,它不仅是人的本质力量的实现,也在技术运用的过程中体现着人对自然的理解、认识、尊重、敬畏与顺从,是人与自然关系的和解。因此,只有完全意义上的生态化的技术才是生态技术,是技术的生态化的最终的必然的结果。

三、生态技术的辩证本性与和谐社会本质的一致性分析

生态技术是技术辩证发展的产物,它既克服了古代技术的简单性、素朴性,又保留了古代技术中人与自然的亲和性,既克服了工业技术对自然的促逼与僭越,又保留了工业技术的科学性,从而使得自身在面对人与自然时,既使自己与人的本质相契合,又使自身在技术运用过程中将人与自然相融合。

古代技术在其开显处将人与自然带入在场,使人获得自身本质,让自然的在场成为意义性的显现,这是古代技术展露的人与自然的统一。当然,由于古代技术的经验性、简单性特征,也由于当时人类认知能力的有限性,这样的技术也不可避免地对自然造成了一定程度的破坏,引起了人与自然的矛盾。以至工业技术的出现,引发了人与自然的全面紧张与对立。而工业技术在使人类社会发展层次不断提高之时,自身也在努力弥合人与自然的裂痕。这样,生态技术就在技术发展的连续统中通过对工业技术的扬弃和对古代技术的辩证复归日益涌现出来。

生态技术这种超越性、辩证性的技术显现使得自身与人、社会、自然相统一的同时也实现人、社会、自然的和谐共融。正是这样,生态技术与和谐社会达至人与人、人与社会、人与自然和谐关系的内在契合,从而使得生态技术成为构建

和谐社会的关键技术支撑。

首先,生态技术与和谐社会在人自身和谐上具有内在一致性。生态技术使人的本质力量复归,人成为获得了人的本质的人,从而使人与自身相和谐。人自身和谐的实现必将使人的本质力量成长为推动社会发展的动力,使社会朝着整体和谐的方向前进。人自身的和谐也是社会主义和谐社会对人自身的基本要求。构建和谐社会无疑是为实现人的自由全面发展服务的,也只有当人能够实现自身的自由全面发展,人获得自身本质,人成为自己身心的主人之时,社会才会走向和谐。因此,生态技术造成的人自身的和谐与和谐社会要求与实现的人自身的和谐具有内在的一致性,必将为构建和谐社会提供关键的技术支撑。

其次,生态技术与和谐社会一样,不仅要求而且必将造成人与人的和谐。在生态技术的技术运用过程中,每一个人都成为获得自身本质的人。每一个获得自身本质的人在将人的本质力量作用于对象世界的过程中,也同时将自身绽放为对象世界。这样,人的本质力量的获得与运用都将在人与人之间展开。由于生态技术超越了工业技术在面向对象世界时的蛮横与僭越,技术、对象世界、人呈现为和合共融,从而实现在生态技术运用的人与人的遭遇中人与人之间关系的和谐。在社会主义和谐社会中,人与人的剥削、压迫关系消除,在生产中,人与人之间是一种平等协作的亲密关系,在生活过程中,人与人之间则处于友爱互助的亲和关系之中。这样,生态技术与和谐社会就实现了人与人内在关系的一致性,为构建人与人和谐相处的和谐社会提供了关键的技术支撑。

再次,生态技术与和谐社会具有人与社会和谐的内在一致性。生态技术扬弃了工业技术造成的人与社会的对立,向着技术在出场之初的人的生活世界回归。在生态技术的运用过程中,人的生活世界随之显现出来。而人的生活世界并不是单个人的孤立世界,人的生活世界是在人的类生活中生发开来。人的类生活建构着人类社会,人类社会就在生态技术运用的过程中随着生活世界的构建展现出来。行进在生活世界中的人类社会也就同时将人与社会统一了起来,人与社会的和谐也在这种统一性中得以呈现。社会主义和谐社会消除了人与社会的矛盾对立,人的个体性与社会性的矛盾已经消失,社会是由获得自身本质而自由全面发展的人结成的人群共同体。这样的人群共同体即社会是人自身本质与社会本质的统一,人与社会的隔阂不复存在,人与社会不再是分裂的关系。在和谐社会,人的本质即是社会的本质的实现,社会的本质也就是人的本质的实现。由此我们可以看到，和谐社会与生态技术一样，它们都具有人与社会和谐相处的本质特征，因而能够使生态技术成为构建和谐社会的关键技术支撑。

最后，生态技术与和谐社会具有人与自然和谐的内在一致性。生态技术是对自然的复魅，这种复魅不是古代技术使人面向自然时的神秘无知和软弱无助，更不是工业技术使人面向自然时的野蛮无畏，生态技术运用中自然魅力的复归在于人在认识自然规律前提下的尊重自然、敬畏自然、顺应自然。这样，在生态技术运用中，也就实现了人与自然的和谐。人与自然的和谐也正是我们所要构建的和谐社会的核心。和谐社会不只是当代社会的和谐，更是未来社会的和谐。未来社会的和谐必须通过人类社会的持续发展才能实现。当代人的发展如果造成了资源的枯竭、环境的污染、生态的破坏，人类社会的持续发展必将难以为继。只有将社会发展建立在生态平衡环境保护的基石之上，人类的发展才是可持续的，社会的和谐也才能够到来。因此，生态技术与和谐社会具有人与自然和谐的内在一致性。这种人与自然和谐的内在一致性关系使得生态技术能够成为构建和谐社会的关键技术支撑。

第二节　核心技术与生态技术

核心技术通常是指特定的组织（国家、企业等）或个人所拥有的先进技术，这种先进技术有其超越性和前瞻性，并且在一定时期内其他组织或个人难以仿制和超越，从而成为组织或个人在特定领域内在某一段时期领先于其他竞争对手的关键技术。

首先，核心技术具有私有性，它总是属于某一特定主体，或组织或个人。核心技术不是一般的技术属于社会公共占有，更不像一般的科学知识而属于全人类共同所有，核心技术是某一团体或个人用于在竞争性的生产活动中获得竞争优势的手段或工具，依靠此种手段或工具，所有者能够在商业、军事等领域战胜竞争对手，使自己处于技术垄断或技术领先的地位。因此，核心技术总是专有而非共有的，它专属于某一组织或个人。

其次，核心技术受到知识产权法、专利法等相关法律法规保护。核心技术不仅仅专属某一主体,其所有者的发明权和所有权还以法律的形式得到确立,受到相关法律法规的保护,从而使核心技术从法律层面隶属于其所有者。核心技术的应用必须获得其所有者的许可,并可能为所有者带来相应的收益,而其他任何未经所有者许可的公布或使用其核心技术的行为都将受到法律的惩处。

再次,核心技术具有超越性,在一定时期内处于行业领先水平。核心技术不同于一般的技术,它往往是一个组织或个人所拥有的某一项或几项在专门领域的先进技术,这种技术在发展层次或水平上超过其他组织或个人所拥有的同类技术或近似技术,这样,核心技术的所有者便能够在一定时期内凭借该技术处于行业发展的领先地位。

最后,核心技术具有不可复制或替代性。核心技术是某一行业或领域内发展的关键技术,这种关键技术短时期内不能被竞争对手超越,竞争者也无法从外观表象对其进行复制,也不可能被其他技术形式替代,只有这样,该技术才能成为核心技术而为特定的主体所占有,并使其所有者在行业竞争中获得竞争优势战胜竞争对手。

核心技术的以上特点不仅使其对于特定主体在某一领域取得竞争优势至关重要,对于生态技术的发展而言,核心技术由于这些优势特性也同样可以发挥独特的作用。换句话说,生态技术的发展要扬弃工业技术而实现人、技术、社会、自然的和谐,首先要实现在工业技术基础上的技术创新,要实现技术创新而没有自己的核心技术将无法想象。因此,技术的生态化活动所产生的生态化的技术通过沿循核心技术→生态技术的逻辑路线,将能够最终促使生态技术的发展。

一方面,生态技术是对工业技术进行扬弃的结果,对工业技术的扬弃即是技术的超越,不仅要超越工业技术所内含的工具主义价值观,也要超越工业技术的科学理论基础和技术生成模式,通过这样的技术更替,生态技术才能真正实现人与自然的和谐相处。实际上,任何一种技术形态要扬弃陈旧的技术形式,都不仅要吸收其母胎中的合理因素作为生长发育的营养成分,更要克服其中的不合理因素,使其在生成过程中最终战胜旧的技术形式取而代之,在这种新旧技术更替过程中,技术进化持续产生并不断进行。这种技术进化的过程就是依凭核心技术的超越,先进技术取代落后技术,在技术超越的过程中,最终实现从技术理性导致的人与自然的尖锐矛盾与对立走向生命理性视域中的人与自然的和解。因此，没有核心技术，没有技术的不断超越，生态技术无法最终生成。

另一方面，生态技术作为高级技术形态总是以一定的技术形式表现出来，但由于生态技术表征的人、技术、社会、自然的契合态，这样的技术形式总是与自然条件紧密结合相互协调。自然条件因时因地千差万别，与此种千差万别的呈现在场方式相互契合的生态技术也就必然表现出千差万别的自然条件所赋予的区域性特征，如古老的都江堰工程、现代的法国嘎拉比特高架桥（Viaduc de Garabit）都在特定的自然环境背景下以特定方式出场，这样一种与自然条件相结合才得以呈现的技术现象不可复制也无法替代，往往成为一个区域的地标性工程或建筑呈现在世人面前。这样一种与环境共契相融的技术既是属于某一特定主体也是属于自然核心技术，既是具有超越性且不可复制的核心技术又是与自然和谐共处的生态技术，把这样一种核心技术用于联结人与自然的关系，人、技术、社会、自然都将在澄明之境中呈现。

我们可以看到，核心技术与生态技术之间不是决定与被决定的简单线性相关关系。生态技术的生成自身就是一种对技术的超越，这种具有超越性的技术不可复制，它不仅隶属于一定的主体，也隶属于客体，换而言之，生态技术已经超越了主客之间的对立，弥合了主客之间的鸿沟，从这个角度而言，生态技术无疑就内含着核心技术。同时，核心技术的超越性也必然促使工业技术的生态（生命）非理性被扬弃，在生态（生命）非理性被扬弃的过程中，生命价值得到肯定，生命尊严得到维护，核心技术的超越也就推动着工业技术向生态技术演化。

当然，生态技术与核心技术也有着根本的区别。生态技术标识的是人、技术、社会、自然之间的整体循环关系，这种循环关系具有非线性非竞争性的动态平衡特点；核心技术标识的是一种竞争性关系，它不仅表现为一种技术相对于其他竞争性技术的优越性，还表现为核心技术所有者在博弈活动中的竞争优势。因此，核心技术与生态技术是在不同的逻辑层次上言说：核心技术在技术层次以及主体利益层次上进行言说，生态技术是在人与自然的价值对等和相互之间的动态平衡层次上展开言说。生态技术要消解主客体的二元对立，努力实现人与自然的和谐共融；核心技术却不仅强化了主体与客体的对立，也凸显了主体之间的利益区别。从生态技术与核心技术的区别看，生态技术与核心技术根本属于不同论域，生态技术不会是核心技术，核心技术也与生态技术缺乏共同语境。只有对生态技术与核心技术的这种本质性区别有清醒的认识与理解,在技术进化活动中,才能有效运用核心技术的超越性特点推动生态技术的生成。

第三节 生态技术观与生态技术

构建社会主义和谐社会不仅是我国进行的社会发展实践尝试和建设战略目标,也是人类社会发展观念的巨大转变与进步,与这样一种观念进步相适应的是对于技术发展理念的更新。工业技术是建立在人与自然主客对立、自然作为对象世界、获得主体性地位的人类对对象世界进行征服与统治的人类中心主义基础之上。生态技术则是建立在经济发展生态平衡、人与自然和解的世界观、价值观、自然观基础之上,这就是生态技术观。

一、生态技术观及与生态技术的关系

为了解决工业技术范式下技术发展对生态环境造成的负面影响,我们就必须改变旧的技术观念,形成能够实现人与自然和谐共融的生态技术观,即在推动技术向前发展过程中,我们需要对人类技术活动进行正确科学的(生态的、整体的、系统的、协同的)规范,以人与自然的平衡协调发展为根本目标,科学合理开发资源、循环节约利用资源、正确有效保护资源,形成人、技术、社会、自然和谐一体的生态技术观。

生态技术观是对传统工业技术观的辩证否定和扬弃。传统的工业技术观是人类中心主义的价值观,其核心思想是以人(最终只是以部分人)为中心,通过技术的发展借助技术的手段对自然界进行征服与控制,从而为(少数)人类发展和谋求幸福服务,有着严重的缺陷与不足:

首先,传统的工业技术观是人类中心主义的价值观,造成了对自然的蛮横与僭越。人类进入近代,在文艺复兴和思想启蒙运动的推动下,人的主体意识觉醒,人的主体地位逐渐得到承认与辩护,神权逐渐让渡于人权,人权天赋——人的天生权利(生存权、发展权、获得自由的权利、追求幸福的权利等)得到肯定。在人的终极追求从彼岸世界回到此岸世界、上帝从此岸世界被放逐到彼岸世界后,人僭越了上帝在此岸世界的地位,人成为此岸世界的上帝,人由上帝的奴仆成为了世界的主人,正如霍克海默和阿多诺所言,"历来启蒙的目的都是使人们摆脱恐惧,成为主人"。① 成为自然界主人的人理所当然地行使自己管理自然、支配自然、控制自然的主人的权利,主人通过技术的权杖指挥若定,"通过科学和技术征服自然的观念,在17世纪以后日益成为一种不证自明的东西。因此,几乎所有的哲学家都认为没有必要对'控制自然'的观念做进一步的分析和解剖"。② 借助工业技术的权杖,人类在把自己抬升为上帝的同时,将自然界贬黜为控制与征服的对象,自然界成为了人的奴仆。

其次,传统的工业技术观以单一的理化学科为基础,缺乏对自然规律整体系统的科学认识。近代工业技术首先是建立在机械力学、电磁学的发展基础之上,然后是建立在化学学科基础之上的,建立在理化学科基础之上的工业技术以线性思维观察和理解世界、线性式地理解和把握人与自然的关系,缺乏对人与自然界及其相互关系的整体的、有机的、系统的理解与认识,将人与自然界的关系简单地看作征服与利用的线性关系。在这样的技术观的支配下,技术的每一次进步,都只不过是人类征服自然界能力的增进,是人类作为自然界主人的地位的提升。在这样的技术观的支配下,人类确信自己必然能够控制自然、征服自然。在这样的技术观的支配下,自然界的骄傲主人完全没有意识到自己与自然界是一个整体的生命存在,与自然界之间共同构成一个有机的生命系统。在这样的技术观的支配下,通过对自然界的不断控制与征服,自然界的主人终于将自己推逼到了这样一个死角,即仆人的健康状态已直接关系到自身的生死存亡。环境污染、生态破坏、生存环境恶化,这些危机作为奴役自然界的产物现在开始反噬人类自身了。

再次,传统的工业技术观片面强调人对自然界的宰制,缺乏对自然界反作用于人类的辩证思考,生态价值观念缺位,导致当今严重的生态危机。近代以来人与自然对立的思想不断得到强化:培根认为人定胜天,康德提出人为自然立法,马克思认为人与自然之间只是改造与被改造的关系。由于只是将自然界看作人类征服与控制的对象,自然界只是人类资源巨大的储存仓库,人类无止境地向自然界索取。人类沉浸在索取与宰制的轻松与愉悦之中,而没有预料到

---

① [德]霍克海默.阿多诺.启蒙辩证法[M].重庆:重庆出版社.1990年版.第1页
② [加]威廉·莱斯.自然的控制[M].重庆:重庆出版社.1996年版.第71页

自然界将对人类进行的报复,没有对自然界对人类的反作用展开深刻的辩证的反思。我们将自然界当作持存物,不断对其谋划与促逼,限制自然界按照人类主人的需要交付其蕴藏的资源,利用日益精进的技术手段毫无顾忌地对自然界展开掠夺进行征服。而自然界作为整体的生命系统有其自身的运行演化规律和自我保护能力,当人将自己当作外在于自然界的主人对自然界颐指气使之时,自然界也必然将人当作外在于自身的力量进行排斥并最终以自己的方式对其展开报复。正如恩格斯所说,对于人类的每一次征服,"自然界都对我们进行了报复"。① 这种报复即以全球性生态危机的方式呈现出来。

最后,传统的工业技术观片面地追求经济效益,并最终将人也只是作为资本利润的一部分计算其中。传统的工业技术观是工具主义的技术观,将技术看作人类获取利益的工具或手段。在海德格尔看来,"现代技术也是一个合目的的手段"。② 技术合乎什么目的? 合乎经济人的经济利益。工业技术观认为,技术就是帮助人们追求经济利益,正如马克思指出的那样,"机器是生产剩余价值的手段"。③ 机器作为工业技术的最主要体现,是为资本家生产剩余价值服务的。由于技术是为片面追求经济效益服务,社会效益和生态效益也就罔顾了。因为在追求经济效益即在资本逻辑支配下,自然界只是作为资源,作为生产剩余价值的持存物而存在。在将自然界作为持存物的同时人类也将自己作为持存物进行促逼限制式的开发与利用,人作为人力资源而存在,在追求剩余价值的计算主义中被计算和筹划着。

由于传统的工业技术观的缺陷和不足导致工业技术在运用中造成对环境的污染生态的破坏,使人与自然之间的关系紧张和对立,为了改变这一现状,我们需要发展能够实现人与自然和谐相处的生态技术并树立生态技术观。生态技术观是生命整体主义的价值观,它有效地沟通着人与自然的和谐关系,在摆正人自身在世界中存在的位置的同时也正确地看待并给予自然以应有的地位,实现着人自身的价值,也使自然的价值得到肯定与尊重。

首先,生态技术观强调系统整体的思维,是生命整体主义的价值观。在生

---

① 马克思恩格斯选集(第4卷)[M].北京:人民出版社.1995年版.第383页
② [德]海德格尔.演讲与论文集[M].上海:生活·读书·新知三联书店.2005年版.第4页
③ 马克思.资本论(第1卷)[M].北京:人民出版社.2004年版.第427页

态技术观的视野下,人与自然的关系不是割裂的,而是不可分离的,自然不是人的未入场的无意义的自然,人也不是可以离开自然而独立自存的孤立存在者,人与自然是在生态技术中介下作为生命整体共同显现。如果将人类社会看作一个社会系统,而自然界是一个自然系统,则自然系统和社会系统都是属于更高层次的人与自然共同组成的生命系统的子系统。社会系统和自然系统可以有自己的演化法则与运行规律,但作为生命系统的一个组成部分,它们共同遵循这一母系统的一般规律,在母系统中同生共存,并在运行演化中共同推动着生命整体系统的进化发展。由于将人与自然均看作生命系统的一个组成部分,强调以人类为中心的人类中心主义或以动物为中心的动物权利论①或以生物为中心的生物中心主义②或以生态为中心的生态中心主义③也就自然消解于生命整体主义的价值观中。

其次,由于生态技术是建立在生态学、生命科学、大地伦理学、社会心理学、组织学、协同学、系统论等现代科学理论的学科基础之上,这就使得生态技术观将以有机、整体、系统、平衡、非线性、相关性的观点审视人与自然及其相互关系,从而避免粗暴地对待生态环境,能够做到合理地开发自然资源,节约利用自

---

① 澳大利亚哲学家辛格(Peter Singer)是动物权利论的著名代表人物,他所著的《动物解放》一书被称为"动物保护运动的圣经"。在辛格看来,一个存在物只要有感受苦乐的能力,它就应该拥有一种体验愉快和避免痛苦的权利。动物是有感觉的存在物,能够感受愉快与痛楚,因此动物也应像人类一样享有享受快乐和避免苦痛的权利。因此,杀戮动物和用活体动物做实验的行为应该受到谴责。美国哲学家雷根(Tom Regan)也是动物权利论的代表人物,他也认为动物的权利应该得到保护,并且动物应被尊重对待,从而保障动物与人类平等的权利与地位。
② 1923年,法国人道主义者阿尔贝特·史怀哲(Albert Schweitzer)首先提出了生物中心主义的价值观。他认为每一个生命都有其想要实现自身价值的"生命意志",这种价值值得任何人尊敬。美国哲学家保尔·泰勒(Paul W. Taylor)是生物中心论的代表人物,他在《尊重自然》一书中提出所有生命个体都是有其自身好的存在物,人类也仅是生命共同体中的普通成员,并未获得优越地位,人类优等论根本不成立。因此,人类对在与其他生命形式交往过程中应该遵循不伤害原则、不干涉原则、忠贞原则和补偿正义原则。只有人们能追寻他们的个人利益和生活方式,同时允许生物共同体实现它们的存在而不受干扰,这才是世界应有的理想秩序状态。
③ 美国哲学家利奥波德(Aldo Leopold)、罗尔斯顿(Holmes Rolston)和挪威哲学家奈斯(Arne Naess)则分别从大地环境伦理、自然价值、生态伦理价值的角度关注作为整体的生态系统,他们承认生物之间存在着相互依存的关系,主张整个自然界都具有内在的价值,将价值考量的范围从单一的人类个体扩展到整个生态系统,实现了从个体主义向整体主义的超越。

然资源,保护生态环境。从人与自然作为整体的生命存在出发,人们能够在发展经济的同时注意保护环境,把经济发展的速度和资源环境的承载能力有效地结合起来。我们在看到人类社会发展合理性的同时,也时刻尊重自然、顺应自然,维持自然系统的动态平衡。人与自然之间不再是简单地输入—输出的线性非相关关系,而是人与自然整体存在协同发展,在人、技术、社会、自然的交互作用中形成一个封闭的循环,基本模式即"自然→(人—技术—社会)→自然",在这个封闭的循环系统中,人、技术、社会、自然作为一个有机整体以非线性形式相关存在,实现系统的动态平衡发展。

最后,生态技术观将既关心人的发展也关注自然生态的平衡,既注重经济效益也强调生态效益,是多重目标的追求与实现。不能否认,思想是人对世界的把握和理解方式,是人将世界(也包括人自身)对象化的结果,任何思想都只是人的思想。思想的出发点和立足点都是人类自身。生态技术观作为人类社会发展到一定历史阶段的思想产物,其出发点本身即是为了解决人与自然的矛盾与冲突,从而实现人与自然的可持续发展,实现人与自然和解。因此,生态技术观既主张人类社会发展的权益,也支持自然界存在的合理性和保持自然生态的动态平衡发展。人类社会的发展有赖于经济的增长和经济效益的提高,通过良好的经济社会效益为人类福祉提供保证;但另一方面,我们也应意识到经济的增长甚至人自身的存在都是以自然界的存在为前提条件,这就要求我们在追求经济效益的同时也有效实现和获得良好的生态效益,有效保护人类自身赖以生存的绿色家园。只有人类社会的发展与自然生态的平衡、经济效益与生态效益的双重丰收,人类行为的合理性和合目的性才能有效得到辩护。

因此,生态技术观克服了传统的工业技术观的生硬性、机械性与片面性,以一种柔性的方式整体、全面、辩证地审视人与自然及其相互关系,将有效地避免工业技术观主导下的工业技术发展对自然生态造成的破坏,在发展生态技术推动社会发展的同时保护生态环境维持生态平衡。

生态技术观与生态技术之间是一种辩证的关系。经过历史的分析我们不难发现,由于现代工业技术的缺陷使其在发展过程中造成了环境污染和生态破坏,对工业技术造成的全球性生态危机进行反思,我们产生技术应促进人的发展和保持生态平衡,并发展绿色技术、环保技术、清洁技术,进行绿色生产、清洁生产的思想,生态技术的发展提上人类社会议事日程并逐渐成为现实。在这里,我们很难分清生态技术观与生态技术的产生谁先谁后的问题,正是在解决人类面对的环境污染生态破坏的全球性危机过程中,思想的产生与实践的展开一起相互涌动并成为可能。只是,在对传统工业技术的弊端进行揭示与批判的同时,我们的生态技术思想日益清晰,生态技术的发展也日益成熟。因此,生态技术观与生态技术就是这样一种相互激发相互产生交互作用的辩证关系。

一方面,生态技术观使我们科学正确认识人、技术、社会、自然的关系,在主张人类权益的同时我们也维护自然的平衡发展,在这样的思想观念指导下,使得人类的技术活动和技术发展朝着生态化的方向前进,努力使技术发展在给人类带来福祉的同时,保护自然环境,保持生态平衡。这样,生态技术日益成为技术发展的基本方向,在推动经济社会发展的同时保护生态环境,并支撑起人与人、人与社会、人与自然关系的和谐。

另一方面,生态技术发展所带来的经济效益和生态效益的双重效应又将使人类进一步认识到,人与自然之间不是主客分离更不是主客对立的关系,而是相互统一同生共存的关系。只有正确地审视和处理人与自然的关系,在发展经济的同时有效保护环境,人类的可持续发展才有保证,人类的生活质量才能真正得到提高,人的解放与自然的解放才可能实现。

二、生态技术观对构建社会主义和谐社会的重要意义

当今人类社会在发展过程中面临的生态危机威胁很大程度上在于传统工业技术观过分凸显人类的主体地位,片面强调人类的单方面利益,贬低了自然界的合法地位,损害了自然界的合理利益,最终导致自然界通过生态危机的方式对人类展开抗议与报复。要恢复人与自然的和谐关系,实现人与自然关系的和解,则要求我们抛弃人类中心主义的偏见,克服传统的工业技术观,发展生态技术,树立生态技术观,只有这样才能实现人与人、人与社会、人与自然关系的和谐。

首先,生态技术观从思想上厘清了人与自然的关系,对人、自然在世界中的位置有了正确的认识。人究竟是自然的奴仆抑或是自然的主人?在古代社会,由于人类社会生产力发展水平低下,人的力量在自然界面前异常弱小,人类科学文化素质不高,对自然规律缺乏认识,对于神秘的自然现象以及神秘的自然力量,人类不能够正确地理解,只能通过图腾和以神话的方式解释自然。人匍匐于自然面前,在自然面前属于从属的地位。到了近代,随着科学技术的发展,人类从古代的

愚昧无知中走了出来,逐渐揭开了自然的神秘面纱,我们用科学的理论描述与解释自然,通过技术的手段日益支配自然,人的主体性得到彰显,人与自然的关系也发生了翻天覆地的变化,人由从属于自然转身成为了自然的主人,开始了对自然的奴役与掠夺。人对自然的奴役与掠夺造成自然界的千疮百孔,环境污染资源枯竭,生态危机成为全球性的问题,威胁着人类社会的可持续发展。只有建立一种新的人与自然之间的关系,在对人自身进行正确定位的同时也肯定自然界的价值,才能消解人与自然之间的紧张与对立,实现人与自然关系的和谐。生态技术观一方面肯定了人在自然面前的主导地位,人有主观能动性,有自身特殊的利益;另一方面,人又始终是自然的产物,是在自然界中并和自然界一起产生,在人类面前,自然具有始源性的地位。在生态技术观视野中,人与自然之间就是这样一种同生共存,协同发展的辩证关系。只有在人与自然之间这样一种相互生成相互作用共同演进的理念作用下,人与自然之间的和谐才有可能实现。

其次,在生态技术观的视域中,人类社会的发展不再片面追求经济效益,人的全面发展、自然生态的平衡也是我们追求的目标,这样,经济效益、社会效益、生态效益的协调发展将促进社会主义和谐社会建设,实现人与人、人与社会、人与自然的和谐。在资本逻辑支配下,片面追求经济效益不仅造成人与人关系的紧张与对立,也使得人与社会相割裂和对立起来。为了追求经济效益、实现资本增值,一部分人对另一部分人进行剥削与压迫,人变得片面化、碎片化、机械化,人与人、人与社会的对立也由此产生。为了实现利润最大化,自然被当作无主之地公开抢夺,在资源被利用殆尽后又被无情抛弃,造成严重的环境污染和生态破坏,自然在资本的压榨下喘息不已,人与自然的亲密和谐关系被打碎。而在生态技术观的观照中,经济、社会、生态之间协调发展,经济社会的发展既以生态平衡为前提,也以环境改善为目的。因为只有环境的改善和人类家园的绿色美化,人的生活质量才会提高,人的自由全面发展才有可能。因此,我们必须在发展经济的同时保护环境,将人的发展与自然的养护作为我们共同追求的目标,也只有这样才能构建社会主义和谐社会。

再次,生态技术观以多个综合学科作为科学基础,多维度多视角多层面地审视人、技术、社会、自然的关系,全方位立体地把握技术发展的原则与方向,为构建社会主义和谐社会提供理论支持。构建社会主义和谐社会不是一个经验性实践,而是一个理性科学的实践过程,需要多学科的科学理论的指导。依靠理化科学作为学科基础,硬性的工业技术的片面性机械性简单线性的思维方式已经造成了人类社会发展过程中的一系列问题与危机,我们必须扬弃这种硬性技术及其思维方式,建立一种基于生态学、生命科学、生物科学、伦理学、系统学等综合学科的科学基础,以柔性的生态技术为中介和有机整体系统的理念从事生存实践活动,使人类自身本质力量得到实现的同时,也使生命整体的尊严得到维护、价值得以实现,这样,人与人、人与社会之间的冲突才能消融,人与自然之间的紧张关系才能得到和解。

最后,生态技术观在主张借助生态技术发展推动人类进步的同时真正将自然在显明的意义上凸显出来,使生态环境问题在人类生存活动的每一个环节中受到关注与重视,在社会生产生活过程中消除生态危机,实现人与自然的和谐成为可能。不应否认,人类在其早期就已认识到环境生态对于自身生存发展的重要性,愚公移山的故事、亚特兰蒂斯的传说都在向后人诉说环境与人类生存之间的密切联系。但是,在工业社会来临之前,自然以遮蔽的方式突兀地呈现在人类面前,生态环境迈着自己的步伐以自己的方式影响着人的生存与发展;只是进入工业社会之后,以工业技术为手段,人类开始自觉自为地干预生态环境和改造自然,自然环境才逐渐祛除其神秘的面纱在人类面前真实地显现出来。但是传统的工业技术观认为人与自然之间存在主客二元对立,将自然界看作人类改造与征服的对象,对自然进行褫夺式开发,最终造成人与自然关系的紧张,也造成人与人、人与社会关系的对立。生态技术观则走出了人与自然对立的认识误区,将人、技术、社会、自然重新统一起来,当作一个整体的生命存在,在封闭的循环①中实现人与自然之间物质变换的动态平衡,人与自然的和睦相处成为可能。

---

① 封闭的循环是美国生态学家巴里·康芒纳在其名著《封闭的循环:自然、人和技术》一书中提出的一个重要观点。康芒纳提出了生态学的四个准则:一是每一种事物都与别的事物相关,二是一切事物都必然要有其去向,三是自然界所懂得的是最好的,四是没有免费的午餐。在康芒纳看来,人与自然之间本来是一个封闭、和谐、没有终点的自然生态循环圆圈,但是二战后新技术的广泛运用破坏了这种封闭的循环,人类为了生产发展无情地从自然界中掠夺获取资源,生产的废弃物则未经有效处理任意排放到自然界中去,人与自然之间封闭、和谐、没有终点的自然生态循环圆圈变成了简单的输入—输出的线性关系,环境生态出离人类生产发展的视野,生产废弃物向自然界的任意排放造成了空气、土地、湖水、生态的污染与破坏,导致了全球性生态危机。

本章小结

生态技术为构建社会主义和谐社会提供了关键的技术支撑。那么,何谓生态技术?生态技术与和谐社会在本质上有什么样的一致性,从而使得生态技术能够为构建和谐社会提供关键技术支撑?生态技术与生态化的技术及技术的生态化是什么关系?生态技术与核心技术有什么联系和区别?生态技术与生态技术观之间有什么联系?本章在对一些基本概念厘定的基础上对这些问题均做了相应的解答。

生态技术是技术自身发展演进的必然结果,是能够维系生物本有的存在状态及其与存在环境始源性关系的技术,也是从自然到自然的一种技术应用,其基本公式是"(天性)自然→(人—技术—社会)→(人性)自然"。从动态的过程来看,生态技术源于人类技术的不断发展变化,是一个技术生态化的过程,即将技术发展与人的发展、环境的保护、生态的平衡相协调,在技术发展的同时人与自然和睦相处的过程。从静态的结果审视,生态技术就是完全意义上的生态化的技术,即此种技术不仅实现了技术自身的生态性,也实现了人、社会、自然及其关系的生态性。生态技术具有生态性、超越性、动态性、整体性的本质特征,正是这样的本质特征使得生态技术与和谐社会人与人、人与社会、人与自然和谐相处的本质相契合,从而能够为构建社会主义和谐社会提供关键的技术支撑。

生态技术是技术自身辩证发展的结果,是对工业技术在科学基础、世界观和价值观、技术范式上的扬弃和超越,是对古代技术在生活世界、人的本质、自然之魅的辩证复归。生态技术的超越性与辩证性使得在生态技术的运用中,人与自身、人与人、人与社会、人与自然之间的关系和谐共契,这样,生态技术就具有与和谐社会一致的内在本质,进而能够支撑起和谐社会的构建。

生态技术与核心技术有联系也有区别。核心技术通常是指特定的组织(国家、企业等)或个人所拥有的具有超越性和前瞻性,并且在一定时期内其他组织或个人难以仿制和超越,从而成为组织或个人在特定领域内在某一段时期领先于其他竞争对手的关键技术。因此,核心技术在技术层次以及主体利益层次上进行言说,它不仅标示着人与人之间的对立,也折射出了人与自然的紧张关系。而生态技术是在人与自然的价值对等和相互之间的动态平衡层次上展开言说,它要消解主客体的二元对立,努力实现人与自然的和谐共融,与此同时实现人与人之间关系的和谐。但是,生态技术与核心技术也有密切联系,由于生态技术表征的人、技术、社会、自然的契合态,与环境共契相融的技术既是属于某一特定主体也是属于自然核心技术,既是与自然和谐共处的生态技术又是具有超越性且不可复制的核心技术。因此,发展生态技术能够有效地实现技术创新,从而创造出自己的核心技术,提升我国在国际上的竞争力,也为构建社会主义和谐社会提供有力的技术支撑。

发展生态技术是一种技术实践活动,这一技术活动的顺利开展需要有正确的理论指导,生态技术观将能够为生态技术的发展提供这样的指导。传统的工业技术观是人类中心主义的价值观,其核心思想是以人(最终只是以部分人)为中心,通过技术的发展借助技术的手段对自然界进行征服与控制,从而为(少数)人类发展和谋求幸福服务,有着严重的缺陷与不足。生态技术观是对传统工业技术观的辩证否定和扬弃,是生命整体主义的价值观,它有效地沟通着人与自然的和谐关系,在摆正人自身在世界中存在的位置的同时也正确地看待并给予自然以应有的地位,实现着人自身的价值,也使自然的价值得到肯定与尊重。以生态技术观为指导,发展生态技术,这样才能更好地实现人与人、人与社会、人与自然的和谐相处。

第四章

生态观对构建和谐社会的作用分析

前已述及,由于人类社会在发展过程中造成全球变暖、生物多样性减少、淡水资源短缺、土地沙漠化严重的全球性的生态危机问题,中国在经济社会快速发展过程中也遭遇并面对着如此这般的困境。为摆脱厄困,推动经济社会持续健康向前发展,实现中国人民的奋斗目标,中共中央提出了构建社会主义和谐社会的战略构想。构建社会主义和谐社会既是一个重要的思想理论,也是我国正在开展的一个伟大社会实践活动,是理论与实践的紧密联系和密切结合。对于这样的实践尝试和理论创新,需要技术的支撑,也需要从根本上转变我们的技术观、价值观,从而为实现生态技术对构建和谐社会的支撑提供思想的保证。

实际上,环境污染、生态破坏等全球性生态危机产生的原因错综复杂。有人将之归因于资本的反生态本性,因为资本的逻辑就是无休止地追逐利润,这是"把经济增长和利润放在首要关注位置的目光短浅的行为",其严重后果就是造成全球性的生态危机,"使整个世界的生存都成了问题"。[1] 有人将生态危机归因于资本家的贪婪,认为是"资本家最大限度地去控制自然资源,最大限度地增加投资"[2]的行为造成了这种危机。有人认为是资本主义生产方式造成了全球性的生态危机,资本主义生产方式要求在有限的环境中实现无限的扩张,因而形成了全球性的环境灾难。[3] 有人把生态危机归咎于资本主义消费主义的异

---

[1] [美]约翰·贝拉米·福斯特. 生态危机与资本主义[M]. 上海:上海译文出版社. 2006年版. 第60页
[2] [法]Andre Gorz, Ecology as Politics[M]. Boston:South End Press,1980, p. 5
[3] [美]约翰·贝拉米·福斯特. 生态危机与资本主义[M]. 上海:上海译文出版社. 2006年版. 第2页

化消费方式,认为消费主义"只根据疯狂的消费活动来确定人的幸福"①,导致了享乐主义价值观在全社会的泛滥,造成了人与自然关系的紧张与对立。有人认为是资本主义制度下技术的非理性运用造成了当今全球性的生态危机。资本主义进步的总公式就是,"技术进步＝社会财富的增长(社会生产总值的增长)＝奴役的加强"。② 于是,为了实现经济增长社会进步,借助技术,资本主义不仅奴役人,也促逼自然向人类交出其持存物。资本主义制度使技术只能按照"计算主义"的原则对自然进行谋划,而"绝对没有先验的理由可以保证生产技术将会是以生态原则为基础"。③ 有人认为,"控制自然"的人类中心主义价值观应为全球性的生态危机负责,持这样的价值观对自然进行控制,必将造成"自然环境总是或者表现为已经以私有财产形式被占有,或者将遭受这种占有"。④其所导致的后果可想而知,即是对自然环境的恣意破坏。

以上扼要梳理并未穷尽生态危机产生的根源分析,但是这些观点均从特定视角深入分析了造成全球性生态危机的原因,无疑具有其合理性,也对我们有重要启示。这些理论主张至少向我们指出,要解决环境污染、生态破坏、资源枯竭、土地沙化等全球性问题,不仅需要技术的发展与支撑,也需要并首先需要人来思维方式的转变,需要我们树立一种有助于实现人与人、人与社会、人与自然和谐相处的生态价值观。

第一节　马克思主义生态观对构建和谐社会的理论支撑

马克思主义的创立者马克思构想的共产主义是"完成了的自然主义"和"完成了的人道主义",因而是"人和自然之间、人和人之间矛盾的真正解决"⑤,"是

---

① [加]本·阿格尔. 西方马克思主义概论[M]. 北京:中国人民大学出版社.1991 年版. 第476 页
② [美]马尔库塞. 工业社会与新左派[M]. 北京:商务印书馆.1982 年版. 第82 页
③ [美]詹姆斯·奥康纳. 自然的理由:生态学马克思主义研究[M]. 南京:南京大学出版社.2003 年版. 第326 页
④ [加]威廉·莱斯. 自然的控制[M]. 重庆:重庆出版社.1993 年版. 第122 页
⑤ 1844 年经济学哲学手稿[M]. 北京:人民出版社.2000 年版. 第81 页

人同自然界的完成了的本质的统一,是自然界的真正复活。"①马克思主义的继承者们充分发挥了马克思的这一思想,从而使马克思主义理论充满了人与自然、社会和谐统一的生态思想,对于构建社会主义和谐社会具有重要的启示。

一、马克思主义生态观

马克思主义是辩证唯物主义与历史唯物主义的有机统一,是唯物主义的自然观和历史观的有机统一,只要将视野投入马克思主义理论的视域内,我们就将充分发现其中蕴含的丰富的生态思想。

1. 马克思、恩格斯的生态观

今天我们还讨论马克思、恩格斯有无生态思想这一问题显然已失去了其当下意义。随着马克思恩格斯著述中蕴含着的丰富生态思想被充分发掘出来,随着生态马克思主义成为当今西方马克思主义中最有影响的一个派别②,随着当代马克思主义已经向着生态马克思主义演变③,尤其是随着我国生态文明建设和构建社会主义和谐社会事业的向前发展,马克思恩格斯的丰富生态思想已经显露无遗,学界也已经将马恩的生态思想系统地发掘并梳理了出来。马克思恩格斯的生态思想主要围绕人与自然之间究竟是一种什么样的关系、目前人与自然之间的关系处于一种什么样的状态以及如何改变人与自然之间不合理的存在状态使其呈现出两者之间应有的关系这三个问题而展开,具体地说包括以下几个方面的内容:

第一,在马克思恩格斯看来,人与自然界是同生共存的关系。近代以来,人们将对彼岸世界的终极关怀重新在此岸世界确立起来,追求此岸世界的世俗的现世的幸福成为人类关照的焦点和目标。文艺复兴时期著名的人文主义者彼得拉克向世人宣告:"我自己是凡人,我只要求凡人的幸福。"④对人自身的关怀使人的主体地位凸显了出来。人的主体地位的凸显在笛卡尔"我思维,所以我

---

① 1844年经济学哲学手稿[M].北京:人民出版社.2000年版.第83页
② 余维海.生态危机的困境与消解[M].北京:中国社会科学出版社.2012年版.第3页
③ 俞吾金.陈学明.国外马克思主义哲学流派新编——西方马克思主义卷(下)[M].上海:复旦大学出版社.2002年版.第578页
④ 从文艺复兴到十九世纪资产阶级文学家艺术家有关人道主义人性论言论选辑[M].北京:商务印书馆.1971年版.第11页

存在"①的哲学思考中得到了先验的论证,主客二分的思维方式和价值观念确立了起来。人的主体地位获得的同时自然则被从主体世界中驱逐出去,自然界成为主体的对象——客体世界,人与自然之间的对立关系开始形成。面对这种对立,弗朗西斯·培根向世人宣布,凭借"知识就是力量","人类定能征服自然界"。② 这种人定胜天的思想在康德那里得到辩护。康德认为,自然是合目的性的,人才是自由的,人通过先验综合判断认识自然、把握自然、为自然立法,从而获得对自然的优先地位。人与自然之间的关系究竟怎样?

在马克思恩格斯看来,"人本身是自然界的产物,是在自己所处的环境中并且和这个环境一起发展起来的。"③人并未获得对自然的优先地位,人自身就是在他身处其中的自然界中生成的。反过来,自然也未获得对人的优先权。外在于人的自在自然与人无涉,因而不是人的本质的自然。与人相关的作为人的本质的自然界与人的生成一并生成。正如马克思所指出的,自然界"不是某种开天辟地以来就已经存在的、始终如一的东西,而是工业和社会有机的产物,是历史的产物,是世世代代活动的产物"。④ 换句话说,只有"在人类历史中,即在人类社会的生产过程中形成的自然界是人的现实的自然界,因此,通过工业——尽管以异化的形式——形成的自然界是真正的、人类学的自然界"。⑤ 也就是说,通过生产劳动,人在自然界中生成;也正是通过人类的生产劳动,自然界在人类社会中生成。因此,从诞生的那一刻起,人与自然就天生地联结在一起。人就是自然界,是自然界的大脑和灵魂;自然界就是人,是人的无机的身体。

从外部来看,"人们同自然界的关系直接就是人和人之间的关系,而人和人之间的关系直接就是人同自然界的关系,就是他自己的自然的规定。"⑥从内部看,"自然界就它本身不是人的身体而言,是人的无机的身体,人靠自然界生活。这就是说,自然界是人为了不致死亡而必须与之不断交往的、人的身体。所谓人的肉体的生活和精神生活同自然界相联系,也就等于说自然界同自身相联

---

① 笛卡尔. 第一哲学沉思集[M]. 北京:商务印书馆. 1986年版. 第103页
② 培根. 新工具[M]. 北京:商务印书馆. 1984年版. 第87页
③ 马克思恩格斯选集(第3卷)[M]. 北京:人民出版社. 1995年版. 第374-375页
④ 马克思恩格斯全集(第3卷)[M]. 北京:人民出版社. 1979年版. 第48页
⑤ 马克思. 1844年经济学哲学手稿[M]. 北京:人民出版社. 2000年版. 第128页
⑥ 马克思恩格斯全集(第3卷)[M]. 北京:人民出版社. 1979年版. 第35页

系,因为人是自然界的一部分。"①人不能离开自然界,人离开自然界就意味着死亡;自然界也离不开人类社会,离开人类社会的自然界将不再是自然界,而是无意义、是空无。正如对于狮子,羚羊只是作为满足其生存需要的口腹之物而存在;对于迁徙的角马,河流只是生命延续的阻隔。只有对人而言,狮子、羚羊、角马的生命特征得以显现,河流的润泽功能才随之产生。

第二,在马克思、恩格斯看来,人与自然之间的相互作用关系是一种物质变换关系,不是也不应是一种征服与被征服、统治与被统治的关系。既然人与自然同生共存,"人靠自然界生活",而自然界"是人的无机的身体",我们就可以也应该将人与自然界共同看成一个以更高层次存在的系统——生命交换系统,人与自然界也就成为这一有机系统的组成要素,相互关联、互相作用,使生命交换系统作为有机整体的功能显现出来。既然人与自然成为了更高层次的生命交换系统的共同组成要素,要素之间就将协调互动形成一定的结构,发挥系统的整体功能,而不是支配与被支配、控制与被控制、征服与被征服的对立关系。因此,"我们每前进一步都要记住:我们决不能像征服者统治异族人那样支配自然界,决不像站在自然界之外的人似的去支配自然界——相反,我们连同我们的肉、血和头脑都是属于自然界和存在于自然界之中的;我们对自然界的整个支配作用,就在于我们比其他一切生物都强,能够认识和正确运用自然规律。"②实际上,由于我们认识并正确运用自然规律,我们对于自然的关系就是一种理解、一种顺应、一种尊重,而不再是居于主体地位的对自然客体的支配关系;由于认识自然规律并能正确运用自然规律,自然界也不再以神秘的力量形式呈现在人的面前,不再以其强大的自然力肆虐人类、支配人类的命运。

在认识自然、理解自然、顺应自然、尊重自然的基础上,人们正确地运用自然规律,同自然界进行物质变换,这才是人与自然之间的真实关系。人和自然界的物质变换关系通过生产劳动实现,劳动就是人和自然之间的物质变换过程,"是人以自身的活动来引起、调整和控制人和自然之间的物质变换的过程"。③ 在与自然界进行物质变换的过程中,人们不是支配与控制自然,更不可能创造自然界,"人在生产中只能像自然本身那样发生作用,就是说,只能改变

---

① 马克思.1844年经济学哲学手稿[M].北京:人民出版社.2000年版.第49页
② 马克思恩格斯文集(第9卷)[M].北京:人民出版社.2009年版.第560页
③ 马克思恩格斯全集(第23卷)[M].北京:人民出版社.1972年版.第202页

物质的形态"。① 只有"像自然本身那样""改变物质的形态",才会使人与自然在物质变换的相互作用中不至于超出人们的意料,把"最初的结果又消除了"。②

第三,在马克思、恩格斯看来,实现人与自然界之间同生共存的和谐关系的基础就是认识并正确运用自然规律。恩格斯说:"我们对自然界的全部统治力量,就在于我们比其他一切生物都强,能够认识和正确运用自然规律。"③这句话很容易引起人们的误读,以为恩格斯在自然观上是非生态学的二元论。④ 尤其"对自然的全部统治力量"一语,使人们将恩格斯(从而将马克思一道)对自然的态度误解为人类意图与自然之间有一种潜在的敌对关系:不是我们控制自然,就是自然控制我们;不是我们统治自然,就是自然统治我们!⑤ 似乎人与自然之间不存在任何共生共荣、和平共处的关系。如果我们记住并充分理解恩格斯对人类提出的严重警告:"我们每走一步都要记住:我们统治自然界,绝不像征服者统治异族人那样,绝不是像站在自然界之外的人似的,相反地,我们连同我们的肉、血和头脑都是属于自然界和存在于自然界之中的。"⑥我们就会知道,恩格斯在这里恰恰反对人们关于人与自然之间的统治与被统治关系的错误认识,并举人对人的统治为反例,告诉人类:人自身、人的肉、血和头脑,也就是说,人的身体和思想,这一切都源于自然并属于自然。同生共存,这才是人与自然之间的真实关系。

恩格斯的警告不无道理。近世之前,也就是中世纪和古代社会,自然力总是作为一种盲目的力量在起作用。在自然界面前,人类显得异常渺小,无所作为,由于不认识自然规律,人受自然界的支配和控制。近代以降,科学技术的发展使得整个社会变得革命起来,正如恩格斯所言:"17 世纪和 18 世纪从事蒸汽机制造的人们也没有料到,他们所制作的工具,比其他任何东西都更能使全世

---

① 马克思恩格斯全集(第 23 卷)[M]. 北京:人民出版社. 1972 年版. 第 56-57 页
② 马克思恩格斯选集(第 4 卷)[M]. 北京:人民出版社. 1995 年版. 第 383 页
③ 同上书,第 384 页
④ 杜秀娟. 马克思主义生态哲学思想历史发展研究[M]. 北京:北京师范大学出版社. 2011 年版. 第 94 页
⑤ [英]特德·本顿主编. 生态马克思主义[M]. 北京:社会科学文献出版社. 2013 年版. 第 158 页
⑥ 马克思恩格斯选集(第 4 卷)[M]. 北京:人民出版社. 1995 年版. 第 383-384 页

界的社会状态革命化。"①人类对自然界革命的成功将使人类砍下自然界的头颅作为庆祝胜利的饮酒杯,造成人类对自然的肆意扩张和掠夺,形成对自然界的严重破坏。工业社会的发展造成的全球性生态危机证实了恩格斯的这种警告绝不是杞人忧天。

人类对待自然界的正确态度是认识自然界和正确运用自然规律,并且"按照美的规律来构造"②,这样才能"成为自然界的自觉的和真正的主人"。③ 不去认识自然界,不尊重自然和理解自然,违背自然规律,人类必将遭受自然界的惩罚。这正如恩格斯所列举的残酷事实那样:"美索不达米亚、希腊、小亚细亚以及其他地方的居民,为了想要得到耕地,把森林都砍光了,但是他们做梦也想不到,这些地方竟因此成为荒芜的不毛之地,因为他们使这些地方失去了森林,也失去了积聚和贮存水分的中心。阿尔卑斯山的意大利人,在山南坡砍光了在北坡被十分细心地保护的松林,他们没有料到,这样一来,他们把他们区域里的高山畜牧业的基础给毁了;他们更没有料到他们这样做,竟使山泉在一年中的大部分时期内枯竭了。而在雨季又使更加迅猛的洪水倾泻到平原上。"④当然,人类"比其他一切生物都强"的地方就在于,我们"能够认识和正确运用自然规律"。并且"事实上,我们一天天地学会更加正确地理解自然规律,学会认识我们对自然界的习常过程所作的干预所引起的较近或较远的后果"。⑤ 通过对自然规律的认识和正确运用,"人们周围的、至今统治着人们的生活条件,现在受人们支配和控制,人们第一次成为自然界的自觉的和真正的主人,因为他们已经成为自身的社会结合的主人了。人们自己的社会行动的规律,这些一直作为异己的、支配着人们的自然规律而同人们相对立的规律,那时就将被人们熟练地运用,因而将听从人们的支配。人们自身的社会结合一直是作为自然界和历史强加于他们的东西而同他们相对立的,现在则变成他们自己的自由行动了。至今一直统治着历史的客观的异己的力量,现在处在人们自己的控制之下了。只是从这时起,人们才完全自觉地自己创造自己的历史;是从这时起,由人们使

---

① 马克思恩格斯选集(第4卷)[M].北京:人民出版社.1995年版.第384-385页
② 马克思.1844年经济学哲学手稿[M].北京:人民出版社.2000年版.第58页
③ 马克思恩格斯选集(第3卷)[M].北京:人民出版社.1995年版.第757页
④ 同上书,第517-518页
⑤ 马克思恩格斯选集(第4卷)[M].北京:人民出版社.1995年版.第384页

之起作用的社会原因才大部分并且越来越多地达到他们所预期的结果。"①

第四,马克思、恩格斯已经关注到了人类社会发展造成的环境污染生态破坏等人与自然、社会之间关系失和的现象。正如恩里克·莱夫所言:"尽管马克思没有能够预见到当前环境危机的严重性和全球生态失衡的程度,但他的确预期到了资本主义生产方式对地球资源的破坏效应和土壤肥力的流失效应。"②具体说来,马克思、恩格斯对生态失衡、环境破坏的关注表现在以下几个方面:

一是森林消失、气候恶化。森林是地球上天然的蓄水池,是天然的氧吧,是地球温度的调节器。但是人类在发展过程中,由于对自然界认识的不足及对森林资源的过度开采,造成了森林消失、气候变迁、生态失衡、环境恶化的危机。这种危机虽古已有之,只是进入工业社会以来危机不断加剧。通过对世界发展史的考察恩格斯已经注意到,为了想要得到耕地,美索不达米亚、希腊、小亚细亚以及其他各地的居民把森林都砍完了,结果造成这些地方今天竟因此成为荒芜不毛之地。意大利人将阿尔卑斯山南坡的松林砍伐殆尽,结果使得山泉在一年中的大部分时间内枯竭了,而在雨季又使更加凶猛的洪水倾泻到平原上,造成洪涝灾害。失去了森林,土地就失去了积聚和储存水分的中心,在雨季时形成山洪水患,在旱季时又土地干枯。森林砍伐,土地荒芜,气候干燥,人类生存环境也随之恶化。恩格斯指出:"文明是一个对抗的过程,这个过程以其至今为止的形式使土地贫瘠,使森林荒芜,使土壤不能产生其最初的产品,并使气候恶化。土地荒芜和温度升高以及气候的干燥,似乎是耕种的后果。在德国和意大利,现在似乎比森林覆盖时期的气温高 5~6℃。"③恩格斯指出,是人类的活动,人类的耕种行为导致了土地荒芜和温度升高以及气候干燥的后果。而近代工业文明的发展使这一后果更为严重,"文明和工业的整个发展,对森林的破坏从来就起很大的作用"。④

二是地力耗损、土地荒芜。资本主义生产方式和资本积累的资本逻辑破坏了人与土地之间的亲和关系。海德格尔认为,农业文明时期,农民与土地的关

---

① 马克思恩格斯文集(第3卷)[M]. 北京:人民出版社.2009年版.第564页
② [英]特德·本顿主编.生态马克思主义[M].北京:社会科学文献出版社.2013年版.第130页
③ 恩格斯.自然辩证法[M].北京:人民出版社.1984年版.第311页
④ 马克思恩格斯全集(第24卷)[M].北京:人民出版社.1972年版.第272页

系就像与自身身体的关系,对土地进行照料和养育,"爱护和保养,诸如耕种土地,养植葡萄"①,这时对土地的耕种"它在播种时把种子交给生产力,并且守护着种子的发育"。② 而到了工业时代,"资本主义生产……破坏着人和土地之间的物质变换,也就是使人以衣食形式消费掉的土地的组成部分不能回归土地,从而破坏土地持久力的永恒的自然条件"。③ 对土地的过分索取造成"地力耗损——如在美国"。④ 这种地力损耗、土地枯竭的现象不是局部的,而是普遍的,在英国也发生着。英国由于地力枯竭,为了保持土地的肥力,不得不从秘鲁进口海鸟粪对英国田地施肥,并且"间接输出爱尔兰的土地"。⑤ 资本主义生产方式的缺陷和弊端加剧着对土地的这种破坏,使得"一部分土地实行精耕细作,而另一部分——大不列颠和爱尔兰的3000万英亩的好地——却荒芜着"。⑥ 资本增值的资本逻辑使资本总是迈着同样的步伐,对人尚是漠然,更无视对土地的破坏。资本的扩张客观上推动着农业技术的进步,但是"资本主义农业的任何进步,都不仅是掠夺劳动者的技巧的进步,而且是掠夺土地的技巧的进步,在一定时期内提高土地肥力的任何进步,同时也是破坏土地肥力持久源泉的进步。"⑦

三是河流污染、江河淤浅。在工业化的早期,资本主义的自由竞争完全不顾对环境的污染,工业废水和生活污水直接向河流排放。"在伦敦,450万人的粪便,就没有什么好的处理方法,只好花很多钱来污染泰晤士河。"⑧而这样的事情对于"所有已经或者正在经历这种过程的国家,或多或少都有这样的情况。"⑨在《乌培河谷的来信》中,恩格斯向我们描述了他家乡的乌培河被工业废水污染后的残酷景象,"这条狭窄的河流……时而泛起它那红色的波浪……然而它那鲜红的颜色并不是来自某个流血的战场……而是流自许多使用红色染

---

① 海德格尔.演讲与论文集[M].上海:生活·读书·新知三联书店.2005年版.第154页
② 海德格尔选集[M].上海:生活·读书·新知三联书店.1996年版.第933页
③ 马克思恩格斯文集(第5卷)[M].北京:人民出版社.2009年版.第578页
④ 马克思恩格斯全集(第38卷)[M].北京:人民出版社.1972年版.第921页
⑤ 马克思恩格斯全集(第23卷)[M].北京:人民出版社.1972年版.第769页
⑥ 马克思恩格斯全集(第1卷)[M].北京:人民出版社.1956年版.第617页
⑦ 马克思恩格斯文集(第5卷)[M].北京:人民出版社.2009年版.第578页
⑧ 马克思恩格斯全集(第25卷)[M].北京:人民出版社.1974年版.第117页
⑨ 马克思恩格斯全集(第38卷)[M].北京:人民出版社.1972年版.第921页

料的染坊"。① 而在曼彻斯特,艾尔克河由于工业污染,已经变成一条停滞的、黝黑的、发臭的小河。在这条停滞的小河里面充满了污泥和废弃物,河水无力地把这些东西冲积在右边较平坦的河岸上。在"天气干燥的时候,这个岸上就留下一长串龌龊透顶的暗绿色的淤泥坑,臭气泡经常不断地从坑底冒上来,散布着臭气,甚至在高出水面四五十英尺的桥上也使人感到受不了。此外,河本身每隔几步就被高高的堤堰所隔断,堤堰近旁,淤泥和垃圾积成厚厚的一层并且在腐烂着。桥以上是制革厂;再上去是染坊、骨粉厂和瓦斯厂;这些工厂的脏水和废弃物统统汇集在艾尔克河里,此外,这条小河还要接纳附近污水沟和厕所里的东西"。② 而由于没有高山积雪给各大河流提供水源,俄国江河淤浅的情况比其他地方都更厉害。

四是城市建设落后、空气污染严重。随着工业化进程的推进,人口日益聚集,城市规模不断扩大,但城市建设却糟糕落后,城市空气不流通,空气污染严重。在"曼彻斯特及其郊区的 35 万工人几乎全部都是住在恶劣、潮湿而肮脏的小宅子里,而这些小宅子所在的街道又多半是极其糟糕极不清洁的,建造时一点也没有考虑到空气是否流通,所考虑的只是业主的巨额利润"。③ 有些城市的情况更坏,沃尔顿可以说是这些城市建设落后,空气污染严重中最坏的了。"这个城市只有一条大街,而且很脏,这就是第恩斯盖特街,这条街同时也是市场;即使是在天气最好的时候,这个城市也是阴森森的讨厌的大窟窿,虽然这里除了工厂就只有一些一两层的矮房子。这里也像其他地方一样,城市中较老的一部分是特别荒凉和难看的。一条黑水河流过这个城市,很难说这是一条小河还是一长列臭水洼。这条黑水把本来就很不清洁的空气弄得更加污浊不堪。"④

五是工人生存环境恶劣。可以说,工人阶级自诞生起就与恶劣的生存环境相伴随。一方面,为了实现资本的血腥积累,失去土地的农民被驱赶到城市沦为工人阶级之时,就居住在被灰色烟雾笼罩着的、街道狭窄、空气污浊不流通的城市。正如恩格斯在斯泰里布雷芝看到的那样,工人居住在"拥挤的、被煤烟熏

---

① 马克思恩格斯全集(第1卷)[M]. 北京:人民出版社. 1956年版. 第493页
② 马克思恩格斯全集(第2卷)[M]. 北京:人民出版社. 1956年版. 第331页
③ 同上书,第331页
④ 同上书,第323-324页

得黑黑的、破旧的"小屋子里。在艾尔克,工人居住在"一种不能比拟的肮脏而令人作呕的环境里"。马克思愤怒地批判道:"光、空气等等,甚至动物的最简单的爱清洁的习性,都不再成为人的需要了。肮脏,人的这种腐化堕落,文明的阴沟(就这个词的本意而言),成了工人的生活要素。完全违反自然的荒芜,日益腐败的自然界,成了他的生活要素。""人又退回到穴居,不过这穴居现在已被文明的污浊毒气污染",这样的居处简直就是"停尸房",而工人还得"为这停尸房支付租金"。① 另一方面,工人的工作环境也同样恶劣,面对有毒有害的危险的劳动环境,没有为工人采取任何必要的保护措施。工人们在空间狭小、光线暗淡、空气污浊、密不透风、工业污染严重超标的恶劣环境中进行劳动,严重损害了工人的健康,缩短了工人的寿命。干磨工由于吸入大量的金属屑得了肺病,平均很难活到三十五岁,湿磨工也很少能够活到四十五岁。"在磨光陶器的工房里,空气中充满了微细的矽土尘埃,把这种尘埃吸到肺里并不比设菲尔德的磨工把钢屑吸进去的害处小些。工人们患着哮喘病,要静静地躺一回都不能,喉咙溃烂,咳嗽得很厉害,说话的声音小得几乎听不见。他们也都是得肺结核死掉的。"②马克思深刻地指出:"劳动为富人生产了奇迹般的东西,但是为工人生产了赤贫。劳动生产了宫殿,但是给工人生产了棚舍。劳动生产了美,但是使工人变成畸形。劳动用机器代替了手工劳动,但是使一部分人回到野蛮的劳动,并使另一部分人变成了机器。劳动生产了智慧,但是给工人生产了愚钝和痴呆。"③

环境的恶化不仅造成了生态危机,也造成了工人阶级的生存危机。那么究竟是什么原因造成了这样的危机? 又该如何解决这些危机?

第五,资本主义生产方式是造成人与自然关系紧张与对立的根源。虽然说环境破坏的现象早已有之,在美索不达米亚、希腊、小亚细亚等地,由于当地居民对土地的过度开垦,使这些地方在今天成为不毛之地。但是,只有在资本主义生产方式下,"支配着生产和交换的一个一个的资本家所能关心的,只是他们的行为的最直接的有益效果……出售时要获得利润,成了惟一动力"。④ 在这

---

① 1844 年经济学哲学手稿[M]. 北京:人民出版社. 2000 年版. 第 121－122 页
② 马克思恩格斯全集(第 2 卷)[M]. 北京:人民出版社. 1956 年版. 第 494 页
③ 1844 年经济学哲学手稿[M]. 北京:人民出版社. 2000 年版. 第 54 页
④ 马克思恩格斯全集(第 25 卷)[M]. 北京:人民出版社. 1974 年版. 第 102 页

样一种生产方式下,"一个工厂主或商人在卖出他所制造的或买进的商品时,只要获得普通的利润,他就心满意足,不再去关心以后商品和买主的情形怎样了。这些行为的自然界影响也是如此。当西班牙的种植主在古巴焚烧山坡上的森林,认为木灰作为能获得最高利润的咖啡树的肥料足够用一个世代时,他们怎么会关心到,以后热带的大雨会冲掉毫无掩护的沃土而只留下赤裸裸的岩石呢?"①在资本主义生产方式下,人们行为遵循唯一的规则即是资本的逻辑,即实现资本增值。资本家没有道德,资本家也没有灵魂;资本就是资本家的灵魂。② 即使科学技术的进步,在资本主生产方式下,技术的资本主义运用也给环境带来巨大的破坏。科学技术被资本家用作榨取剩余价值的工具和手段,如"资本主义农业的任何进步,都不仅是掠夺劳动者的技巧的进步,而且是掠夺土地的技巧的进步,在一定时期内提高土地肥力的任何进步,同时也是破坏土地肥力持久源泉的进步。"③

资本的扩张导致对资源的无限掠夺,将自然界看作资本积累的能够无限制地提供资源的巨大仓库,"资本主义生产的真正限制就是资本自身,这就是说,资本及其自行增值,表现为生产的起点和终点,表现为生产的动机和目的;生产只是为资本而生产,而不是反过来,生产资料是生产者社会生活过程不断扩大的手段"。④ 对资本的无止境的追求欲望,资产阶级的贪婪"剥夺了整个世界——人类世界和自然界——本身的价值……在私有财产和钱的统治下形成的自然观,是对自然界的真正的蔑视和实际的贬低"。⑤ 他们完全忘记了,"人本身是自然界的产物,是在自己所处的环境中并且和这个环境一起发展起来的"。⑥ 他们唯一关心并记挂着的是资本及其增值。因此,这种"不以伟大的自然规律为依据的人类计划,只能带来灾难"。⑦

第六,消灭资本主义制度是解决环境问题最直接、最有效的手段。在资本

---

① 马克思恩格斯全集(第20卷)[M]. 北京:人民出版社.1971年版. 第521页
② 杜秀娟. 马克思主义生态哲学思想历史发展研究[M]. 北京:北京师范大学出版社.2011年版. 第64页
③ 马克思恩格斯文集(第5卷)[M]. 北京:人民出版社.2009年版. 第578页
④ 马克思恩格斯全集(第46卷)[M]. 北京:人民出版社.2003年版. 第278页
⑤ 马克思恩格斯选集(第1卷)[M]. 北京:人民出版社.1995年版. 第448–449页
⑥ 马克思恩格斯选集(第3卷)[M]. 北京:人民出版社.1995年版. 第374–375页
⑦ 马克思恩格斯全集(第20卷)[M]. 北京:人民出版社.1971年版. 第39页

主义生产方式下,资本的逻辑造成对自然资源的灾难性掠夺和对自然界无限制的扩张,资本家对金钱的赤裸裸的追求与贪婪,即使科学技术的进步也在某种程度上成为了资本家的帮凶,导致对自然资源的巧取豪夺和对自然环境的恣意破坏。因此,要解决环境污染、生态破坏的问题,"为此需要对我们的直到目前为止的生产方式,以及同这种生产方式一起对我们的现今的整个社会制度实行完全的变革"。① 环境问题的产生是人类文明发展的一个负面后果,即使资本主义制度被消灭,资本主义生产方式改变,环境问题也不可能得到彻底解决。要实现"人同自然界的完成了的本质的统一",实现"自然界的真正复活",只有建立一种崭新的生产方式,使"社会化的人,联合起来的生产者""合理地调节他们和自然之间的物质变换,把它置于他们的共同控制之下,而不让它作为盲目的力量统治自己,靠消耗最小的力量,在最无愧于和最适合于他们的人类本性的条件下来进行这种物质变换"②,只有这样,才能实现人与自然的真正和解。

第七,推动科技进步,发展循环经济也是解决环境问题,实现人与自然和解的重要途径。科学技术是一柄双刃剑。虽然科学技术的资本主义运用会使人类掠夺自然界的技巧进一步增强,但是新的科学发现和技术发明造成的科技进步更能从正面推动人类社会的发展,协调人与自然的关系。如"机器的改良,使那些在原有形式上本来不能利用的物质,获得一种在新的生产中可以利用的形式,科学的进步,特别是化学的进步,发现了那些废物的有用性质"。③ 在马克思、恩格斯所处的那个年代,自然科学迅速发展,技术发明不断涌现,化学的进步和化工业的发展推动整个社会生产日新月异的变革,尤其是"化学的每一个进步,不仅增加有用物质的数量和已知物质的用途,从而随着资本的增长扩大投资领域。同时,它还教人们把生产过程和消费过程中废料投回到再生产过程的循环中去,从而无需预先支出资本,就能创造新的资本材料"。④ 科学技术的进步带来资本的节约,这当然是资本家乐于见到的结果。科学技术的发展还能实现生产过程中的循环利用。通过发展循环经济,实现资源在生产过程中的循环利用,无疑能够达到有效利用资源、保护自然环境的目标。"产品的废料,例

---

① 马克思恩格斯选集(第4卷)[M]. 北京:人民出版社. 1995年版. 第385页
② 马克思恩格斯全集(第25卷)[M]. 北京:人民出版社. 1974年版. 第926-927页
③ 同上书,第117页
④ 马克思恩格斯全集(第23卷)[M]. 北京:人民出版社. 1972年版. 第664页

如飞花等等,可当作肥料归还给土地,或者可当作原料用于其他生产部门;例如破碎麻布可用于造纸。""在制造机车时,每天都有成车皮的铁屑剩下。把铁屑收集起来,再卖给(或赊给)那个向机车制造厂提供主要原料的制铁厂主。制铁厂主把这些铁屑重新制成铁块,在他们上面加进新的劳动……这样这些铁屑往返于这两个工厂之间——当然,不会是同一些铁屑,但总是一定量的铁屑。"①

2. 列宁的生态观

国内学界关于列宁的思想研究并不少见,却鲜有关于列宁生态思想研究的著述。而实际上,作为坚定的马克思主义者,对于推动马克思主义发展至关重要的人物,列宁高度重视马克思恩格斯的生态思想,并表达过自己的生态观,也在领导苏俄社会建设的过程中,提出了一系列关于环境保护的政策主张,在苏俄制定了一百多个文件以保护自然和合理地开发利用自然,并采取建立自然保护区的措施,以建设一个人与自然和谐相处的苏维埃社会主义俄国。列宁的生态思想主要表现为这样几个方面:

第一,列宁认识到了人与自然之间的物质变换和能量循环关系。在1901年写的《土地问题和"马克思的批评家"》这篇文章中,列宁就比较清晰地阐述了关于人与自然之间存在着物质能量的循环的观点。他指出:"人工肥料替代自然肥料的可能性以及这种代替(部分地)已经被实行的事实,丝毫也推翻不了其不合理性:把天然肥料白白地跑掉,同时又污染市郊和工厂区的河流和空气。就在目前,一些大城市周围也还有一些利用城市排泄物的农田,使农业受益很大,但是能这样利用的只是很少一部分排泄物。"②从这段话可以看出,在列宁看来,人与自然之间天然存在着的物质能量的循环交换具有人工设立的这种循环无可比拟的优越性。人工建立的人与自然之间的物质能量循环不仅会造成自然资源的白白浪费,还会带来河流污染、空气污染的破坏性效应。

第二,列宁认识到了资源的循环利用对于环境保护的重要作用。用"人工肥料替代自然肥料"其不合理性不言而喻,造成自然资源的浪费和环境的污染;而资源的循环利用不仅利于经济农业的发展,还能达到保护环境、消除城乡对立的目的。他说:"……为了合理利用对于农业十分重要的城市污水特别是人

---

① 马克思恩格斯全集(第26卷 I)[M]. 北京:人民出版社.1972年版. 第134-138页
② 列宁全集(第5卷)[M]. 北京:人民出版社.1986年版. 第134页

的粪便,也要消灭城乡对立。"①通过资源的循环利用,城市污水特别是人的粪便得到有效利用,不再污染城市环境;与此同时,城乡之间的差别与对立也会通过资源的循环利用而消失。

第三,列宁指出,我们要尊重自然界,认识自然规律,遵循自然规律。他说:"外部世界,自然界的规律,乃是人的有目的活动的基础。"②人类离不开自然界,人们的活动只能在自然界中展开。而要使在自然界中开展的人类活动取得成功,我们就必须认识自然规律,尊重自然规律。"当我们不知道自然规律的时候,自然规律是在我们的认识之外独立地存在着并起着作用,使我们成为'盲目的必然性'的奴隶。一经我们认识了这种不依赖于我们的意志和我们的意识而起着作用的(马克思对这点重述了千百次)规律,我们就成为自然界的主人。"③

第四,列宁看到了科学技术的发展对环境改善所起的重要作用,认为科技进步能有效解决环境污染问题。当了解到英国化学家威廉·拉姆赛发明的从煤中直接提取煤气的技术时,列宁异常激动地写道:"在社会主义制度下,采用拉姆赛的这种能'解放'千百万矿工及其他工人劳动的方法,就能立刻缩短一切工人的工作时间……所有工厂和铁路的'电气化',一定能使劳动条件更合乎卫生,使千百万工人免除烟雾、灰尘和泥垢之苦,能很快地把肮脏的令人厌恶的工作间变成清洁明亮的、适合人们工作的实验室。"④在列宁看来,科学技术的进步能够有效地解决环境污染问题,使工人阶级得到解放,同时也使自然获得解放。

第五,列宁认识到了保护环境的重要意义,并推动建立自然保护区。列宁认为,人类应当按照平衡的法则对环境加以"合理的开采",并对自然资源进行科学的管理。列宁为"保存自然的纪念碑"进行辩护,并建立了南乌拉尔自然保护区,作为对自然界展开科学研究的保护基地。

3. 中国化马克思主义的生态观

中国共产党人将马克思主义基本原理同中国的具体实际相结合,推动马克思主义中国化的发展,创立了中国化的马克思主义理论。中国化马克思主义继

---

① 列宁全集(第5卷)[M]. 北京:人民出版社. 1986年版. 第133页
② 列宁. 哲学笔记[M]. 北京:人民出版社. 1974年. 第200页
③ 列宁选集(第2卷)[M]. 北京:人民出版社. 1995年版. 第192页
④ 列宁全集(第19卷)[M]. 北京:人民出版社. 1963年版. 第42页

承了马克思恩格斯的生态思想,在生态危机全球化的背景下,立足中国社会实际,从中国基本国情出发,提出了一系列关于改善环境保护自然的生态思想,丰富和发展了马克思主义的生态观,对构建社会主义和谐社会有重要的意义。

(1)毛泽东的生态思想

毛泽东在领导中国共产党带领中国人民进行革命斗争和社会主义建设探索的实践过程中就已经注意到了生态环境保护和建设的重要性,针对中国基本国情提出了许多有关生态保护的理论和政策措施,推动了马克思主义生态思想在中国的发展。

第一,植树造林,绿化祖国,美化环境,建设美好家园。早在延安时期,看到黄土高原缺乏植被,泥沙流失严重的情况,毛泽东就对环境保护有了清醒的认识,提出要有计划地植树造林。他说:"陕北的山头都是光的,像个和尚。我们要种树,使它长上头发,种树要有一个计划,如果每家种一百棵树,三十五万家就种三千五百万棵树。搞他个十年八年,十年树木,百年树人。"①中华人民共和国成立后,毛泽东进一步号召全国人民植树造林,绿化祖国,美化环境,建设美好家园。他提出要"在十二年内,基本上消灭荒地荒山,在一切宅旁、村旁、路旁,以及荒地上荒山上,即在一切可能的地方,均要按规格种起树来,实行绿化"。② 依靠群众的力量,走群众路线,使祖国实现大地园林化,"要使我们祖国的河山全部绿化起来,要达到园林化,到处都很美丽,自然面貌要改变过来"。③要使祖国园林化,就要在"一切能够植树造林的地方都要努力植树造林,逐步绿化我们的国家,美化我国人民劳动、工作、学习和生活的环境"。④ 这样,我们就能建设一个美好家园。

第二,兴修水利工程,治理大江大河,服务人民生产生活。我们国家从总体上看水资源较为丰富,但是由于分布不均,加上历史上的诸多因素,导致许多河流年久失修,经常造成水涝灾害,给人民生命财产带来巨大损失。中华人民共和国成立后,毛泽东构想了一幅中国大地"截断巫山云雨,高峡出平湖"的美好

---

① 毛泽东文集(第3卷)[M].北京:人民出版社.1999年版.第153页
② 毛泽东文集(第6卷)[M].北京:人民出版社.1999年版.第509页
③ 中共中央文献研究室、国家林业局.毛泽东论林业[M].北京:中央文献出版社.2003年版.第51页
④ 同上书,第77页

画卷。为了实现"高峡出平湖"的美好宏图,就要治理大江大河,兴修水利工程。为此,毛泽东提出要"兴修水利,保持水土,一切大型水利工程,由国家负责兴修,治理灾害严重的河流,一切小型水利工程,例如,打井、开渠、挖塘、筑坝和各种水土保持工作,均由农业生产合作社有计划地大量地负责兴修,必要时由国家予以协助"。① 毛泽东还做出指示,"一定要根治海河""一定要把淮河修好""要把黄河的事情办好",等等。在毛泽东思想的指导下,全国兴修了大量的水利工程。如山东在黄河下游修建了1000多千米的堤防工程;北京兴修了官厅、密云、十三陵等大量水库和塘坝,有效地治理了海河;河南对境内700多千米的黄河堤防进行了加固和修缮,开挖了红旗渠,保证了人民生产生活的用水安全;江苏省为了给淮河开辟入海通道兴修了苏北灌溉总渠,等等。这些工程的建成基本上解决了旧中国经常河水泛滥成灾,威胁人民生产生活的严重水患问题。

第三,治理环境污染,造福后代子孙。从总体上看,毛泽东依然提出了要治理环境污染、造福后代子孙的生态环保思想。1972年,大连湾发生的"涨潮一片黑水,退潮一片黑滩"②的重大环境污染事件,引起了毛泽东、周恩来等人的高度关注与重视,并随后制定了《关于保护和改善环境的若干规定(试行草案)》,提出"我们一定要解决工业污染","绝对不能做贻害子孙后代的事"。

第四,循环利用资源,发展可再生能源。解决环境污染问题的一个有效途径就是循环利用资源。通过资源的循环利用,将工业生产废物的排放降低到最低水平,达到保护环境的目的。毛泽东曾诙谐地把废物利用同打麻将做比方,说上家的废物就是下家的原料。这一比喻虽比较俚俗,却形象地反映了不同生产部门对待"废物"的不同态度,从而使工业生产全过程中资源的循环利用成为可能。毛泽东还提出了有关发展可再生能源的思想主张。在毛泽东的指示下,小水电、太阳灶、风力提水机、小型风力机等各种可再生能源得到了积极的开发利用,至改革开放前,我国太阳能电池工业已有了一定程度的发展,太阳能电池厂12家,年生产能力约10千瓦,太阳能热水器采光面积达到12万平方米,太阳能育秧和蔬菜种植面积达8万多亩,太阳能干燥器30多座,太阳能的利用已初

---

① 毛泽东文集(第7卷)[M].北京:人民出版社.1999年版.第427页
② 杜向民.樊小贤.曹爱琴.当代中国马克思主义生态观.北京:中国社会科学出版社.2012年版.第264页

具规模。① 1959年,毛泽东到湖北、安徽等地考察,在视察了当地农村对沼气的开发利用情况后,他指出,"沼气又能点灯,又能做饭,又能作肥料,要大力发展,要好好推广"。

(2)邓小平的生态思想

党的十一届三中全会后,我国开始改革开放和建设中国特色社会主义,在正确回答"什么是社会主义、怎样建设社会主义"这一首要的基本的理论问题基础上,邓小平提出了许多关于进行生态环境保护的有益思想。

第一,植树造林,保护和发展林业资源。由于"文革"时期将环境污染治理工作看作"资产阶级环境理论"而进行错误的打击和否定,在农业发展中又出现毁林开荒、滥垦滥伐的现象,使中华人民共和国成立后发展起来的植树造林和环境保护工作遭到了巨大的破坏。改革开放之初,在"发展致富"思想的带动下,部分地区又出现了植被破坏乱垦滥伐资源浪费的现象,使我国进一步面临生态失衡的威胁。为此,邓小平提出深化植树造林活动,保护和发展林业资源,并领导制定和出台了一系列相关政策法规。针对1981年夏天四川发生的大水灾,邓小平寻根究源,认识到森林滥伐对水灾产生的影响。他说:"最近发生的洪灾涉及林业问题,涉及森林的过量采伐。看来宁可进口一点木材,也要少砍一点树。报上对森林采伐的方式有争议,这些地方是否可以只搞间伐,不搞皆伐,特别是大面积的皆伐。中国的林业要上去,不采取一些有力措施不行。是否可以规定每人每年都要种几棵树,比如种三棵或五棵树,要包种包活,多种者受奖,无故不履行此项义务者受罚。国家在苗木方面给予支持。可否提出个文件,由全国人民代表大会通过,或者由人大常委会通过,使他成为法律,及时施行。"②可见,邓小平希望通过常规性、制度化的植树造林活动,使我国林业资源有效地得到保护和发展。在邓小平等的倡导和提议下,我国出台了《关于开展全民义务植树运动的决议》,从而使植树造林、绿化祖国的活动以法律的形式固定下来,成为我国公民必须履行的一项法定义务。

第二,高度重视环境保护,把环境保护工作纳入制度化、法律化的轨道上来,并将环境保护上升到基本国策的高度。随着国民经济发展带来的工业污染

---

① 谢治国等.建国以来我国可再生能源政策的发展[J].中国软科学.2005.9.50-57
② 国家环境保护总局、中共中央文献研究室.新时期环境保护重要文献选编[M].北京:中央文献出版社.2001年版.第27页

环境破坏等现象愈演愈烈,我国生态环境承载压力不断加重,保护环境保持生态平衡也日益成为关系国计民生的重大事情。为了提高人民群众的环境保护意识,为了使环境保护工作走上法律化、制度化的轨道上来,五届人大一次会议通过的《中华人民共和国宪法》明确规定:"国家保护环境和自然资源,防治污染和其他公害。"在宪法中对环境保护工作做出明确规定反映了中国共产党对环境保护事业的高度重视。1979年9月我国第一部环境保护基本法《中华人民共和国环境保护法(试行)》出台,标志着我国的环境保护工作真正走上法制化、制度化的轨道。1983年12月,国务院召开第二次全国环境保护会议明确提出保护环境是我国现代化建设的一项基本国策。此后,在国务院颁布的《关于环境保护工作的决定》中又进一步指出:"保护和改善生活环境和生态环境,防止污染和自然生态环境破坏,是我国社会主义现代化建设中的一项基本国策。"①

第三,节约综合利用资源,精心开发保护资源。我们国家的基本国情是"人口多,底子薄""资源匮乏,人均资源占有量少"。要解决我国经济发展和资源短缺的矛盾,就要求在经济活动和工业生产中节约综合利用有限的资源。邓小平指出:"重视提高经济效益,不要片面追求产值、产量的增长。"②我们国家资源有限,要实现经济社会的长远发展,就"一定要首先抓好管理和质量,讲求经济效益和总的社会效益,这样的速度才过得硬!"③综合利用资源就要求我们发展科学技术,实现方法创新,对资源进行精心开发和保护。比如在对天然气的开发和利用上,邓小平就指出,"对天然气的利用,过去许多人都不知道。石油部和化工部要研究,提出一套利用的办法"。他还说:"如何利用四川的天然气,能不能搞一个年产五千吨到一万吨的氮肥厂,或者能不能从天然气中搞塑料,建一个年产一千吨的厂子做试验。事情就是要去做,空喊是搞不起来的。"④就是要敢于尝试,努力实践,通过不断试验的办法,使有限的资源得到精心的开发和保护,对资源节约综合利用,从而达到保护环境,保持生态平衡,提高人民生活

---

① 国家环境保护总局、中共中央文献研究室. 新时期环境保护重要文献选编[M]. 北京:中央文献出版社. 2001年版. 第44页
② 邓小平文选(第3卷)[M]. 北京:人民出版社. 1993年版. 第22页
③ 同上书,第375页
④ 中共中央文献研究室. 回忆邓小平(中卷)[M]. 北京:中央文献出版社. 1998年版. 第329页

质量的目标。

第四,强调经济发展与环境保护相协调。邓小平说,"平穷不是社会主义","社会主义的本质,是解放生产力,发展生产力,消灭剥削,消除两极分化,最终达到共同富裕"。① 实现共同富裕就必须大力发展生产力,发展经济,并且要不断"提高经济效益",但是"讲求经济效益"又必须和"总的社会效益"相结合,总的社会效益就包括生态效益,即要经济发展和环境保护相协调。邓小平说:"要保护风景区。桂林那样好的山水,被一个工厂在那里严重污染,要把它关掉。"②经济发展固然重要,自然界则是人类经济发展的基础,环境保护同样不可忽视,因此,必须在发展经济的同时保护环境。邓小平还说:"核电站我们还是要发展,油气田开发、铁路公路建设、自然环境保护等,都很重要。"③只有经济发展与环境保护相协调,用"两条腿"走路,经济发展、社会进步才走得持久长远。

(3)江泽民的生态思想

在生态危机全球化的历史背景下,立足中国基本国情,站在中华民族生存与发展的高度,江泽民系统论述了生态环境保护的重大意义,提出了发展生产力和保护环境的新举措、新思路。

第一,保护生产力与保护环境之间是协调一致辩证统一的关系。生产力的发展并不必然造成环境污染与生态破坏,保护环境的要求也不妨碍经济发展。在江泽民看来,保护环境和发展经济是协调一致的,"保护环境的实质就是保护生产力,这方面的工作要继续加强。环境意识和环境质量如何,是衡量一个国家和民族的文明程度的一个重要标志"。④ 保护生产力与保护环境之间并行不悖,只要生产力发展与环境保护相协调,双重目标的实现才能体现出国家的高度文明。经济的单方面发展,甚至经济发展却造成严重的环境污染生态破坏,这决不是文明国家文明社会的特征。

---

① 邓小平文选(第3卷)[M].北京:人民出版社.1993年版.第364页
② 国家环境保护总局、中共中央文献研究室.新时期环境保护重要文献选编[M].北京:中央文献出版社.2001年版.第19页
③ 邓小平文选(第3卷)[M].北京:人民出版社.1993年版.第363页
④ 江泽民文选(第3卷)[M].北京:人民出版社.2006年版.第534页

第二,环境保护是党执政兴国的要务之一。在资源利用与环境保护成为国家战略和国际竞争力提高的一个重要因素背景下,环境保护与生态建设也成为事关国家经济社会安全、稳定,关系党执政兴国的要务。正如江泽民指出的那样,"环境保护工作关系到我国经济和社会的安全"。① 如果环境污染生态破坏的势头不能得到遏制并被扭转过来,我国经济社会发展的资源环境瓶颈将更加突出,从而威胁到我国经济社会的可持续性发展。因此,"在经济和社会发展中,我们必须努力做到投资少、消耗资源少,而经济社会效益高、环境保护好。如果在发展中不注意环境保护,等到生态环境破坏了以后再来治理和恢复,那就要付出沉重的代价,甚至造成不可弥补的损失"。② 只有"经济搞上来了,环境也保护好了,人民群众就会更加满意,更加支持党和政府的工作"。③ 这样,党的执政能力不断增强,执政地位才能更加巩固,振兴中华民族的目标才能实现。因此,我们必须认识到,"环境保护很重要,是关系我国长远发展的全局性战略问题"。④

　　第三,人口、资源、环境协调发展,实施可持续发展战略。中国人口众多,资源匮乏,在经济社会迅速发展过程中,给环境承载带来巨大压力。因此,"我们必须把控制人口、节约资源、保护环境放在重要位置,使子孙后代的可持续发展有一个良好的环境"。⑤ 我们"不能吃祖宗饭、断子孙路",必须在"经济、社会、环境相协调基础上发展",必须协调人口、资源、环境之间的关系,实现经济社会的可持续发展。正如江泽民所强调的:"我国是人口众多、资源相对不足的国家,在现代化建设中,必须实施可持续发展战略。"⑥ "我们讲发展,必须是速度与效益相同一的发展,必须是与资源、环境、人口相协调的可持续的发展。"⑦

　　第四,保护环境要加强项目审查、完善法制建设、优化产业结构、发展科学

---

① 赵永新等.走人与自然和谐之路——我国环境保护回眸[N].人民日报.2002年1月7日.第1版
② 江泽民文选(第1卷)[M].北京:人民出版社.2006年版.第532页
③ 同上书,第535页
④ 同上书,第532页
⑤ 闫韵主编.江泽民同志理论论述大事纪要(上)[M].北京:中共中央党校出版社.1998年版.第208页
⑥ 江泽民文选(第2卷)[M].北京:人民出版社.2006年版.第26页
⑦ 同上书,第253页

技术、改变消费方式。针对有些地方政府为了发展经济盲目开发引进项目,造成环境污染生态破坏的现象,江泽民指出,"对项目的审查要把关,不合乎环境保护规定的,不能上马"。① 在工程设计建设的过程中,对工程项目的环境保护监督要到位,"在工程设计过程中,要有切实的环境保护措施。不能只是愿意在建设上花钱,而在环境保护方面却舍不得花钱"。② 这实际上就是要求工程项目在开发建设的过程中必须实行"同时设计、同时施工、同时投产"的"三同时"环境保护政策。为了使环境保护工作落到实处,就必须"要抓紧制定和完善环境保护所需要的法律法规,同时严格执法,坚决打击破坏环境的犯罪行为"。③ 这样,"把环境保护工作纳入制度化、法制化的轨道"上来,使我国的环境保护工作做到"有法可依、有法必依、执法必严、违法必究"。江泽民还认识到,要在经济发展过程中摆脱环境污染生态破坏和"先污染——后治理——再污染……"的恶性循环,就必须对产业结构进行调整,"要根据我国国情选择有利于节约资源和保护环境的产业结构"④,从而有效地解决经济发展和环境保护之间的矛盾问题。实现产业结构升级,就要发展科学技术,加强技术创新,大力推广清洁生产和生态农业。江泽民指出:"要根治和减少污染严重的企业,用高新技术改造传统产业,大力推进清洁生产,淘汰落后的生产工艺、设备和产品。"⑤从而实现生产和环境保护相协调。对于农业生产也是如此,必须"加强农业和农村的污染防治……积极推广生态农业和有机农业"。⑥ 江泽民已经认识到人们的消费方式会对环境保护工作造成的潜在破坏,于是提出"消费结构要合理,消费方式要有利于环境与资源保护,决不能搞脱离生产力发展水平,浪费资源的高消费"。⑦ 只有生产、消费、工程建设、结构升级、技术创新等多管齐下,环境污染的势头才能得到有效遏制,环境保护工作才能取得成效。

---

① 江泽民文选(第1卷)[M]. 北京:人民出版社. 2006年版. 第374页
② 同上书,第377页
③ 江泽民文选(第2卷)[M]. 北京:人民出版社. 2006年版. 第217页
④ 江泽民文选(第1卷)[M]. 北京:人民出版社. 2006年版. 第449页
⑤ 江泽民文选(第3卷)[M]. 北京:人民出版社. 2006年版. 第465页
⑥ 同上书,第466页
⑦ 江泽民文选(第1卷)[M]. 北京:人民出版社. 2006年版. 第533页

(4) 胡锦涛的生态思想①

进入21世纪,全球性的生态危机日益严重,我国在社会主义建设中也经常发生严重的生态破坏事件,现代化建设面临巨大的资源环境压力,为此,中共中央提出科学发展观,天人和谐的生态文明建设目标日益凸显出来。

2003年10月在党的十六届三中全会上,胡锦涛提出"坚持以人为本,树立全面、协调、可持续的发展观,促进经济社会和人的全面发展"的科学发展观。从生态主义视角审视,科学发展观充满了生态环境保护的辩证法思想。

首先,"以人为本"的科学发展观原则摒弃了人类中心主义的价值观,使人们从"人类整体主义"的高度,将人与自然视作生命系统,把人类社会的发展看作人与自然这一生命系统的延续和整体功能的发挥,使人类从人与自然对立的片面发展观中走了出来,从价值上不贬低人自身价值的基础上将人与自然的价值共同提升至生命的高度和纬度。

其次,全面、协调、可持续,这是人类科学发展的基本措施。所谓全面发展,就是不仅要实现经济、社会、人的发展,还包括环境保护事业的同时发展;所谓协调发展,就是要经济政治文化社会生态等各方面相互平衡,同步发展,不可偏废;所谓可持续发展,就是当代人在发展的同时不能威胁到后代子孙的发展,保证子孙后代发展的权利,这就要求节约资源保护环境,为后代保留发展的资源基础和环境空间。

最后,实现人的全面发展固然包括人的能力、智力、体力、品格等的统一发展,也包括人的发展环境对自身发展的满足。人不仅是社会中的人,人也是自然界的存在物,没有自然界的保存,没有自然的保护所赋予的自然的全面发展,人的全面发展也不可能实现。

(5) 习近平的生态思想

2017年4月19日至21日,习近平总书记在广西考察时指出:"绿水青山就是金山银山,我们既要绿水青山,也要金山银山。"这一思想是对我国经济发展方式的认识飞跃,发展了马克思主义生态观、生产力理论,是发展理念的新突破。

---

① 科学发展观、构建社会主义和谐社会及建设和谐世界等战略和观点的提出表明,胡锦涛有着丰富的生态思想,本书的主题就是关于和谐社会建设,因此这部分思想在这里就不展开。本小点仅简述科学发展观中蕴涵的生态思想。

二、马克思主义生态观是生态技术对构建和谐社会支撑的理论基础

从上节对马克思主义生态观所作的概述可以看到,马克思主义生态思想内容丰富、涵盖面广,对我们构建社会主义和谐社会有重要的启示。

首先,马克思主义生态观正确揭示了人与自然之间的真实关系。人与自然之间不是对立的关系,不是控制与被控制、征服与被征服的关系,人与自然之间是同生共存共生共荣的关系。人作为自然界的产物和自然界的人的本质,将人与自然密不可分地联结在一起。一方面,人类连同自己的肉、血和头脑都属于自然界,存在于自然界,是自然界的组成部分;另一方面,自然界是作为人的自然界,作为人的本质的自然界而存在,是人的无机的身体。人的本质源于自然界,是在与自然界进行物质变换的相互作用过程中实现;自然界的本质又根源于人,是人的本质的自然界,是在人的存在中存在着的自然界,也只有在人类社会才得以显明。

其次,马克思主义生态观启示我们,要解决全球性的环境污染生态破坏问题,构建人与人、人与社会、人与自然和谐相处的社会,就必须摒弃人类中心主义的伦理价值观。人与自然的关系实质上就是人与人、人与社会的关系,生态危机的实质就是人与人、人与社会关系的危机。正是人类中心主义的伦理价值观,过分宣扬和强调人的价值,进而强调个人的价值,最后却滑向个人中心主义甚至个人利己主义的泥潭,从而导致了人与人、人与社会之间关系的紧张与对立。人类中心主义伦理价值观突出人的主体地位,强调人在人与自然关系中的中心地位,导致人对自然的征服与统治,造成今天全球性生态危机,其实质是由于个人利己主义导致个人对他人的支配与控制造成的人与人、人与社会之间关系的危机。只有走出人类中心主义的误区,走向以人为本的生命中心主义,尊重个人价值,维护生命尊严,社会性的人的本质才能得以实现,人与人、人与社会关系的危机才能解除。人与人的关系的和解,人与人的和平相处,才会最终实现人与自然关系的和解,从而使环境污染生态破坏的问题自然而然地消除和解决。

再次,无论马克思主义经典作家抑或中国的马克思主义者,他们均认识到,经济发展与环境保护之间是对立统一的辩证关系。发展经济必然对环境造成影响,但是对环境的破坏并非不可规避。人类可以通过发展循环经济,使自然资源得到重复综合利用,达到节约资源和保护环境的目标。有许多自然资源对于人类现代化、工业化发展不可或缺,但是相对于人类历史而言,这些自然资源如矿藏资源等均是一次性的不可再生的资源,对于这些资源的开发和利用应当保持谨慎、合理、有效的态度,一旦开发出来,就必须加以充分利用,最终以自然界可吸收的方式纳还自然。自然不是人类的资源仓库,更不是人类的垃圾弃物场,在人与自然界的物质变换过程中,要实现物质的"自然——人——自然"的闭循环,而不应为"自然——人——废物"的开循环。

最后,马克思主义生态观认为,解决生态危机的有效途径就是发展科学技术,实现技术创新。特德·本顿(Ted Benton)认为,马克思和恩格斯与其他许多发展理论家都持有技术乐观主义的观念。[①] 试问当今人类还能弃绝技术吗？人类不可能再回到结绳记事的原始生活状态中,人类发展过程中遇到的问题只能通过在更高层次更高水平上进一步发展的办法去解决。发展科学技术进行技术创新,这是解决目前全球性生态危机现实的、有效的方法。只有通过发展生命科学、生态科学等综合交叉学科,发展生物技术、生态技术等新兴技术,持续进行技术创新,开展清洁生产、绿色生产,才能使人类社会发展的同时避免环境污染,保持生态平衡,从而实现人与人、人与社会、人与自然之间关系的和谐。

第二节 生态文明建设是构建和谐社会的现实行动

中国在改革开放和建设社会主义现代化的进程中也遭遇了环境污染生态破坏的问题,但中国政府和人民立足实际保持清醒头脑,把建设生态文明列为国家发展战略目标,找到了一条消除环境污染保持生态平衡的现实道路,为构建社会主义和谐社会提供了现实保证。

何谓生态文明？姬振海认为,"人类遵循人、自然、社会系统和谐发展这一客观规律而取得的物质与精神成果的总和,是以人与自然、人与人、人与社会和谐共生、良性循环、全面发展、持续繁荣为基本宗旨的文化伦理形态。"[②]这就是

---

① [英]特德·本顿主编. 生态马克思主义[M]. 北京:社会科学文献出版社. 2013年版. 第162页
② 姬振海. 生态文明论[M]. 北京:人民出版社. 2007年版. 第2页

生态文明。余谋昌以社会中心产业为标志将人类社会划分为农业文明、工业文明和生态文明三种形态。他认为"当以生态工艺为基础实现社会物质生产和社会生活'生态化',生态化的产业成为社会物质生产的中心产业时"①,人类就将走向生态文明。可见,生态文明是人类在生产活动中的一种更高级的表现形式,这种"更高级"就体现在人类在生产活动中处理人与自然关系能力和水平的提高。生态文明的核心要义就是人类能够正确地处理人与自然的关系。

毋庸置疑,中国在建设社会主义市场经济领域取得了举世瞩目的成就,诚如胡锦涛所指出的,"我国经济从一度濒于崩溃的边缘发展到总量跃至世界第四,进出口总额位居世界第三,人民生活从温饱不足发展到总体小康,农村贫困人口从两亿五千万减少到两千多万,政治建设、文化建设、社会建设取得举世瞩目的成就。"②但同时我们也应看到,在改革持续深化,社会主义市场经济体制确立过程,也出现了资源枯竭、环境污染、生态破坏等一系列威胁我国经济社会持续发展的现象与问题。对于一个有十几亿人口的大国来说,要实现生产发展、生活富裕、生态良好的多重目标,不进行有效的资源环境保护是难以想象的。陈昌曙指出,"对这样的国家来说,要实现可持续发展,头等重要的乃是防止破坏生态,要特别强调保护耕地、林地和草原,要防止植被被破坏和水土流失,防止土壤退化和沙漠化,以及要加强对水灾、旱灾、虫灾等自然灾害的防灾、抗灾和减灾,以保证农业生产的正常运行和广大农民生活水平的提高。"③

2003年10月,在党的十六届三中全会上,胡锦涛提出以人为本的科学发展观,实现全面、协调、可持续的发展,就是要求我们保护环境保护自然,就是要求我们开展社会主义生态文明建设。俞可平认为,"科学发展观不是一般地要求我们要保护自然环境、维护生态安全、实现可持续发展,而是把这些要求本身视为发展的基本要素,其目标就是通过发展去真正实现人与自然的和谐以及社会环境与生态环境的平衡,实现植根于现代文明之上的'天人合一'。简言之,科学发展观要求我们建设社会主义生态文明。"④党的十七大上胡锦涛又指出我

---

① 余谋昌. 发展生态技术创建生态文明社会[J]. 中国科技信息. 1996.5.9
② 胡锦涛. 在中国共产党第十七次全国代表大会上的报告[M]. 北京:人民出版社. 2007年版. 第9页
③ 陈昌曙. 哲学视野中的可持续发展[M]. 北京:中国社会科学出版社. 2000年版. 第235页
④ 俞可平. 科学发展观与生态文明[J]. 马克思主义与现实. 2005.4.4-5

们必须走"生产发展、生活富裕、生态良好的文明发展道路,建设资源节约型、环境友好型社会,实现速度和结构质量效益相统一,经济发展与人口资源环境相协调,使人民在良好生态环境中生产生活,实现经济社会的永续发展"。① "建设资源节约型、环境友好型社会"可以看作生态文明建设的初步提出。

  生态文明建设,就是要求我们在利用和改造自然的过程中,主动保护自然,积极改善和优化人与自然的关系,建设健康有序的生态运行机制和良好的生态环境,"就是要建设以资源环境承载力为基础、以自然规律为准则、以可持续发展为目标的资源节约型、环境友好型社会"。② 中共十八大明确提出大力推进生态文明建设的总体要求,即"树立尊重自然、顺应自然、保护自然的生态文明理念,把生态文明建设放在突出地位,融入经济建设、政治建设、文化建设、社会建设各方面和全过程,努力建设美丽中国,实现中华民族永续发展"。③ 并提出到2020年实现全面建成小康社会时,实现"资源节约型、环境友好型社会建设取得重大进展;主体功能区布局基本形成、资源循环利用体系初步建立;单位国内生产总值能源消耗和二氧化碳排放大幅下降,主要污染物排放总量显著减少;森林覆盖率提高、生态系统稳定性增强、人居环境明显改善"④的生态文明建设目标。开展生态文明建设,就要尊重自然、顺应自然、保护自然。尊重自然是人与自然相处时应秉持的首要态度,要求人对自然怀有敬畏之心、感恩之情、报恩之意,尊重自然界的创造和存在,绝不能凌驾于自然之上;顺应自然是人与自然相处时应遵循的基本原则,要求人顺应自然的客观规律,按自然规律办事;保护自然是人与自然相处时应承担的重要责任,要求人发挥主观能动性,在向自然界获取生存与发展之需的同时,呵护自然,回报自然,保护自然的生态系统,把人类活动控制在自然能够承载的限度内。党的十八届三中全会进一步强调指出,"我们必须紧紧围绕建设美丽中国深化生态文明体制改革,加快建立生态文明制度,健全国土空间开发、资源节约利用、生态环境保护的体制机制,推动形成人与自然和谐发展现代化建设新格局。"

---

① 胡锦涛. 在中国共产党第十七次全国代表大会上的报告[M]. 北京:人民出版社. 2007年版. 第16页
② 十七大以来重要文献选编(上)[M]. 北京:中央文献出版社. 2009年版. 第109页
③ 胡锦涛在中国共产党第十八次全国代表大会上的报告[N]. 人民网-人民日报:http://cpc.people.com.cn/n/2012/1118/c64094-19612151.html
④ 同上

生态文明建设体现了和谐发展、全面发展、可持续发展和循环发展的思想,对于构建社会主义和谐社会有重大意义。一方面,生态文明建设为我们找到了一条在经济发展同时保护环境保护自然的现实道路,使中国社会建设朝着人与人、人与社会、人与自然和谐相处的社会主义和谐社会稳步迈进;另一方面,生态文明建设的成功将科学正确地回答如何实现经济发展和环境保护的协调、如何解决发展问题与社会公平环境正义、如何通过市场经济的发展达到社会和谐等一系列问题,真正形成道路自信、理论自信、制度自信,进一步深化对人类社会发展规律的认识。

第三节　西方马克思主义的生态观及其启示

西方马克思主义是马克思主义发展过程中的一种独特的理论形态,是当代西方涌现出一股非常重要的学术思潮。在西方发达国家,西方马克思主义是作为非主流意识形态而存在,这股思潮对当前中国马克思主义研究产生了重要影响。西方马克思主义立足于发达工业社会发展的实际,对马克思主义理论进行了审慎的反思与重构,对当代资本主义新发展进行了深刻的研究并展开了全方位的批判。无论是早期的西方马克思主义代表人物,还是法兰克福学派,尤其是当代西方马克思主义最重要最有影响的流派——生态马克思主义,对人与自然的关系都进行过深入的探讨,多层面、多视角、多维度地对当今全球化的生态危机问题展开了全面的分析,其生态思想对于解决我国正面临的环境污染生态破坏问题和构建社会主义和谐社会均有重大启示和重要的借鉴意义。

一、西方马克思主义生态观

在这里,笔者将主要考察早期西方马克思主义的生态观,法兰克福学派的生态观以及生态马克思主义的生态观。

1. 早期西方马克思主义的生态观

早期西方马克思主义的重要代表人物是出生于匈牙利的大思想家乔治·卢卡奇(Georg Lucacs)。与早期西方马克思主义的另外两位代表人物卡尔·柯尔施(Karl Korsch)和安东尼奥·葛兰西(Antonio Gramsci)一样,卢卡奇注意到了工业社会人们的主体意识走向消解,总体性原则趋于丧失,并独立提出了工业社会中人的物化的思想。由于人的物化劳动以及总体性原则的丧失,一方面,"人自身的活动,人自己的劳动,作为某种客观的东西,某种不依赖于人的东西,某种通过异于人的自律性来控制人的东西,同人相对立"。① 人们被碎片化、机械化。"工人的活动越来越多地失去自己的主动性,变成一种直观的态度,从而越来越失去意志。"②另一方面,在这种物化劳动过程中,自然界也日益被当作一些孤立的原子,而不再是一有机的整体。自然也被碎片化、机械化,变成一些孤立的现象,成为被资本固定的精确计算的对象,其存在的合理性只能被"合理地"计算出来。③ 这是把自然看作外在于人,与人无涉的错误认识,割裂了人与自然之间的天然联系。

在卢卡奇看来,"自然是一个社会范畴"④,人与自然的关系密不可分。自然界不是外在于人、与人无涉的自在世界,自然界离开人就没有了任何意义。卢卡奇指出,"自然就意味着真正的人的存在,意味着人的真正的、摆脱了社会的错误的令人机械化的形式的本质:人作为自身完美的总体,他内在地克服了或正在克服着理论和实践、理性和感性、形式和内容的分裂;对他来说,他要赋予自己以形式,这种倾向并不意味着是一种抽象的、把具体内容扔在一边的理性;对他来说,自由和必然是同一的。"⑤也就是说,自然不仅与人密切联结,而且自然就是人的存在,并且是真正的人的存在;人的自身完美的总体性存在也不是离开自然的存在,而是将自然作为在自身内的完美的总体存在。这样,自然是作为消除了人的物化获得了人的本质的真正的人的存在,人也是作为获得了自身完美的总体性的自然的存在。这种人与自然的存在是遵循总体性原则的自身完美的总体,人不是碎片化机械化的人,自然也不是孤立的、无意义的自在自然。人克服了物化,人与自然之间也克服了分裂,从而实现了人与自然、自由与必然的同一。

由此可见,卢卡奇的生态自然观是一种人化的生态自然观,这种人化的生

---

① [匈]卢卡奇. 历史与阶级意识[M]. 北京:商务印书馆. 1999 年版. 第 150 页
② 同上书,第 154 页
③ 同上书,第 160 – 163 页
④ 杜秀娟. 马克思主义生态哲学思想历史发展研究[M]. 北京:北京师范大学出版社. 2011 年. 第 99 页
⑤ [匈]卢卡奇. 历史与阶级意识[M]. 北京:商务印书馆. 1999 年版. 第 215 页

态自然观体现了对自然的尊重,也凸显了人的总体价值,述说的是人与自然之间关系的和谐。

2. 法兰克福学派的生态观

法兰克福学派沿着早期西方马克思主义者开创的主体意识脉络对发达工业社会人们的主体意识的消解进行追寻,进一步揭示了西方资本主义社会中人们否定精神、批判思想的丧失。在技术创造的虚假需求支配下,人被全面异化,人性得不到显现,消费主义泛滥,并进而造成人与自然关系的异化,人与自然关系失谐,生态平衡遭到严重破坏,生态危机直接威胁到人类自身的生存。

马克斯·霍克海默(M. Max Horkheimer)和西奥多·阿多诺(Theodor Wiesengrund Adorno)将造成当今全球性生态危机的根源直指近代以来人类的思想启蒙运动,认为那场"把人类从恐惧、迷信中解放出来和确立其主权的最一般意义上的进步思想"①启蒙运动固然把理性从神话镣铐下解放了出来,但其旨在征服自然的思想动机不仅没有达到解放思想、突破束缚的目的,反而造成了人对人的统治,也造成了人对自然的统治,形成了新的统治人和自然的神话,并使得"我们在周围知觉到的对象——城市、村庄、田野、森林都带有人产品的痕迹"。②

更为严重的是,启蒙主义与科技进步结合在一起,犹如"黑白双煞",不仅提高人类对自然的征服能力,也加强了对人进行阶级统治的残酷力量,使人和自然一同面对着由于启蒙运动和科技进步所带来的恶果的肆虐。由于这样的原因,霍克海默和阿多诺不再首先强调马克思的阶级斗争理论,也不把政治经济学原理置于第一位,而是首先突出并强调人与自然关系的恢复与和谐,将人与自然关系的和谐摆放在了第一位。

将人与自然之间的关系摆在突出显明的位置,并不等于说人与自然同时获得了批判的中心地位,"必须承认,人而不是自然才是法兰克福学派社会批判理论的中心论域"。③西方马克思主义理论关注的焦点始终是揭示资本主义社会造成的人的异化的深刻根源,不同的只是法兰克福学派在对资本主义社会展开批判时重点抓住了人与自然的关系,认识到在发达工业社会要实现人的解放就

---

① [德]霍克海默.阿多诺.启蒙的辩证法[M].重庆:重庆出版社.1990年版.第3页
② [德]霍克海默.批判理性[M].重庆:重庆出版社.1989年版.第192－193页
③ 余维海.生态危机的困境与消解[M].北京:中国社会科学出版社.2012年版.第25页

必须同时实现自然的解放。全球性的环境污染生态失衡不仅威胁着人的生存,也严重威胁着生命自然本身,因此,只有把人的解放与自然的解放紧密地联系在一起,以自然的解放为条件才能获得人的解放。正如赫伯特·马尔库塞(Herbert Marcuse)所论述的那样,解放既包括人的解放,也包括自然的解放。[①]而自然的解放一方面要解放属人的自然,即解放作为人的理性和经验基础的人的原始冲动和感觉;另一方面要解放外部的自然,即解放人的存在的环境。[②] 作为人的理性和经验基础的人的原始冲动和感觉,这是人从自然界中获得的人的自在自身,因此,自然的解放本身就蕴含着人的解放,是人的自然的本质的获得,然后才是人的存在环境的解放,即人的社会的本质的获得。自然的解放就是人的解放,人的解放也即是自然的解放。摆在人类面前的自然不是自在的自然,不是与人无涉的自然,而是作为人的本质的自然,是自然的人化和人化的自然。在发达工业社会,这种人化的自然被工具理性和技术理性支配并遮蔽,因而也服从资本的逻辑,是计算主义的人对自然的谋划,是异化了的自然,自然也只是在资本的计算和谋划中以异化地被解蔽而得到显现。"在现存的社会中,尽管自然界本身越来越受到有力的控制,但它反过来又变成了从另一方面控制人的力量,变成了社会伸展出来的手臂和它的抗力。商品化的自然界、被污染了的自然界、军事化了的自然界,不仅在生态学的含义上,而且在存在的含义上,缩小了人的生存环境。这样的自然界,使人不能从环境中得到性本能的净化(和变革他的环境),使人不能在自然界中发现他自己,发现异化的那一边和这一边。"[③]人和自然在异化中被完全撕扯开,人与自然的关系被割裂了。

人的解放以自然的解放为条件,这是马尔库塞关于人与自然关系和谐所作的辩护。通过对自然的解放,使自然界本身成为悦人的力量,从而达到对人的解放。但马尔库塞认为,通过艺术的改造,恢复自然的美学特征以解放自然,进而可以解放人类。他说:"艺术的改造破坏了自然对象,而被破坏的自然对象本身就是压迫人的;因此,艺术的改造即是解放"。[④] 在技术理性的支配下,对自

---

① [美]马尔库塞. 工业社会和新左派[M]. 北京:商务印书馆. 1982年版. 第127-128页
② 复旦大学哲学系现代西方哲学研究室编. 西方学者论《1844年经济学哲学手稿》[M]. 上海:复旦大学出版社. 1983年版. 第44页
③ Herbert Marcuse. Counter Revolution and Revolt[M]. Boston. 1972. p. 60.
④ [美]马尔库塞. 单向度的人[M]. 上海:上海译文出版社. 2008年版. 第189页

然的改造实质上就是对人自身的支配与控制,通过艺术改造被改造的自然,也就是要将被支配与控制的人与自然重新解放出来,"因此,艺术的改造即是解放。"通过"艺术还原成功地把控制与解放联结起来、成功地指导着对解放的控制……艺术还原就表现在自然的技术改造中。在此情况下,征服自然就是减少自然的蒙昧、野蛮及肥沃程度——也暗指减少人对自然暴行。土壤的耕作本质上不同于土壤的破坏,自然资源的提取本质上不同于浪费性的开发,开辟森林空地本质上不同于大规模砍伐森林。贫瘠、病害和癌症的增加,既是自然的疾病,又是人类的疾病——它们的减少和根除即是解放"。①

没有自然的解放无法实现人的解放,反之亦然,人的解放与自然的解放是紧密联结在一起的。应该说,马尔库塞关于人的解放与自然的解放的理论体现出来的批判精神是难能可贵的,关于解放的目标是合理的,但是实现人与自然解放的手段和途径是美学的、诗意的和浪漫的,因而也是不现实的。

马尔库塞所以相信艺术美学这一浪漫主义方式能够实现对人的解放和对自然的解放,而不求助于技术理性的现实性作用,因为在马尔库塞看来,技术已经变成了政治统治的得力工具,技术的特征是政治的,技术合理性实际上是政治统治合理性的表现。② 看来尤尔根·哈贝马斯(Jürgen Habermas)并不认同这种观点,为此他和马尔库塞进行了辩论。

哈贝马斯认为,随着工业社会的发展,大规模的工业研究使科学技术及其运用结成一个体系,技术和科学成了第一位的生产力。③ 技术和科学作为第一位的生产力渗透到社会的各种制度中去,为新的统治的合法性提供辩护,因为技术与科学本身就是意识形态。"科学技术的进步造成生产力的制度化的增长……而制度框架则从生产力制度化的增长中获得它的合法性机遇。"④这也就是说,"生产力所发挥的作用从政治方面来说现在已经不再是对有效的合法性进行批判的基础,它本身变成了合法性的基础。"⑤即生产力曾经作为一种对现存制度进行批判的力量在历史上起作用,但是,随着科学技术的制度化为政

---

① [美]马尔库塞.单向度的人[M].上海:上海译文出版社.2008年版.第90页
② 同上书,第9-11页
③ [德]哈贝马斯.作为"意识形态"的技术与科学[M].上海:学林出版社.1999年版.第62页
④ 同上书,第39-40页
⑤ 同上书,第41页

治统治的合法性做辩护,生产力已丧失其革命性,从而不再是对有效的合法性进行批判的基础,它本身已变成了合法性的基础。

并且,通过人的中介,技术与社会的本质日益共契。技术的本质不仅表现为人的本质,也同时表现为人类社会的本质,社会的本质也日益表现为制度化的技术的本质。表现为人的本质的技术从世界中产生,也解释着世界,并作为人的目的例行活动历史地铺展开来。哈贝马斯指出,"技术的发展同解释模式是相应的,似乎人类把人的机体最初具有的目的例行活动的功能范围的基本组成部分一个接一个地反映在技术手段的层面上,并且使自身从这些相应的功能中解脱出来。首先是人的活动器官(手和脚)得到加强和被代替,然后是(人体的)能量产生,再后是人的感官(眼睛、耳朵和皮肤)功能,最后是人的指挥中心(大脑)功能得到加强和被代替。如果说技术的发展遵循一种同目的理性的和能够得到有效控制的活动的结构相一致的逻辑,即同劳动的结构相一致的逻辑,那么,只要人的自然组织没有变化,只要我们还必须依靠社会劳动和借助于代替劳动的工具来维持我们的生活,人们也就看不出,我们怎样能够为了取得另外一种性质的技术而抛弃技术,抛弃我们现有的技术。"[1]

由于技术获得了人的本质,获得了人类社会的本质,人的技术例行活动即是自然自身的铺展,这必然使"我们不把自然当作可以用技术来支配的对象,而是把它作为能够(同我们)相互作用的一方"。[2] 在我们与自然的这种相互作用中,自然界与人一道获得它的主体性地位,在相互交往中,自然界得到解放。当然,技术对人与自然的双重解放只有当技术作为人的本质的体现才成为可能。而在技术的目的理性活动过程中,技术是人的无机的身体,是人的肢体与大脑的延伸,是人体器官的无机延伸。技术的本质已然表现为人的本质,凭借获得人的本质的技术,"人们能够自由地进行交往",并"把自然界当作另外一个主体来认识"[3],即当作人自身来认识,从而达到人与自然的双重解放。

---

[1] [德]哈贝马斯. 作为"意识形态"的技术与科学[M]. 上海:学林出版社. 1999年版. 第44-45页
[2] 同上书,第45页
[3] [德]哈贝马斯. 作为"意识形态"的技术与科学[M]. 上海:学林出版社. 1999年版. 第45页

3. 生态马克思主义的生态观

生态马克思主义是西方马克思主义发展的最新也是最重要的流派之一。生态马克思主义作为一种理论思潮产生于20世纪后叶页西方的"生态主义运动""绿色运动"的大背景中,其主旨在于运用马克思主义的理论、立场、观点或方法对当今西方资本主义的技术合理性、生产方式、消费方式、政治制度等进行理性批判,以"需求"和"消费"这两个重要的概念为逻辑起点和基础揭示资本主义社会全面异化造成的深重的生态危机,力图寻求一条生态马克思主义或生态社会主义的社会发展道路。从而实现人与人、人与社会、人与自然之间关系的和谐。

生态马克思主义的发展已历经生态学马克思主义、生态社会主义和马克思的生态学三个阶段。[①] 第一阶段是生态学马克思主义阶段,主要是指20世纪70年代,这一时期的主要代表人物是本·阿格尔(Ben Agger)及其《西方马克思主义概论》,威廉·莱斯(William Leiss)及其《自然的控制》《满足的极限》;第二阶段是生态社会主义阶段,主要从20世纪70年代萌芽到90年代兴盛这一段时期,其主要代表人物有安德瑞·高兹(Andre Gorz)及其《经济理性批判》《作为政治学的生态学》《资本主义、社会主义和生态学》,戴维·佩珀(David Pepper)及其《生态社会主义:从深生态学到社会正义》,瑞尼尔·格伦德曼(Reiner Grundmann)及其《马克思主义和生态学》;第三阶段是马克思的生态学阶段,这一阶段以美国学者约翰·贝拉米·福斯特(John Bellamy Foster)于2000年《马克思的生态学:唯物主义与自然》一书的出版为标志。[②] 生态马克思主义对当今全球性生态危机分析深刻,生态思想丰富,笔者仅从资本主义制度是造成全球性生态危机的总根源、虚假需求和异化消费是造成全球性生态危机的直接原因、技术的资本主义运用加剧了全球性生态危机、解决全球性生态危机的途径四个方面撷其精要简述之。

(1)资本主义制度是造成全球性生态危机的总根源

究竟是什么原因造成当今环境污染、生态失衡的全球性生态危机?关于这一问题,西方环保主义和生态主义等绿色思潮回避资本主义制度本身,仅从资

---

① 刘仁胜. 生态马克思主义概论[M]. 北京:中央编译出版社. 2007年版. 第2—13页
② 王雨辰. 生态批判与绿色乌托邦——生态学马克思主义理论研究[M]. 北京:人民出版社. 2009年版. 第265页

本主义制度之外的原因展开论述,这种论述对造成生态危机根源的分析如同隔靴搔痒,并不能触及问题的实质和解决实质性的问题。生态马克思主义则把批判的矛头直指资本主义制度本身,指出正是资本主义制度造成了当今全球性的生态危机,资本主义制度是造成当今全球性生态危机的总根源。

首先,生态危机是资本主义国家制度的必然结果,"国家和自然界的危机之间存在着非常深刻的内在联系"。① 资产阶级为了维护自身的统治,打着"人民"的旗号干着为资本主义或资本家集团谋私利的勾当,从而造成不同利益集团之间的各种尖锐矛盾和冲突,各利益集团为了自身私利不惜破坏其自身的生产条件,导致如"帝国主义、石油垄断集团以及目光短浅的国家政策共同构成了抵制理性的能源政策的力量"。② 造成资源浪费环境污染和生态破坏。福斯特则认为资本主义制度造成资产阶级"将自然资本融入资本主义的商品生产体系……其主要结果也只是使自然进一步从属于商品交换的需要"。③ 而为了实现商品交换则必然对自然极尽掠夺之能事。

其次,资本主义生产过程本身就是对自然的破坏。资本主义生产的社会化与私人占有生产资料的矛盾在资本主义制度范围内不可克服,而资本主义生产的实质是扩大再生产,为了实现扩大再生产,资产阶级于是通过对自然的掠夺而增加资源投入,扩大生产规模,这就必然造成本·阿格尔所说的"不仅资本主义生产过程中存在着根深蒂固的矛盾,而且生产过程据以同整个生态系统相互作用的方式也存在着根深蒂固的矛盾"。④ 詹姆斯·奥康纳也说:"资本主义生产(其实是所有的生产形式)不仅以能源为基础,而且也以非常复杂的自然或生态系统为基础。"⑤其实倒不如说:资本主义生产以对自然或生态系统的破坏为基础。

---

① [美]詹姆斯·奥康纳.自然的理由:生态学马克思主义研究[M].南京:南京大学出版社.2003年版.第239页
② 同上书,第311页
③ [美]约翰·贝拉米·福斯特.生态危机与资本主义[M].上海:上海译文出版社.2006年版.第28页
④ [加]本·阿格尔.西方马克思主义概论[M].北京:中国人民大学出版社.1991年版.第420页
⑤ [美]詹姆斯·奥康纳.自然的理由:生态学马克思主义研究[M].南京:南京大学出版社.2003年版.第196页

再次,资本的逻辑导致生产的无限扩张造成了对环境的破坏。资本的目的就是增值,就是追求利润的最大化。奥康纳说:"资本是拙于对事物的保护的,不论这种事情是指对人们的社会性福利、土地、社会观价值、城市的舒适度、乡村生活、自然……对资源加以维护或保护,或者采取别的具体行动,以及耗费一定的财力来阻止那些糟糕事情的发生(如果不加以阻止,这些事情肯定要发生),这些工作是无利可图的。利润只存在于以较低的成本对或新或旧的产品进行扩张、积累以及市场开拓。"①并且,以追求利润为目的的资本扩张势必造成对自然的无限扩张和资源的残酷掠夺,资本扩张在自然界面前没有极限,"'增长的极限'并不首先表现为生产力、原材料、清洁水源和空气、城市空间以及诸如此类东西的绝对性短缺,而是表现为高成本的劳动力、资源以及基础设施和空间。"②不以自然资源的有限性为极限的资本扩张的当然后果就是资源枯竭、环境污染、生态破坏。在资本逻辑的支配下,资本扩张是盲目的、短视的,资本扩张从来不去作未来的这种假设。资本只看重眼前的短期可预见的回报,"资本需要在可预见得失的时间内回收,并且确立要有足够的利润抵消风险,并证明好于其他投资机会"③。"这种把经济增长和利润放在首要关注位置的目光短浅的行为,其后果当然是严重的,因为这将使整个世界的生存都成了问题。一个无法避免的事实是,人类与环境关系的根本变化使人类历史走到了重大转折点。"④因此,在资本的逻辑、在利润动机的支配下,资本主义"生产就是破坏"⑤,就是实现资本的增值,而绝不会去考虑保护环境和保持生态平衡。

最后,资本家的贪婪也使人与自然之间的关系趋于紧张和对立,造成了环境污染生态破坏。正如马克思指出的那样,"资产阶级在它已经取得了统治的地方把一切封建的、宗法的和田园诗般的关系都破坏了,它无情地斩断了把人们束缚于天然尊长的形形色色的封建羁绊,它使人和人之间除了赤裸裸的利害

---

① [美]詹姆斯·奥康纳. 自然的理由:生态学马克思主义研究[M]. 南京:南京大学出版社. 2003年版. 第503-504页
② 同上书,第389页
③ [美]约翰·贝拉米·福斯特. 生态危机与资本主义[M]. 上海:上海译文出版社. 2006年版. 第3页
④ 同上书,第6页
⑤ [法]Andre Gorz. Ecology as Politics[M]. Boston:South End Press. 1980. p. 20

关系,除了冷酷无情的'现金交易',就再也没有任何别的关系了。"①资本的逻辑催生的"商品拜物教""货币拜物教"撕毁了人与人、人与社会、人与自然之间温情脉脉的面纱,资本家的眼中闪烁着的只有金子发出的金灿灿的光芒。资产阶级联合起来,按照唯利是图的原则扩大投资、扩张资本、抢夺有限的自然资源,"人类按'唯利是图'的原则通过市场'看不见的手'为少数人谋取狭隘机械利益的能力,不可避免地要与自然界发生冲突"。② 为了追求金钱,占有货币,资本家的贪欲不断扩张,"成功不再是一个个人评价的事情,也不是一个生活品质的问题,而是主要看所挣的钱和所积累财富的多少"。③ 资本家的贪婪和对财富的占有欲的膨胀,最终表现为对资源的占有和对自然的无限扩张,从而造成环境污染生态失衡的严重危机。

(2)虚假需求和异化消费是造成全球性生态危机的直接原因

在马克思看来,生产和消费之间是一种相互依存、相互作用的辩证关系,"没有生产,就没有消费;但是,没有消费,也没有生产,因为如果没有消费,生产就没有目的"。④ 生产和消费之间的关系如此密切,以至我们干脆可以这样说:"生产直接是消费,消费直接是生产。每一方直接是它的对方。可是同时在两者之间存在着一种中介运动。生产中介着消费,它创造出消费的材料,没有生产,消费就没有对象。但是消费也中介着生产,因为正是消费替产品创造主体,产品对这个主体才是产品。产品在消费中才得到最后完成。"⑤在资本主义生产方式下,工人的劳动是异化劳动,生产也即是异化生产。生产直接就是消费,因此,异化生产也即是异化消费。异化消费是异化劳动合乎逻辑的必然结果。本·阿格尔也指出了这一点,他说,"我们称之为'异化消费'的现象,即异化劳动的合乎逻辑的对应现象……"⑥

关于异化劳动,马克思在《1844年经济学哲学手稿》中已做了详细论述。

---

① 马克思恩格斯选集(第1卷)[M]. 北京:人民出版社. 1995年版. 第274-275页
② [美]约翰·贝拉米·福斯特. 生态危机与资本主义[M]. 上海:上海译文出版社. 2006年版. 第69页
③ [法]Andre Gorz. Critique of Economic Reason[M]. London. 1989. p. 113
④ 马克思恩格斯选集(第2卷)[M]. 北京:人民出版社. 1995年版. 第9页
⑤ 同上书,第9页
⑥ [加]本·阿格尔. 西方马克思主义概论[M]. 北京:中国人民大学出版社. 1991年版. 第420页

那么,什么是异化消费？本·阿格尔认为,异化消费就是指人们为了补偿自己那种单调乏味的、非创造性的且常常是报酬不足的劳动而致力于获得商品的一种现象。① 在资本主义社会,"异化劳动把自主活动、自由活动贬低为手段,也就是把人的类生活变成维持人的肉体生存的手段。"② 人的存在是人的本质的丧失的存在,人格被践踏,人的尊严得不到维护,人的价值无法实现。为了证明自己作为人的存在,人需要抗辩,人需要申诉。然而在资本主义制度下,工人的凄惨遭遇无处申辩,他们的苦难生活得不到自由表达,而"缺乏自我表达的自由和意图,就会使人逐渐变得越来越柔弱并依附于消费行为"。③ 苦难的人们将对幸福的追求寄托在消费之上,一方面,他们希望通过消费来逃避异化劳动给自己的肉体和心灵造成的巨大伤害;另一方面,处在社会底层的人们欲求通过消费寻找做人的尊严。在利润驱使下,"顾客就是上帝"成为商业活动的基本信条。通过消费,人们在利润虚构出的"VIP"中暂时发掘那虚幻的"自我价值",以给自己脆弱的灵魂带来一丝心理上的慰藉。

对于资产阶级来说同样如此,他们同样处在一种异化生存状态之中,只不过与他们所处的那样一种异化状态不需承受劳动的苦难,与工人不同,"资本家则是为他的死钱财的赢利而苦恼"。④ 资产阶级同样受自己创造出来的资本的控制与支配,他的生活体现为资本的扩张,他的思想体现为资本扩张的思想。因此,与工人阶级一样,资产阶级也是作为人的劳动本质的丧失而存在。劳动外在于资产阶级,是作为工人阶级的非本质力量而存在。作为工人阶级非本质力量的劳动支配着工人的劳动方式、劳动过程,也影响着工人的劳动效率,从而影响资本增值的速度,影响着资产阶级财富的积累。劳动既外在于资产阶级,资产阶级就无法通过劳动实现自身的价值。资产阶级的价值只能表现在财富占有的多寡上。而财富占有的多少在商品社会通过消费得到体现。"告诉我你扔了什么,我就会告诉你你是谁。"⑤ 鲍德里亚的话告诉我们,与其说人的价值

---

① [加]本·阿格尔.西方马克思主义概论[M].北京:中国人民大学出版社.1991年版.第494页
② 马克思恩格斯全集(第3卷)[M].北京:人民出版社.2002年版.第274页
③ [加]本·阿格尔.西方马克思主义概论[M].北京:中国人民大学出版社.1991年版.第493页
④ 马克思.1844年经济学哲学手稿[M].北京:人民出版社.2000年版.第9页
⑤ [法]让·鲍德里亚.消费社会[M].南京:南京大学出版社.2000年版.第24页

和社会地位在消费上得到体现,不如说人的幸福通过挥霍浪费而得到满足。

这样一种异化消费方式对于自然界来说肯定是一场浩劫,人类的挥霍无度使得"我们奴役自然,使其服从我们自己的目的,直至这种奴役愈来愈严重地破坏自然"。① 本·阿格尔也指出,"今天,危及的趋势已转移到消费领域,即生态危机取代了经济危机。"②人们对商品的无止境消费与占有造成对自然的无情掠夺和严重的生态危机。"我们消费者生活方式供应的像汽车、一次性物品和包装、高脂饮食以及空调等东西——只有付出巨大的环境代价才能被供给。……这些商品——能源、化学制品、金属和纸的生产队地球将造成严重损害。"③

与人们的异化消费密切相关的是虚假需求。马尔库塞认为,"那些在个人的压抑中由特殊的社会利益强加给个人的需求;这些需求使艰辛、侵略、不幸和不公平长期存在下去。这些需求的满足也许对个人是满意的,但如果这种幸福被用来阻止发展那种鉴别整体的疾病并把握治愈这种疾病机会的能力(他和别人的)的话,就不是一种应维持和保护的事情。那么,结果将是不幸中的幸福感。最流行的需求包括,按照广告来放松、娱乐、行动和消费,爱或恨别人所爱或所恨的东西,这些都是虚假的需求。"④这种虚假需求"是个人心理和社会经济利益之间动态的相互作用的结果"。⑤ 在虚假需求的刺激下,人们的消费行为已不再是获得商品的使用价值,消费已经成为一种符号象征性消费,商品的符号象征性成为消费活动关注的中心,消费也因而成为人们社会地位高低和幸福程度的象征。正如鲍德里亚所说,"告诉我你扔了什么,我就会告诉你你是谁。"⑥在人们的心理上,虚假需求"鼓励所有人把消费活动置于他们日常关注的中心位置,同时在每一个已获得消费水平上加强不满足的体验"。⑦ 这样,在

---

① [德]弗洛姆. 占有或存在[M]. 北京:国际文化出版公司. 1989 年版. 第 7 页
② [加]本·阿格尔. 西方马克思主义概论[M]. 北京:中国人民大学出版社. 1991 年版. 第 486 页
③ [美]艾伦·杜宁. 多少算够:消费社会和地球未来[M]. 长春:吉林人民出版社. 2000 年版. 第 30 页
④ [美]马尔库塞. 单向度的人[M]. 上海:上海译文出版社. 2008 年版. 第 6 页
⑤ [加]William Leiss. The Limits to Satisfaction[M]. Mcgill – Queen's University Press. 1988. p. 60
⑥ [法]让·鲍德里亚. 消费社会[M]. 南京:南京大学出版社. 2000 年版. 第 24 页
⑦ [加]William Leiss. The Limits to Satisfaction[M]. Mcgill – Queen's University Press. 1988. p. 100

消费活动中,人们不是"知足常乐","够了就行",而是"越多越好"。①"不买对的,只选贵的"可以说是虚假需求刺激下人们的异化消费的消费主义价值观的极端体现。

在虚假需求和异化消费的相互鼓动下,人们的生存生活方式与自然界产生了尖锐的矛盾与对立,这种对立没有妥协的余地,最终的结果必定是环境污染、生态破坏,形成全球性的生态危机。

(3)技术的资本主义运用加剧了全球性生态危机

技术究竟是给人类带来福祉的知音,还是造成当今人类社会发展困境和环境灾难的罪魁祸首?法兰克福学派多持技术批判的态度,如马尔库塞和芬博格;西方绿色思潮如生态伦理学则认为科学技术犯了"原罪",其从一开始就破坏着人与自然之间的和谐,破坏了人类社会赖以生存的自然环境,造成了全球性生态危机。生态马克思主义看到了科学技术的两面性,既认识到科学技术在推动人类社会生产力发展中所起到的积极作用,也清楚地意识到科学技术给生态环境造成的负面影响。但生态马克思主义将科学技术给环境造成的破坏归结为技术的资本主义运用,认为是资本主义制度下技术的非理性运用造成了全球性的生态危机。其实马克思在1856年就已经注意到了科学技术的两面性,他指出,"在我们这个时代,每一个事物好像都包含有自己的反面。我们看到,机器具有减少人类劳动和使劳动更有成效的神奇力量,然而却引起了饥饿和过度的疲劳。财富的新源泉,由于某种奇怪的、不可思议的魔力而变成贫困的源泉。技术的胜利,似乎是以道德的败坏为代价换来的。随着人类愈益控制自然,个人却似乎愈益成为别人的奴隶或自身的卑劣行径的奴隶。甚至科学的纯洁光辉仿佛也只能在愚昧无知的黑暗背景上闪耀。我们的一切发现和进步,似乎结果是使物质力量成为有智慧的生命,而人的生命则化为愚钝的物质力量。现代工业和科学为一方与现代贫困和衰颓为另一方的这种对抗,我们时代的生产力与社会关系之间的这种对抗,是显而易见、不可避免的和毋庸争辩的事实。"②科学技术无善恶,人们既可以"把科学首先看成是历史的有力杠杆,看成是最高意义上的革命力量"③,也可以认为"科学和技术是可诅咒的偶像,我们

---

① [法]Andre Gorz. Critique of Economic Reason[M]. London. 1989. pp. 111–113
② 马克思恩格斯选集(第1卷)[M]. 北京:人民出版社. 1999年版. 第775页
③ 马克思恩格斯全集(第19卷)[M]. 北京:人民出版社. 1963年版. 第372页

对这些假神的顶礼膜拜是我们灾害的根源"。①

因此,技术是人类巫师手上的一根魔杖,你可以用这魔杖造福人类,也可用它将人类推向灾难的深渊。一旦与资本主义制度相结合,技术这根魔杖的魔性就将得到彻底释放,不仅将人置换为机器,并且将人只是作为机器上的一个零件;技术的资本主义运用还造成环境破坏、生态灾难。如"资本主义农业"以任何必要的手段"来实现其狭隘的目标,而不是建立在尊重自然环境的生产者所积累的经验之上,他们完全不顾对生态系统所造成的影响。为了最大限度地降低成为、增加产出,农业综合企业使用工业化、化学等手段进行生产,造成了对生态的破坏和对公众健康的损害"。② 封建主义的手工业尽管生产率低下,但它有着一种田园诗般的浪漫,并维系着人、社会、自然之间温情脉脉的关系;资本主义机器生产撕毁一切温情脉脉的面纱,将田园诗般的浪漫彻底抛到历史的垃圾堆,它咆哮着轰鸣着向自然开炮。正如科尔曼指出的那样,"工业以前的社会一般重视广义的生命,包括社群及其自然环境的存续,这一宽泛的价值观限制了技术的发展。资本主义则高度重视谋利及与此相随的效率、物欲、经济增长等价值观,并进而激发技术服务于这些价值观,甚至不惜毁损地球。"③

在资本主义制度下,凭借技术,人类"不承认自然界、不承认被物理学所研究的世界是一个有机体,并且断言它既没有理智也没有生命,因而它就没有能力理性地操纵自身运动,更不可能自我运动。它所展现的以及物理学家所研究的运动是外界施与的,它们的秩序所遵循的'自然规律'也是外界强加的。自然界不再是一个有机体,而是一架机器,一个被在它之外的理智设计好放在一起,并被驱动着朝一个明确目标去的物体的各部分的排列"。④ 控制自然这架机器是人类的使命,控制自然也就是人对自然的基本关系和基本态度。并且"通过科学和技术进步来控制自然被理解为一种社会进步的方法"。⑤

在资本主义制度下,技术的进步不以增进人类福祉为目标,超额利润才是

---

① [加]威廉·莱斯. 自然的控制[M]. 重庆:重庆出版社. 1993年版. 第4页
② [美]Victor Wallis. Socialism and Technology:A Sectoral Overview[J]. Capital, Nature, Socialism. Vol. 17. No. 2. (June 2006). p. 84
③ [美]丹尼尔·A. 科尔曼. 生态政治:建设一个绿色社会[M]. 上海:上海译文出版社. 2002年版. 第32页
④ [英]罗宾·柯林伍德. 自然的观念[M]北京:华夏出版社. 1999年版. 第6页
⑤ [加]威廉·莱斯. 自然的控制[M]. 重庆:重庆出版社. 1993年版. 第49页

技术进步的唯一动力。"在资本主义制度下,需要促进开放的是那些为资本带来巨大利润的能源,而不是那些对人类和地球最有益处的能源"。① 这样,资本的扩张刺激技术的进步并带来技术的扩张,技术的扩张无疑增进着人们掠夺自然的技巧,增强人们抢夺自然的力量。"由于企图征服自然,人与自然环境以及人与人之间为满足他们的需要而进行的斗争趋向于从局部地区向全球范围转变"。② 因此,在资本主义制度下,技术的非理性运用最终成为全球性生态危机的帮凶。

(4)解决全球性生态危机的途径

基于对全球性生态危机产生原因的分析,生态马克思主义提出了自己的解决方式。

首先,由于资本主义制度是造成全球性生态危机的总根源,要解决生态危机问题,就必须改变社会关系,推翻资本主义制度,建立生态社会主义社会。福斯特指出,"资本主义社会的本质从一开始就建筑在城市与农村、人类与地球之间物质变换裂痕的基础上,目前裂痕的深度已超出它的想象。世界范围的资本主义社会已存在着一种不可逆转的环境危机。但是,暂且不谈资本主义制度,人类与地球建立一种可持续性关系并非不可企及。要做到这一点,我们必须改变社会关系。"③由于资本主义社会的本质,资本的逻辑驱使资产阶级不顾一切道德伦理的约束,甚至不惜冲破法律的界限,无止境地扩张资本,扩大生产,最大限度追求经济利润的增长,最终造成"在现行体制下保持世界工业产出的成倍增长而又不发生整体的生态灾难是不可能的。事实上,我们已经超越了某些生态极限"。④ 要摆脱目前的这种困境,使人类走出生态危机的威胁,出路就是改变资本主义生产关系,推翻资本主义制度。况且"资本主义生产关系所采用的技术类型及其使用方式使自然以及其他的一些生产条件发生退化,所以资本

---

① [美]约翰·贝拉米·福斯特. 生态危机与资本主义[M]. 上海:上海译文出版社. 2006年版. 第94页
② [加]威廉·莱斯. 自然的控制[M]. 重庆:重庆出版社. 1993年版. 第140-141页
③ [美]约翰·贝拉米·福斯特. 生态危机与资本主义[M]. 上海:上海译文出版社. 2006年版. 第96页
④ 同上书,第38页

<<< 第四章 生态观对构建和谐社会的作用分析

主义生产关系具有一种自我毁灭的趋势"。① 只有让资本主义生产关系走向毁灭,从而确立起生态社会主义社会,经济发展与保护自然的冲突才会消除。因为生态社会主义社会"将致力于实现可持续的发展,既是由于现实的物质原因,也是因为它希望用非物质的方式评价自然"。② 并且,在生态社会主义社会,"生产和工业本身将不会被拒绝。如果说不是被异化的,它们是解放性的。资本主义最初发展了生产力,但现在它阻碍了它们无异化和合理的发展。因此,它必须被社会主义发展所代替,其中技术(a)是适应所有自然(包括人类)的而不会对它造成破坏;(b)强化了生产者的能力和控制力。"③由于生态社会主义社会倡导"稳态经济"发展模式,经济增长以技术的理性运用为基础,遵循生态理性,"力求以最好的方式、以最低的限度、具有最大使用价值和最具有耐用性的物品来满足人们的物质需求"。④ 这样,人的异化与自然的异化真正消除,人与自然之间和谐相处。

其次,抛弃狭隘的人类中心主义原则,树立以人为本的生命伦理价值观。人类中心主义的价值观以人类为中心,控制自然,掠夺自然,导致人与自然关系的紧张对立,造成环境污染生态破坏的严重灾难。"我相信我们现在必须抛弃狭隘的人类中心主义原则,寻求使人类需要适合于生物圈其他生命形式的共同需要的具体途径的一个全面的计划。"⑤人和其他生命形式一样,都只是地球生物圈的一个要素,这些要素相互之间平衡协调地发展,构成一个稳定的有机生命整体。这样,人和其他生命形式之间,人和自然之间也才会达到平衡、协调、和谐的关系。这就是代替那狭隘人类中心主义的生命伦理价值观。当然,这种新的伦理价值观消除了人类中心主义,但是提出以人为本。福斯特认为,"应该以人为本,尤其是穷人,而不是以生产甚至环境为本,应该强调满足基本需要和长期保障的重要性。这是我们与资本主义生产方式的更高的不道德进行斗争

---

① [美]詹姆斯·奥康纳. 自然的理由:生态学马克思主义研究[M]. 南京:南京大学出版社. 2003 年版. 第 331 页
② [英]戴维·佩珀. 生态社会主义:从生态学到社会正义[M]. 济南:山东大学出版社. 2006 年版. 第 340 页
③ 同上书,第 355-356 页
④ [法]Andre Gorz. Capitalism,Socialism,Ecology[M]. London. 1994. pp. 32-33
⑤ [加] William Leiss. The Limits to Satisfaction [M]. Mcgill – Queen's University Press. 1988. p. 113

所要坚持的基本道义。"①一方面,以人为本的生命伦理价值观不以环境为本,因为人与自然的和谐必须建立在人类生产发展的基础上,不是人控制自然,当然也不是自然支配人。我们必须进行生产,以保障人的基本需要得到长期满足。另一方面,虽然我们开展生产,但我们不以生产为本,更不是资本主义生产方式下的不道德生产。我们是用与生态规律相适应的"小规模技术""分散化"和"非官僚化"②地组织和开展生产,消除了经济生产与环境保护的矛盾,实现了人与自然关系的和谐。

最后,解决全球性生态危机必须变革个人生活方式,树立正确的需求观、消费观和幸福观。由于虚假需求的刺激和异化消费的个人生活方式使得"消费者的选择在很大程度上是一个熟悉商品的有关信息和对当下所相信的进行随意选择的过程"。③ 在这种对商品的随意选择中,人们不去关心商品中耗费的自然资源,"对越来越大数量的事物的单纯需要意味着个人必然相应地对每个需要和每个事物自身的特殊质量关注得越来越少。换句话说,个人必然对需要和在寻求满足的过程中追求的商品的形状和细微差别相应地关注得越来越少。"④这种个人生活方式由于只关注满足,而不关注如何满足,从而导致人与自然关系的失和也就不难想象。要实现人与自然的和解,恢复人与自然关系的和谐,就要基于长期满足人的基本需要而进行消费,在劳动中获得需求的满足和人生的幸福,让"人的满足最终在生产活动而不是在消费活动"⑤中得到实现。在劳动中人获得自身作为人的本质,人的需要得到满足,人的价值得以实现,人格尊严得到维护。最终,也就实现了人与人、人与社会、人与自然关系的和谐。

二、西方马克思主义生态观对构建社会主义和谐社会的启示

西方马克思主义理论作为马克思主义理论的重要分支,也是当今社会非常

---

① [美]约翰·贝拉米·福斯特. 生态危机与资本主义[M]. 上海:上海译文出版社. 2006年版. 第42页
② [加]本·阿格尔. 西方马克思主义概论[M]. 北京:中国人民大学出版社. 1991年版. 第500－501页
③ [加]William Leiss. The Limits to Satisfaction[M]. Mcgill－Queen's University Press. 1988. p. 16.
④ Ib;2. ,p.90.
⑤ [加]本·阿格尔. 西方马克思主义概论[M]. 北京:中国人民大学出版社. 1991年版. 第475页

重要的理论思潮,从马克思主义理论的基本观点出发,对当代资本主义发展特点和规律展开了全面独特而又深入的分析,对资本主义发展造成的全球性生态危机进行了细致整体的阐述,其丰富的生态思想对于构建社会主义和谐社会有重要的启示与借鉴意义。

首先,加强对公有制经济的管理与监督,加强对非公有制经济的积极引导。西方马克思主义,尤其是生态马克思主义向我们揭示了资本主义社会化大生产和私人占有生产资料之间的矛盾对当今生态危机的根源性责任。生产总会与环境保护在某种程度上存在着矛盾,在私有制经济中,资本逐利的逻辑更会在生产过程中造成严重的生态破坏。目前,我国已经建立起了公有制为主体、多种所有制经济共同发展的社会主义市场经济体制。在这样一种经济制度下构建社会主义和谐社会,实现人与自然的和谐相处,要求我们一方面必须对公有制经济加强监管,使公有制经济在发挥生产力发展的主体作用时处理好与环境保护之间的关系。另一方面,我们必须加强对非公有制经济的积极引导,使非公有制经济在推动国民经济发展的同时有力消解与自然环境的矛盾和冲突。虽然非公有制经济已置于社会主义制度的监督之下,依法有序地开展经济生产活动,但是资本逐利的本质仍然会驱使非公有制经济不断进行资本扩张。随着资本积累和生产规模日益扩大,形成非公有制经济对资源的占有和对自然的扩张,并最终造成环境污染生态破坏的严重后果。因此,在社会主义市场经济体制下,要构建人与人、人与社会、人与自然和谐相处的社会主义和谐社会,就要调动起人民群众的积极性和主动性发挥自己的主人翁地位,在经济建设中切实有效地保护环境和保持生态平衡,消除生态危机,实现生产发展和保护自然的双重目标,实现人与自然关系的和谐。

其次,我们必须警惕消费主义的陷阱,避免滑进消费主义的泥沼。消费主义使人们对生命的意义产生困惑,使人们对幸福产生误解。消费主义让人们迷惑于"生活是否根据其生存,或者根据所赋予个人或集体的生命意义组织起来的呢?……极大丰盛是否在浪费中才有实际意义呢?"[1]在当今全球化背景下,各种思想文化相互激荡,价值观念日趋多元化。在对外开放的进程中,西方的价值观念也随之涌入我国,消费主义价值观在部分人身上日益呈现出来,生产

---

[1] [法]让·鲍德里亚.消费社会[M].南京:南京大学出版社.2000年版.第25页

生活中挥霍浪费的现象时有发生。构建社会主义和谐社会,实现人与人、人与社会、人与自然之间的和谐,就需要警惕西方消费主义的陷阱,在我国经济社会发展民族振兴的关键时期,避免滑向消费主义的旋涡。为此,我国必须大力发展和繁荣以马克思主义为指导的中国特色社会主义文化,推进社会主义精神文明建设,消解利己主义、享乐主义和消费主义的价值观,在全社会树立起社会主义核心价值观。

最后,加快技术创新步伐,实现社会主义社会对技术的理性运用,走向技术的合理化。资本主义制度下,技术的非理性运用加剧了全球性的生态危机。但是,技术是一柄双刃剑。技术本身无所谓是非善恶。技术的资本主义运用使技术成为资本逐利的手段和工具,任何技术进步其最终结果都只是进一步加强了对自然资源的掠夺和对生态环境的破坏。但在社会主义社会,对技术的合理运用将不仅促进经济增长,也能保护环境和保持生态平衡。因此,"如果的确是技术让我们深陷困难,则毫无疑问,出路就在于开发出更好的技术。"[①]这不是技术乐观主义,这是在面对社会现实基础上继续前进的决心和勇气。尤其对于我国而言,我们的欠发达并非由于经济发展造成的生态危机,其原因与其说是由于技术的发展与运用,不如说是技术的欠发展下运用的结果。恰恰是由于技术发展的落后,以致较长一段时期内,我国只能走一条高能耗、高污染、高投入的粗放型经济发展道路,结果我们付出了环境的代价。因此,提高我国经济发展的质量和水平,在社会进步中保护环境、保护自然,就必须改变技术水平落后的现状,艰苦卓绝地开展技术创新,尤其要在生产中大力发展和运用生态技术,进行绿色生产、清洁生产,为构建社会主义和谐社会提供必要的技术支撑。

第四节 其他西方学者的生态观及其启示

西方马克思主义者从多个向度对西方工业社会发展过程中人与人、人与社会、人与自然的关系进行了深入的思考并展开了深刻的反思与批判,对我国构

[①] [美]丹尼尔·A. 科尔曼. 生态政治:建设一个绿色社会[M]. 上海:上海译文出版社. 2002年版. 第21页

建和谐社会的战略构想提供了重大的启示与借鉴意义。不仅如此,其他一些西方著名学者也在对工业社会以来人类社会发展过程中所产生的负面影响进行深切关注,并对人、自然、社会等之间的关系进行反思和重新定位,提出了充满洞察力的生态思想,具有重要的理论价值,本书拟掇其要者略加评述,以为我国和谐社会建设提供参考。

可以这么说,自普罗泰戈拉提出"人是万物的尺度,是存在者存在的尺度,也是不存在者不存在的尺度"①,人在哲学上的中心地位无可争议地确立起来了,人类中心主义思想开始产生广泛的影响。即使在人成为了上帝婢女的中世纪,在人与自然的关系中,人也居于中心主导地位,因为在《圣经》创世记篇中明确提出,上帝创造了天地万物和人,而遍地的蔬菜果子、飞禽走兽、游鱼都是上帝赐给人类的食物,由人类代替上帝对其进行管理,人是自然物的管理者与主宰者。在文艺复兴之后,上帝被放逐到了彼岸世界,人真正成为了此岸世界的中心和统治者,借助工业技术的强力,人宰制自然,将自己的意志强加于自然,人的价值、人类利益成为了绝对的中心和唯一的目标。哲学论证为人类中心主义提供强大的理论武器,技术实践为人类中心主义奠定坚实的物质基础。人类满怀信心地征服与控制着自然、掠夺和占有着自然。在人类中心主义思想支配下,对自然的残酷掠夺不仅仅造成了人与人之间关系的紧张,也遭到了来自自然世界的无声抗议和无情报复。残酷的战争、日益严重的自然灾害不断威胁着人类自身的生存与发展。人类究竟该如何定位自身、对待自然?人与自然之间应是一种什么样的关系?如何消除当下人与人、人与自然之间的紧张对立关系?一些西方学者认为,我们必须走出人类中心主义的误区,重新定位人在宇宙万物中的位置,重新审视人与自然之间的关系,树立起非人类中心主义的思想。

澳大利亚哲学家辛格(Peter Singer)就认为,动物与人是平等的,因为动物与人一样,具有感受痛苦与体验快乐的能力,例如狗感受到了痛苦会凄厉惨叫、体验到了快乐会摇尾蹦跳,由于动物能够感受到痛苦与快乐,也就有避免痛苦和体验快乐的权利和利益,从这个意义上说,动物也应有它的价值实现与利益诉求,换句话说,动物也有其自身的权利,基于此,辛格提出了著名的动物权利

---

① 全增嘏.西方哲学史(上册)[M].上海:上海人民出版社.1995年版.第113页

论。美国哲学家雷根(Tom Regan)是动物权利论的另一著名代表人物,与辛格一样,雷根也主张,动物也有其自身的权利,动物的这种权利也应当得到尊重与保护,与人一样,动物作为生命的主体,也拥有生命的价值与尊严,人类不能仅仅把动物当作满足自身利益的工具,由于动物作为生命的天赋价值,人也应像尊重自身的生命价值一样去尊重其他一切动物的生命价值、尊重它们作为生命而与人类生命一样的生命权利。①

确实,动物也是生命,如果从生命逻辑出发,动物的生命理应获得与人的生命平等一致的生命价值和生命尊严。有学者从这一生命逻辑出发进一步提出,不仅人与动物是生命,动物以外的生物也有生命,这些生命应受到与动物生命同等的关注与重视,所有生命都值得我们敬畏,于是他们提出了包括动物在内的生物中心论。

法国著名的人道主义者阿尔伯特·史怀哲(Albert Schweitzer)就认为,每一个生命都与人的生命一样有其"生命意志",这种"生命意志"促使生命自身有实现其生命价值的内在要求,实现生命价值的冲动应不分物种地得到满足与尊重,只有敬畏生命和促进生命发展实现生命价值的价值观才是一种"善",而任何漠视生命践踏生命和阻碍生命发展遏制生命价值实现的就是"恶"。作为具有理性的人,我们应对周围其他的生命表现出应有的尊重与帮助,肯定其他生命作为生命的价值存在,因此即使是在消灭对人类生命存在有害的害虫时,我们也应心怀敬畏感到自责,尤其"对于其发展能由我们施以影响的生命,我们与他们的交往及对他们的责任,就不能局限于保持和促进他们的生存本身,而是要在任何方面努力实现他们的最高价值"。②

美国哲学家泰勒(Paul W. Taylor)继承了史怀哲敬畏生命的生物中心主义伦理观,并在敬畏生命观点的基础上系统阐述了生物中心主义伦理观的价值合理性,进一步提出了尊重自然的主张。在泰勒看来,地球上的其他生物与人类一样生存于地球为我们共同提供的这样一个自然环境中,人与其他生物一起作为一个生命共同体而存在,自然环境的破坏和恶化威胁到的是生命共同体的存在,当然也就直接威胁到作为这一生命共同体的要素之一的人类的生存,因此

---

① 具体内容参见辛格与雷根编著.动物权利与人类义务.(第2版)[M].北京:大学出版社.2010年版
② [法]史怀哲.敬畏生命[M].上海:上海社会科学院出版社.1995年版.第32页

只有尊重自然并维护自然系统,使每一个生命有机体的价值均得以实现,人类自身的生存与发展才成为可能。在自然面前,人并不存在任何先天的优越地位,与其他生物一样,所有的生命个体都是其自身善的存在(good of being),并且作为道德代理人,人"有义务把生命本身当作一个自在的目的,去增进或保护生命自身的善"。[1] 这样,在面对自然界时人类就必须秉持不伤害原则、不干涉原则、忠贞原则、补偿正义原则,只有这样,生物的生命价值得到尊重和实现,生命共同体的存在得以持续,人与自然和睦相处,人类自身的价值才能实现,利益才能得到满足。

实际上不仅人、动物、生物共同构成一个生命共同体,从更广泛的角度看,人、动物、生物与土壤、岩石、水等共同形成一个生态系统,在这样一种现代生态学思想的影响下,美国哲学家利奥波德(Aldo Leopold)提出了大地共同体这样一个概念,创立了大地伦理学。利奥波德认为,人类的技术力量对自然环境所造成的负面影响在运用一般伦理学对其展开批判时归于无效,对于人类的这种破坏自然的行为,我们需要用大地伦理学加以约束,对人类功利主义的利己行为在道德上加以限制。对于大地共同体而言,和谐、稳定、美丽是其内在的不可分割的要素,"人不仅要尊重共同体的其他伙伴,而且要尊重共同体本身。"[2]任何人类行为只有有助于维护大地共同体的这三个内在要素时才是合理的和善的,否则就是错误的。

罗尔斯顿(Holmes Rolston)认为,自然界不仅本身存在客观的价值,而且是价值产生的源泉。他说,"自然系统的创造性是价值之母,大自然的所有创造物,只有在它们是自然创造性的现实意义上,才是有价值的。"[3]人类只是价值评价的主体之一,因此当我们在为人的生命喝彩之时,也要将热烈的掌声献给所有其他生命。自然作为生命的创造者,在对生命喝彩时理应对生命的孕育者以尊敬,因为没有自然的孕育和创造,也就不可能有生命的精彩。这样,保护自然就是保护生命,是对生命的尊重,也是我们理应追求的善。

奈斯(Arne Naess)将现代生态学推进到深层生态学。在奈斯看来,以往的

---

[1] [美]Paul W. Taylor. Respect of Nature:A Theory of Environmental Ethics. Princeton University Press. 1986. p. 75
[2] [美]利奥波德. 沙乡的沉思[M]. 北京:新世界出版社. 2010 年版. 第 198 页
[3] [美]罗尔斯顿. 环境伦理学[M]. 北京:中国社会科学出版社. 2000 年版. 第 255 页

生态学只能被看作浅生态学,这种浅生态学固然也谈论自然界的丰富多样性和其价值,但自然界的价值依赖于人而存在,换句话说,这种生态学对自然界实际上采取的是功利主义和人类利己主义的态度,因此人类发展给自然环境所带来的破坏将通过技术主义的技术发展得到解决,浅生态学运动反对环境污染生态破坏的目的也仅仅是人类中心主义的,是功利主义和利己主义的。而深层生态学则认为每一种生命形式都有其自身生存和发展的权利,随着人类社会的发展和人的理性的成熟,人们将能够与其他生命形式共生共荣共同实现生命的价值。这样,与浅生态学不同,深层生态学不仅承认生命形式的多样性,还认为每一种生命形式都有其自身内在的价值,当人与自然产生矛盾,人应当首先对自身的生存方式和文化价值观念进行反思与检讨,抛弃陈旧落后的生存方式,建立新的与其他生命存在形式和谐共处共存共荣的价值观念,从根本上消除生态危机。为了实现所有生命存在形式的生命价值,奈斯提出了八条深层生态学准则[①],对人们与其他生命形式交往时的行为道德进行规范,以确保人类对其他生命形式的尊重,保证其他生命形式自身内在价值的实现。

　　从动物权利论到生物中心论再到生态中心论,西方学者对自然界关注的广度越来越大,对人与自然关系的认识也越来越深刻。可以看出,这些学者的生态思想不是简单地抛弃人类中心主义的价值观,而是在深刻认识到其他生命存在形式自身固有的内在价值的同时,强调人与其他生命形式的共存共荣。人与其他生命形式的共同价值许诺不是价值形式的简化,而是生命价值的整体回归。在巴里·康芒纳(Barry Commoner)看来,要实现生命价值的整体回归,需要人类抛弃当前的人与自然直接线性的交往方式和价值观念,重新回到工业化之前人与自然之间封闭、和谐、没有终点的整体循环中,康芒纳把它称为"封闭的循环"。当代工业社会存在两个循环圈:技术圈和自然生态圈,这两个圈的相互剥离造成了当今人类面临的生态危机困境,要摆脱这种困境,不是对自然生态圈进行改造,而是要重新规划人类的技术圈,使技术圈能和自然生态圈合二为一,再次实现人与自然作为整体生态圈的封闭循环。如何对技术圈进行重新规划,从而使新的技术圈能够与自然生态圈合二为一成为一个封闭的循环?康芒

[①] 八条深层生态学准则的具体内容请参见 B. Devall and G. Sessions. Deep Ecology: Living as Nature Mattered. Salt Lake City: Gibbs M. Smith. Inc. 1985. p. 48

纳认为,由于信仰工具理性并片面追求人类一己私利,工业技术使人与自然之间成了一个直线性的过程,要改变这种直线性技术圈,就要求技术的发展不仅遵循理化科学和数学原理,更需要遵循伦理学、生物学、生态学、生命科学等综合交叉学科的基本原理和规律,只有将现代技术发展奠定在综合交叉学科的理论基础之上,让现代技术模仿自然生态圈的循环运转,才能实现技术圈的更新,从而使技术圈与自然生态圈合二为一,形成封闭的循环,使人类发展摆脱生态危机的困扰,实现人与其他生命形式在生命价值上的交互辉映。

工业技术造成的生态危机给人类发展带来的困境不仅引起人们在理论上价值观上的深刻反思,也促使人们在实践上展开了保护环境的生态运动。高举生态主义大旗的法国著名社会心理学家和政治生态运动家塞尔日·莫斯科维奇(Serge Moscovici)将造成当今生态危机困境的根源归咎于源于近代的自然科学及科学理性,他认为"在科学一神教大权独揽的统治下,理性成为自然的法则,而更不幸的是,它也成为社会的秩序原则"。[1] 在科学理性的专制统治下,人类社会只留下物质任其统治,受物质利益的驱使,自然也就沦为人类宰割的对象,我们完全忘记了"自然是我们历史的一部分,我们也是自然历史的一部分"。[2] 人类遗忘的本性使其诉诸暴力来开发、改造自然,"人们的所想所为都是为了控制、抗击或约束自然"。[3] 思想的暴力和暴力的行动不能不使人与自然之间处于紧张对立的状态,人类的发展要求我们克服人与自然之间的矛盾和冲突,莫斯科维奇认为,只有"建立顺应自然的社会,树立为了自然改造社会的观念,创立有助于将社会融入自然的科学"[4],生态危机才能解除,人类的可持续发展才有可能。

以上所述基本上代表了西方马克思以外西方学者对人类发展过程中所遭遇的环境污染、生态破坏等生态危机问题的严肃思考和深刻批判,这些反思与批判对于我们构建社会主义和谐社会无疑具有重要的借鉴意义:

第一,西方学者跳出人类中心主义思想牢笼的束缚,从更为广阔的视野去

---

[1] [法]塞尔日·莫斯科维奇. 还自然之魅——对生态运动的思考[M]. 北京:生活·读书·新知三联书店. 2005年版. 第5页
[2] 同上书,第23页
[3] 同上书,第23页
[4] 同上书,第23-24页

审视包括人类在内的整个自然界的生成演化和发展,把人类从利己主义的褊狭中拯救出来,这对于人类高瞻远瞩地处理好人与自然之间的亲密关系提供了必要的心理支持和价值观指导。自然的孕育并未赋予人类与其他生命形式相比的任何优越性或优先性的地位,例如从时间上看,人类是晚近才从自然界中孕生出来的,从生物学的角度看,人的力量、灵活性、速度等远不如许多动物,相比于植物,人类也不能从阳光雨露中直接获取维持自身生命所必需的物质能量。只是由于某种特殊的机巧或偶然性,人类依靠自身的天资和努力而成为了地球上生命进化的一个奇迹,并且这一奇迹的发生从根本上来说并不能离开自然界其他生命形式所提供的帮助和支持。因此,破除人类中心主义的迷信,走出这一认识上的误区,有助于人类社会克服当前面临的困境,处理好人与自然的关系,在后工业社会走得更为顺畅和坦荡。

第二,走出人类中心主义的误区之后,我们不能滑入人类悲观主义的旋涡。虽然人类在自然界中并未获得优越性或优先性的地位,由于人所特有的主观能动性,人类在所有生命形式中脱颖而出,成为生命的主导形式。因此在非人类中心主义的价值观念中,虽然人在自然生命存在形式中不再处于中心地位,但由于其作为生命的主导形式,人类也就不可避免地在生命存在中负有其他生命形式无法承担的责任和义务,这就要求人不仅要实现自身生命存在的价值,也要自觉承担起帮助其他生命形式维护其生命尊严和实现生命价值的使命。人类要实现自身生命价值,就必须处理好人与人之间的关系;人类要帮助其他生命形式实现生命的价值,就必须处理好人与自然的关系。

第三,如何处理好人与人、人与自然的关系?西方学者从文化、价值观念等视角着眼,强调文化、价值观念改造的重要性。确实,观念决定行动,不改变传统陈旧的自然观、社会观、价值观,要实现人与人、人与社会、人与自然关系的和谐简直不可想象。但仅有文化价值观念的改造远远不够,要实现社会和谐,必须打破旧的社会制度,完善新的社会体制,在先进合理的政治上层建筑之上,构建起先进合理的思想上层建筑,人类的和谐才有可能实现。

西方马克思主义以及其他西方学者的生态思想对于构建和谐社会无疑具有重要的启示与借鉴。可是,我们也应该看到,无论是西方马克思主义还是其他国外学者,他们的生态观都存在着某些类似的缺陷与不足。

首先,国外学者普遍不能直面正是资本主义制度本身造成了当今全球性的生态危机,造成了南北问题、恐怖主义等全球性问题。虽然生态马克思主义将资本主义制度看作造成当今全球性生态危机的总根源并对其进行了深刻的批判,但是他们消解生态危机的路径却不是现实的,王雨辰将之称为"绿色乌托邦"①。由于在资本主义制度框架内解决问题,实际上西方学者也就不可能找到从根本上解决当今全球性问题的有效途径。

其次,国外学者尤其是西方动物权利、生物权利的主张者,他们片面强调动物或其他生物的生存权利,甚至将人特有的情感牵强附会地附加在动物甚至植物之上,这实际上是对人自身的贬黜,是对人自身权利的漠视。这样的生态观很容易使人滑入人类悲观主义的旋涡。

最后,少数国外学者在对发达工业社会的技术运用展开批判的过程中,提出小规模、小制作的主张,甚至提出复古主义的观点,这既是对人类社会发展自身的否定,在现实上也是行不通的。

本章小结

发展生态技术以支撑和谐社会的构建需要有思想理论的指导,马克思主义的生态观为构建和谐社会的生态技术支撑提供了有力的理论支持。

马克思主义理论的创立者及其继承发展者提出了丰富的生态思想。马克思恩格斯指出了人与自然之间是同生共存相互作用的物质变换关系,只有在追求人的自由解放的同时珍惜自然爱护自然,人的解放才能真正实现。造成当前人类社会生态危机的根源乃在于资本主义生产方式,因此,解决这一问题的直接途径就是消灭资本主义制度。当然,发展科学技术和循环利用自然资源也是解决生态危机的一个现实途径。马克思主义的直接继承者列宁也在领导苏俄社会建设的过程中,提出了一系列保护自然和合理地开发利用自然的生态思想和主张。中国共产党人则立足中国实际,提出了一系列关于改善环境保护自然的生态思想,丰富和发展了马克思主义的生态观。

我国在消灭了人剥削人、人压迫人的阶级社会,在经济建设取得了突出成

---

① 参见王雨辰著. 生态批判与绿色乌托邦——生态学马克思主义理论研究[M].

就之后,把建设生态文明列为国家发展战略目标,找到了一条消除环境污染保持生态平衡的现实道路,为构建社会主义和谐社会提供了现实保证。

西方马克思主义作为当代西方极有影响的学术流派,对中国马克思主义的研究与发展也产生了重要的影响。西方马克思主义,从早期西方马克思主义到法兰克福学派再到生态马克思主义,它们对当今人类社会共同面临的生态危机问题展开了多维度的分析与探讨。尤其是生态马克思主义,它们直面资本主义制度本身,对资本主义制度提出了尖锐批判,认为资本主义制度是造成当今全球性生态危机的根源。在此基础上,它们对发达工业社会的虚假需求、异化消费、技术异化造成的生态危机也进行了深刻揭露和尖锐批判,并提出了自己的解决方案。西方马克思主义的生态思想对我国构建社会主义和谐社会有重要的启示,但其对资本主义制度的批判不够彻底,解决当前生态危机的途径也由于其辩护资本主义制度的目的而流于空想。

其他国外学者如澳大利亚哲学家彼得·辛格、法国人道主义者阿尔伯特·史怀哲、美国哲学家泰勒、美国大地伦理学家利奥波德、罗尔斯顿、挪威哲学家奈斯等分别从动物权利、生物中心、生态中心、大地伦理、深层生态学等特定视角对人与自然的关系展开了深入的探讨,美国著名环境学家、社会活动家巴里·康芒纳则试图从人与自然之间封闭、和谐、没有终点的整体循环中为当今全球面临的生态危机找到一条出路。

国外学者试图把人类从利己主义的泥沼中拯救出来,从更广阔的视野去审视包括人类在内的整个自然界的生成演化和发展,对人类高瞻远瞩地处理好人与自然之间的亲密关系提供了必要的心理支持和价值观指导。但是这些学者仅仅认识到了人类生态观念的重要性,强调从文化、价值观念的改造入手拯救人类于生态危机之中,而没有看到人与人之间根本对立的社会制度是造成全球性生态危机的总根源,更没有发现消灭人与人之间根本对立的社会制度才是彻底解决环境污染生态破坏的有效途径。

第五章

生态技术发展的内在逻辑对构建和谐社会的支撑

如果在某种意义上认为劳动创造了人本身①,由于劳动的重要标志是会制造和使用工具,而制造和使用工具是技术实践活动,这种活动的结果往往产生技术物,那么我们就可以说,技术创造了人本身。或者这样说更为准确,即人和技术相互生成,共同发展。因此,技术的发展历史和人类历史一样古老,并伴随着人类历史的发展向前发展。据前述,我们把技术迄今为止的发展划分为三个阶段:古代技术、工业技术、生态技术。技术发展的这三个阶段是技术辩证否定、自我扬弃的发展过程,生态技术正是这一过程的必然产物。技术发展的这种内在逻辑使生态技术成为构建社会主义和谐社会的关键技术支撑。

第一节 古代技术:生态技术的原初形式

技术发展的第一个阶段是古代技术。但是,究竟什么是古代技术?对于这样一个问题我们很难给出一个令人满意的答案,或许用维特根斯坦的"家族相似"对古代技术进行诠释更为合适。这样,关于古代技术我们至少可以指出以下几点一般的看法或观点:

第一,从时间上看,古代技术最早可以回溯到人的产生。前文已述,人借助打制第一块石斧而使人从自然界中分离出来,人称为人(或者说,猿转变成了人),技术也就和人一同产生。古代技术的时间下限大致到18世纪中叶,即高

---

① 马克思恩格斯选集(第4卷)[M].北京:人民出版社.1995年版.第373页

效率的蒸汽机产生并广泛使用之前。①

第二，从科学基础看，古代技术与科学并不发生直接的联系，一般来说也不包含对科学知识的运用。

第三，古代技术是经验型技术，是人们日常生产生活经验的积累导致的结果。如人们在砍伐树木的过程中无数次地观察到圆木以较快的速度滚动，在此基础上人们发明了轮子。有学者将轮子的发明与火的使用一起看作古代技术产生的主要标志。② 人们观察到木头漂浮在水面上，由此受到启发将圆木掏空制作成舟楫。

第四，古代技术是偶然的或机会的技术。③ 也就是说，人们是在生存活动过程中偶然的情况下遭遇式地做出了某项技术发明。如鲁班发明锯子的故事告诉我们的那样，在被两边带有锋利的齿的野草叶划破了手之后，鲁班认识到两边有齿的薄片物具有高效的切割功能，受此启发经过多次试验最后发明了锯子。

第五，古代技术是附魅的技术。④⑤ 在古代技术时期，人类借助技术面向自然界时，自然界还充满着人们难以测度的神秘性、神圣性。由于科学知识的缺乏和技术力量的薄弱，对于人类而言，自然界似乎不可认识、不可战胜，人们对之心驰神往却又充满敬畏，由此使自然之"魅"韵油然而生。

第六，古代技术是一种单相技术系统，在这个单相技术系统中，通常只包含有一个功能结构要素，陈凡将它称为主观性技术要素。⑥ 尤其是早期技术，往往只有单一的结构，行使单一的功能。只是到了古代技术发展的后期，纺织机械、工程机械、建造技术发展日趋复杂，带有相对复杂结构的技术物出现，不过总体说来仍是实现某种单一的、特定的功能。

第七，古代技术是一种高情感性的、人性的技术，这种人性的技术不仅表现

---

① 周昌忠. 试论科学和技术的历史形态——从哲学和文化的观点看[J]. 自然辩证法研究. 2003.6.74-79
② 同上
③ Jose Ortega Y Gasset. Thoughts on Technology [C]. Carl Mitcham. Philosophy and Technology. New York. Free Press. 1983
④ 黄欣荣. 论技术的附魅、祛魅与返魅[J]. 赣南师范学院学报. 2006.4.10-15
⑤ 李金齐. 张静. 返魅：低碳技术的转向及其哲学思考[J]. 甘肃社会科学. 2011.4.4-7
⑥ 陈凡. 论技术要素的系统性[J]. 科学管理研究. 1986.4.13-18

第五章 生态技术发展的内在逻辑对构建和谐社会的支撑

为与人的和谐,展现人的本性,体现出作为个体的人在技术中的个性特征,古代技术也表达着人对自然的情感,要求技术适应自然的本性,实现技术与自然的和谐。

从以上关于古代技术的一般观点看来,古代技术总体上具有非科学性、经验性、简单性、单一性、直接性的特点。毕竟,在人、技术、社会、自然的关系视野下,古代技术只是人类的起始技术,具有始源性的基本特征。然而,作为技术发展的第一个历史阶段,古代技术却是生态技术的原初形式。将古代技术看作生态技术的原初形式,并不意味着古代技术达到了建立在生态科学、生命科学、伦理学、系统科学等现代科学基础之上的生态技术的水平和高度,而是就人、技术、社会、自然的关系而言,和生态技术一样,古代技术在联结人、社会、自然之间的关系时,技术并不突兀地横亘于人与自然之间。古代技术对世界(包括人和自然)的开显是以技术自身的非存在感和人自己的非存在感的方式起作用的。[①] 我们又必须注意到,古代技术在显现人与自然时的技术自身和人自己的非存在感是以技术的未充分发展为前提的。在技术的未充分发展的语境下,一方面技术远未能够使自己的力量得以彰显,从而驰骋在人与自然共同开启的场域之中;另一方面,人自己在自然面前的力量也过于弱小,在自然面前人的存在性未能充分体现出来,人自己的存在感也无法得到充分表达。正是古代技术的始源性特征将人、技术、社会、自然原始地统一起来,在为人类创造一个生活世界的同时,也在生活世界中以不自觉的方式将人与自然呈现,使人与自然在场。这种以不自觉的方式使人与自然在场的过程也就只能使天地人实现原初的统一。

一、古代技术构建生活世界

技术总是人的技术,是人作用于世界的方式,是人的制作或创造,是人的基本生存方式。人通过制作或创造,使人获得自身本质而成为社会学意义上的人,成为获得了人的本质的人。正如富兰克林所言,人是会制造和使用工具的动物。通过制作和建造,人将自己的生存活动构建为生活世界,技术活动也同时在生活世界中得以展开。正是这样,古代技术创造了人类生活世界,使人从

[①] 肖峰.哲学视域中的技术[M].北京:人民出版社.2007年版.第33页

一般动物所属的动物的类生活中区别开来。当然，人与动物一样，都拥有自己所属的种的类生活，不同的是，动物的类生活就是生存本身，动物仅仅停留在自己所属的种的类生活中，无法超越自己所属的种尺度，而人类在自己所属的种的类生活基础上，创造出一个生活世界，人的类生活不仅仅为了生存，更是为了追求有意义的生存，对意义的追求使人能够不断超越自己所属的种的尺度，按照一切种的尺度，按照美的规律诗意地生存和栖居。正如马克思所言，"动物只是按照它所属的那个种的尺度和需要来构造，而人懂得按照任何一个种的尺度来进行生产，并且懂得处处都把内在的尺度运用于对象；因此，人也按照美的规律来构造。"①人的生产与构造总是技术性的活动，是依赖技术的生产与构造，也就是说，以技术为凭借，人按照美的规律来生产和构造，即是按照美的规律来生活，是实现诗意的生存。这种诗意的、按照美的规律的生存正是古代技术为我们所创造的生活世界。

古代技术就是按照美的规律围绕着生活世界而展开的，生活并且是美的也从而是道德上善的生活，这是古代技术所崭露出来的人的社会人的世界。老子说："使有什佰之器而不用；使民重死而不远徙。虽有舟舆，无所乘之；虽有甲兵，无所陈之。使民复结绳而用之。甘其食，美其服，安其居，乐其俗。邻国相望，鸡犬之声相闻，民至老死，不相往来。"②以往我们总是对老子这种"小国寡民"的美好社会幻想作"愚民"思想和反技术主义的批判。我们不妨换一种视角，既然这是古人对未来美好社会的幻想，作为幻想的意识必然来源于现实的物质基础，而没有美好的物质基础，则不可能幻想美好的未来。在古代社会，美好的物质基础并不是也不可能是发达的社会生产力，这种美好的物质基础即是美好的技术。果如舒马赫所言，"小的是美好的"，则我们也可以说，"简单的是美好的"。无疑，古代技术既是小的，也是简单的。这种由人所制作和创造的小的和简单的技术不可能如获得了技术的内在逻辑、在某种程度上拥有技术自主性（埃吕尔的观点）的现代工业技术那样反过来奴役人、逼迫人和控制人。因此，"使有什佰之器而不用"，这里的"不用"不能按照现代汉语理解为"不去使用它"，而是应该理解为"不为所用"，即不被役用，"使人们拥有各种器物工具

---

① 马克思. 1844 年经济学哲学手稿[M]. 北京：人民出版社. 2000 年版. 第 58 页
② 语出《道德经》第八十章

可用,但是不被器物工具所奴役、役使和控制"。"使民重死而不远徙"之"重死"是"看重生死"而不是"畏死或害怕死亡","死"也就意味着"生",因为无"生"也就没有所谓的"死","生"的辩证运动迎来"死","死"而后"生",新的事物得以孕育。这种"生"与"死"的辩证关系也正是老子朴素辩证法的基本体现。因此,看重生死就意味着眼生活世界,我们在生活世界中承担着并迎接着死亡。在生活世界中,"舟舆""甲兵""食""服""居""俗"都只是技术解蔽的方式,是人呈现在世的方式,而不是反过来,人被遮蔽,被"舟舆""甲兵""食""服""居""俗"奴役、逼迫和驱使。因此,技术创造生活世界,生活世界中的人就要"无乘舟舆""无陈甲兵""甘食""美服""安居""乐俗",这样人的本性不被扭曲,人的本质不被消解,人在生活世界中生活着。

古代技术作为呈现生活世界的基本方式也在柏拉图那里得到肯定。在《理想国》中,柏拉图认为,生活世界的构建(理想城邦)离不开和谐的技术,这种和谐的技术通过以能力为依据的分工协作并各自履行自己的义务,满足整个城邦的生产生活需要。"木匠做木匠的事,鞋匠做鞋匠的事,其他的人也都这样,各起各的天然作用,不起别种人的作用,这种正确的分工乃是正义的影子——这也的确正是它之所以可用的原因所在。"[①]正确的分工即是技术对生活世界的构建,是"木匠做木匠的事,鞋匠做鞋匠的事",在技术构建生活世界的过程中,正义得以实现,也就同时实现了技术的善。

在正义、善的实现过程中,古代技术构建着生活世界。如风车的制作,我们以中国古代立帆式风车为例。在立帆式风车的制作过程中,男人、妇女、小孩都参与到整个事件中来,围绕风车制作,生活世界得以构建和呈现出来。男人砍伐树木制作风车骨架,女人编织缝制风帆,小孩负责看管风车,在风车周围游乐嬉戏。风车制作完成之后,风车的转动驱动龙骨水车将河水车入农田,灌溉水稻小麦,守护生产丰收。这样,在风车的制作使用过程中,人的生活世界被完整地构建并呈现出来。

古代技术的发展一直持续到工业革命的到来,在工业技术取代古代技术之前,古代技术在制作和使用的过程中经常以其简朴的方式将人的生活世界构建并呈现出来。又如房屋的建造。古代房屋建筑技术不像工业技术条件下的房

---

① 柏拉图. 理想国[M]. 北京:商务印书馆.1986年版. 第174页

地产业,工业技术条件下的房地产业以利润为旨归,在雇佣劳动制下用钢筋水泥大吊车高效率地建造一栋栋摩天大楼,在建造过程中仅仅有技术自身的参与,人更多的是以生存的方式出现;但在古代房屋建筑技术的建造过程中,邻居亲朋相帮,壮年男子夯墙,年轻妇女挑土,年长妇女做饭,小孩灶前烧火,家里的黄狗也在土场和屋场来回奔跑和跳跃,人的类生活的完整场面得到显现,生活世界被构建和呈现出来。

二、古代技术将人带入在场

技术与人类共同生成,技术的出现揭示出人的在场,在技术的制作使用过程中,人呈现了出来。古代技术作为新生事物在其起始处总是不成熟、不完善的,这种不成熟不完善又恰恰使技术呈现出质朴的特征,将人本原地显现出来,即古代技术以其始源性、原初性将人带入在场。

首先,古代技术的呈现总是提示人的存在,将人带入在场。没有人的存在,技术不可能产生更不可能现实地展现出来;反过来说,也正因为技术的出现,人类才得以产生,人的在场成为可能。例如,任何动物都需要通过吃来摄入养料以维持肉体的存在,但只有在懂得使用火来烹熟食物以进食之后,猿朝着人的转变才迈出了具有决定意义的一步。距今170万年前的元谋人的遗址即有火的使用的遗迹,正是火的使用的遗迹使考古学家推断出元谋人已经由猿转变成了人,火的使用是人的在场的标志。

在人口稀少的古代社会(公元1600年世界总人口约5亿),处处都是无限旖旎的自然风光,广阔的原野郁郁葱葱,各种叫不出名字的鸟儿在天空中自由飞翔,河水静静地在河床里流淌,卷起的浪花仿佛在清唱,一片片火红火红的映山红开满了远处的山坡,在夕阳的照耀下湖面现出片片金光。在天际穷尽处,一缕炊烟袅袅升起,人在这片大地上显露在场。

其次,古代技术将人的个性化特征带入在场。古代技术是粗陋简朴的技术,这种粗陋和简朴通过个性化的制作将人性内蕴于古代技术之中,从而使古代技术在开显处将人带入在场,这种将人带入在场的技术也将内蕴的个性化特征呈现为人的个性化。中国紫砂壶的制作历史源远流长,每一把紫砂壶都倾注了制壶人的心血和独特匠思而个性鲜明与众不同,每一款紫砂壶也都折射出了老匠人的人格特性和独特魅力。技术的制作和建造,人的个性化特征,两者相互交织在一起,古代技术总是如此这般在显现人的过程中将人的个性化特征一并带入在场。

再次,古代技术将人带入在场,这种在场的人是作为拥有自身本质的人而在场,即古代技术也将人的本质带入在场。古代技术带着始源性和原始性的特点,即恰恰由于古代技术作为技术的最初表现形式,自身存在某种程度上的粗陋和简朴,显现出的技术力量十分有限,这种有限的技术力量不至于将人的本质压抑和消解,而是使人带着自己的类本质出场。如在空无一人的广阔原野上,一架横轴式风车将人带入在场。横轴风车将之带入在场的人即是拥有自身本质的人。在风车的制造过程中,人的本质力量得到显现,在自由的制作中将质料入于风车的外观,提供的动力既可以车水灌溉,滋润着农作物,获取秋天的丰收,带来一家人的丰足;也可以用于带动磨盘转动,磨制面粉,烘焙面包,一家人共聚餐桌前,说说笑笑,共进晚餐,其乐融融,其景祥和。也就是说,从技术的运思到技术制作与创造的过程,再到技术的应用,最后是技术应用的后果,在技术的完整逻辑链中,每一环不仅仅将人带入在场,也将人的本质呈现了出来。

最后,将人带入无蔽状态,使人的个性化特征呈现出来,使人的本质得到显现,古代技术将作为整体的人带入在场。人的整体性体现为两个方面,一方面人是个体的人,人首先是作为个体的独立的存在者而存在。作为个体的人的存在总是个性化的差异性的存在,即有着不同的禀赋和个性特征,古代技术的制作和使用能够揭示出制作者和使用者的个性化特征。另一方面,人总是社会的人,是社会化的人。诚如马克思所言,"人的本质并不是单个人所固有的抽象物。在其现实性上,人的本质是一切社会关系的总和。"[①]只有个体的人和社会的人的统一,人才是作为具有整体性的人,人的本质也才真正得到显现。古代技术将作为整体的人带入在场,也必然在使人的个性彰显的同时使人的类本质展露出来。将人的整体性带入在场,这是古代技术在技术出场之初的开显方式,这种开显方式将技术与人统一了起来。技术是人的技术,人是技术化的人,这在古代技术中得到充分体现。

三、古代技术将自然带入在场

古代技术不仅将人带入在场,也同时将自然带入在场。技术自产生起,实

---

① 马克思恩格斯选集(第1卷)[M].北京:人民出版社.1995年版.第18页

际上即被作为沟通人与自然的工具或手段,将自然呈现在了人的面前。那么,古代技术是如何将自然呈现在人的面前?为此,我们需要从语源学上对"自然"一词进行考察。

就"自然"一词本身而言,自然本身即是自我显现。"自然"一词源于古希腊,古希腊语 φύσις 从其源初意义上看即是涌现,是一种去蔽方式,是存在者之存在的"自身绽开,揭开自身的开展,在如此开展中进入现象并停留于现象中"。① 在《物理学》中,亚里士多德把 φύσις 解释为它原属的事物因本性(不是因偶性)而运动和静止的根源或原因。② 进一步,亚里士多德从"具有自然""由于自然"或"按照自然""导致自然"等方面对 φύσις 展开陈述,认为 φύσις 可以被解释为每一个自身内具有运动变化根源的事物所具有的直接基础质料、形状或形式。③ 在《形而上学》中,亚里士多德将 φύσις 看作本性(自然),并从六个方面对 φύσις 深入展开论述,认为本性(自然)的命意,第一,是生物的创造;第二,一生物的内在部分,其生长由此发动而进行;第三,每一自然事物由彼所得于自然者,开始其最初活动。……此之谓生长;第四,指任何自然物所赖以组成的原始材料,这些材料是未形成的,不能由自己的潜能进行变动……这些物料被制成产品以后,它们的原始物质仍然保存着在;第五,"本性"的命意又是自然事物的本质……不仅是那原始物质,亦需是那"通式"或"怎是",那是创生过程的终极目的;第六,对本性的命意进行引申,则每一怎是都可称为本性,每一事物的本性均属某一级类的怎是(事物之所由成为事物者)。④ 总之,从 φύσις 一词的语源本意来看,"自然"意味着生长、产生、是者是其所是、在场者的在场、存在者的存在。

但是 φύσις 一词到了古罗马时期就演变成了拉丁文 natura,natura 进一步演变成英文 nature,1864 年始,中国人用"自然"一词翻译英文 nature。从 φύσις 到 natura,从 natura 到 nature 在到现代汉语"自然",φύσις 一词的沦落过程也是该词的意指力量不断减损的过程,自然最后沦落为仅仅指称与主体相对立的客观对象。

---

① 海德格尔. 形而上学导论[M]. 北京:商务印书馆.1996 年版. 第 16 页
② 亚里士多德. 物理学[M]. 北京:商务印书馆.1982 年版. 第 43 页
③ 同上书,第 45 页
④ 亚里士多德. 形而上学[M]. 北京:商务印书馆.1959 年版. 第 99-100 页

对汉语"自然"一词进行词源学的考察后也将发现,从古汉语到现代汉语,"自然"一词的意指能力也在不断减损。"自然"一词由"自"和"然"两个字组成。"自"在甲骨文中写作🐾,据许慎《说文解字》考证,该字是鼻子的象形,因此"自"字的本意是指鼻子,意为自指①,我们可以把它引申为自我显现。"然"字则是"燃"的本字,《说文解字》解"然"为"从火",即有燃烧之意。赵东明考证了"然"字的三种意义,认为,第一,"然"字可以做词尾,表示事物之状貌;第二,可作"是这样"解;第三,"然"字可用于断真。在第一种意义上,"然"字用于显示存在者在一定情境中人所呈现出来的如何如何的样子,如《诗经》有云:"终风且霾,惠然肯来"②;在第二种意义上,"然"指向一个具体情境中的存在者的如其所呈现的样子,如"奚以知其然也?"③"道行之而成,物谓之而然"④;在第三种意义上,以"然"来断真亦有带出一"有人之境"。因为"然"之断定必是由处于一定生成境遇中的人所做出的。⑤ 一言以蔽之,"然"即是存在者如其所是地存在,也是在场者的如其所是地在场,在场者的自我显现。

老子从哲学上将"自然"提升至比"道"更高的高度,认为"人法地,地法天,天法道,道法自然"⑥,即"道"也只是对"自然"的效法和仿效。而"自然"何谓?若道尚且是"道可道,非常道",则道之源出之"自然"就更为"无称之言,穷极之词"⑦了。道不可言说,自然也不可言说吗?不然。老子借自然之象"水"来言说自然。老子说:"上善若水,水善利万物而不争,处众人之所恶,故几于道。"⑧水性自然,自我呈现,在方成方,处圆则圆,是谓上善。故老子的自然也终是存在者的自我呈现,是在场者之在场。

《现代汉语词典》(第6版)对"自然"一词的解释有四种:第一,做名词,意为自然界;第二,做形容词,意为自由发展;不经人力干预;第三,做副词,表示理

---

① 许慎. 说文解字[M]. 杭州:浙江古籍出版社.1998年版. 第136页
② 语出《诗经·邶风·终风》
③ 语出《庄子·逍遥游》
④ 语出《庄子·齐物论》
⑤ 赵东明."自然"之意义——一种海德格尔式的诠释[J]. 哲学研究.2002.6.58-62
⑥ 语出《道德经》第八十章
⑦ 王弼语,见王弼集校释.(上册)[M]. 楼宇烈校释. 中华书局.1980年版. 第65页
⑧ 语出《道德经》第八章

所当然;第四,做连词,连接分句或句子,表示语义转折或追加说明。① 可见,现代汉语还是在某种程度上保存了古汉语"自然"的哲学意蕴。就现代汉语"自然"的第二种意义而言,不经人力干预的自由发展不正是存在者的自我显现吗? 但是也应看到,现代汉语"自然"也同样使"自然"一词的源初意义上的在场意义减弱了,作为名词的自然界已被人预设,预设的对象才会被当作副词理解为理所当然,即使作为连词,在转折或追加之前,存在者已经被给予而预先存在了,转折或追加已是在场之后的转折或追加,存在者、在场者自我显现的生成境遇已经消逝殆尽。

因此,回到自然的词源含义上来,自然的源初意义即是在场者的在场、存在者的存在。不过要特别指处的是,自然的在场是自我在场、自行显现,这是自然的自我指称,这种自我指称因为人的缺席成为不自觉的在场,又由于人的缺席,这种不自觉的在场是非意义性的在场。只有在人的列席中,自然的在场才是自觉的在场,从而成为有意义的在场。

那么,自然的在场如何让人列席而成为有意义的在场? 人在自然出场的列席总是通过技术达到的。正是技术将自然带入在场,呈现在人的面前。一条湍急的河流将美丽的大地分割为两个不同的世界。身处河流东岸的人们只能隔着河流远望河西岸那一望无垠的原野和远处影影绰绰的群山。原野的野花一年四季自行绽放和谢落,山涧的兰花独自幽香,山林中的果子熟了一回又一回,掉落在山坡自行发酵,散发出的果子酒的醇香随着阵阵山风,吹送到远在河东岸处的村庄。在这里,自然自我在场、自行呈现,一季又一季,一年又一年,无数个寒来暑往,花开花落,云起云散。此般在场,享受着阳光的照耀,却无法灿烂。只有当人们从河岸边采来那些裸露的巨石,在河水转弯处挑来淤积的泥沙,在河岸上修建起了一座石拱桥后,河流的两岸被沟通,东岸村庄里的人们在河流西岸踏青休闲,小孩子在原野奔跑嬉戏,狗儿围绕着小孩吠叫跳跃,在雨后暖湿的春季里,有人到山里采蘑菇挖蕨菜,春夏之交孩子们采食着山林那甜美的野果,转山的虔诚信徒一步一叩首,口中的呢喃延绵不绝地飘向远方,传达至天穹深处,秋季夕阳西下,大地一片金黄,一切都充满了灵光。

正是这简易而又古朴的石拱桥,将两岸连接和沟通了起来,东岸的人们通

---

① 见现代汉语词典.(第6版)[M].北京:商务印书馆.第1727页

过石拱桥的连通,将活动的范围拓展到河流西岸,在河流西岸生产生活和休闲游戏,在西岸追求人作为人所具有的信仰,追求特别属于人的价值目标。通过这座石拱桥,河流西岸真正呈现在人的视野之中,在人的面前出场。自然的此种在人的面前的出场使自然鲜活起来,自然的灵性得以体现,自然的意义得以彰显,自然的这种在场也成为自觉的并从而是有意义的在场。

古代技术使自然在人面前的有意义的呈现和在场又是以古代技术的源初性和原始性为前提的,这种使自然在人面前的意义性在场也恰恰是古代技术源初质朴性的体现。我们可以看到,沟通人与自然从而将自然呈现在人的面前的这座石拱桥只是将河床上的石块和河流转弯处淤积的泥沙入于桥的外观,苔藓坚固着桥身,河水依然按照本来的流向在河床里面澎湃向前,水中的鱼儿畅游无阻,一切沿河岸的人和动物、植物仍被润泽和滋养,但是石拱桥却为人们搭建了通往另一片天地的舞台,使河流西岸广阔的自然世界呈现在人的面前,从而有人赏花开花落,有人观云起云散,有人听林中的鸟儿婉啼、马鹿鸣呦,有人食甜美的野果,有人为自然的瑰丽呢喃。

四、古代技术使天地人原初统一

古代技术为人们创造一个生活世界,将人带入在场,将自然呈现在人的面前,古代技术就是这样使天地人聚集在一起,实现天地人的原初统一。

让我们再次回到中国的立帆式大风车。李约瑟认为,中国的这种立帆式大风车技术始于元代,由波斯经丝绸之路传入我国。经我国学者张柏春考证,立帆式大风车在南宋期间可能就已经存在。南宋期间,博学多才的湖州归安人刘一止在他所著的《苕溪集》第三卷中记载了有关风力水车的技术①,这种风力水车极可能是后来盛行于江浙地区的立帆式大风车。大风车可以说是我国古代具有代表性的一项重要技术,也是古代技术作为生态技术原初形式的重要标志。

第一,从制作材料来看,立帆式大风车就地取材,小齿轮和链轮通常用五六十年以上的桑木制成,这种桑木在农桑业异常发达的江浙地区易于生长十分常见。风帆则取材于当地盛产的一种叫作蒲的植物,将这种植物晾干后如编制草

---

① 洪蔚. 追踪沉寂的大风车[J]. 发明与创新. 2006.10.14-15

席一样用绳子编织成风帆。

第二,从制作过程来看,立帆式大风车的制作凝结着人的本质力量。对于制作大风车这样一件技术物,在古代社会可以说是一件大事,往往需要同族人分工协作全力配合才能完成。成年男子砍伐桑木,孩子们割蒲晾晒,妇女们织帆,最后由经验丰富的老师傅将大风车建造出来。

第三,大风车的动力主要是风力,借用风力,在风的吹拂下,风带帆动,大风车开始运转,带动龙骨水车将河流里面的水抽取到农田里,浇灌农作物。在风力过小不足以带动风车转动之时,也可以由人力或畜力驱动。

第四,从文化上来看,大风车技术本身就是一种文化的表现。大风车的制作包含了性别文化的成分,如女性编织和缝制风帆,男性进行木工制作和风车架建。大风车底部有一个形状如男性生殖器官的短铁棒用于支撑整个风车,并起着轴承的作用。当地人相信,把这块形如男性生殖器官的铁器放在床头,可以生育男性后代,从而多少反映出生殖崇拜的文化印记。在大风车架建起来后,人们将举行隆重的仪式,挂起"大将军八面威风"的条幅,表达对八叶风帆的敬重与祈福,庆祝大风车的投入使用。[①]

第五,大风车投入使用后,孩子们可以负责看管。看管风车运转的孩子们在大风车周围游戏喧闹,黄狗也在跳跃吠叫,将自然世界、人的生活和人本身一同带入在场聚集在大风车展现的世界里。

通过立帆式大风车我们可以看到,一项古代技术的呈现,是人们在自己的生活世界中将人的本质力量渗透在技术之中,是人拥有自己的本质而显现的过程。技术的呈现过程也就是人的生活世界被呈现的过程,在将质料入于形式使技术得以呈现,技术也就以这种方式将人的生活世界创造出来。这种生活世界的创造过程是人在自由支配自身力量的背景下,自身本质力量的显现。人作为自身,而不是作为自然界的对立物,更不是作为自然界的主人,从自然界掠夺什么资源。人通过自己本质力量的实现,借用风的吹拂,实现人的本质。在风吹帆动的自然力量的借用中,风的形式既未被改变,风也没有被储存起来;风始终以在场的方式,吹拂大地,吹绿原野,吹熟庄稼。人与人之间也在自然分工之下,以性别的差别年龄的不同所形成的差异相互整合相互协调,不同年龄

---

① 洪蔚. 追踪沉寂的大风车[J]. 发明与创新. 2006.10. 14 – 15

性别的人在共同参与中将自己的本质力量渗透在技术物之中,使技术物显现在场。在技术物呈现、人在生活世界中出场时,自然也同时出场。天空中风的吹拂,原野里绿意盎然,河水通过龙骨水车汩汩地流到田野里,润泽庄稼,滋养人性。天地人就在技术的出场中同时在场并实现着这种天地人的原初统一。

第二节 工业技术:技术的异化

古代技术使人出场,让人从自然界中凸显出来,人的这种显现,是自然界演化史中最值得浓墨重彩书写一番的。人的出场改写了自然进化史,人的出场使自然的在场成为意义性的显现。可是,古代技术源初性的特点在使人和自然出场的同时,也存在其自身需要克服的缺陷和不足。毕竟,古代技术是一种偶然的经验型技术,由于缺乏科学基础,缺乏理论性和系统性,古代技术自身的发展得不到保证,人的本质力量无法得到全面展现,自然也披纱隐真,不能够在人的理解力范围内完全显现出来,使自己处于无蔽状态。使自然完全呈现在人的面前处于无蔽状态之中,这归功于近代以来自然科学的发展。因此,随着人类对自然解释能力的提升,古代技术最终将被建立于科学理论基础上的现代工业技术取代。

近代以降,科学开始发展繁荣,随着科学解释力的日益增强,科学解释模式也逐渐渗透到各个领域,尤其是科学发现转化为技术发明,为实现古代技术向现代工业技术的飞跃式发展奠定了重要基础。在科学原理的技术应用中,蒸汽机得到了广泛的使用,铁路通行,蒸汽机船横穿大洋,化工业的发展,汽车的发明,飞机飞上蓝天;进入20世纪,信息技术、核技术、集成技术、基因技术、纳米技术等高新技术掀起的技术发展的浪潮更是一波又一波地将人类社会的发展推向一个个顶峰。建立在科学发展基础之上的工业技术深入人类生产生活的每一个方面。但是,工业技术的迅猛发展及其显示出来的强大力量并没有使人类生活真正达到无蔽之境,人的本质力量反而在工业技术力量面前消解,被工业技术的力量遮蔽,自然被机器力量支配和控制,自然的魅力不复存在。工业技术力量带给人类社会的进步似乎从每一个方面又都走向自己的反面,发展成为对发展自身的否定,从而引发人们对工业技术的不断反思与追问。

一、工业技术的世界观

工业技术建立在自然科学发展的基础之上,而自然科学又是伴随着人们二元对立的世界观产生的。这就是说,工业技术造成的发展对发展自身的否定是有着其深刻的二元对立的世界观根源。

随着近代人类思想的启蒙,人类将上帝从此岸世界放逐到彼岸世界,人成为此岸世界的主人并开始关注自身在此岸世界的幸福。正如文艺复兴时期著名的人文主义者彼得拉克向世人所宣告的那样:"我自己是凡人,我只要求凡人的幸福。"①追求凡人幸福的人成为此岸世界的主人之后僭越上帝曾经作为最高存在主宰一切的权利,在使自身的主体地位凸显出来的同时,人将自己作为自然世界的主宰者、管理者。这样,人与自然、主体与客体二元对立世界观逐渐确立了起来,成为工业技术的世界观基础。

人的主体地位的凸显首先在近代哲学创始人笛卡尔"我思维,所以我存在"②的形而上的思考中得到了先验的论证。在笛卡尔看来,整个世界就是一架机器,人也是一架机器,"我首先曾把我看成是有脸、手、胳膊,以及由骨头和肉组合成的这么一架整套机器,就像从一具尸体上看到的那样,这架机器,我曾称之为身体"。③ 但是,人这架"机器"由于"带有上帝的形象和上帝的相似性"④,在上帝被放逐到彼岸世界之后,人就接替上帝成为了此岸世界的主人,人代替上帝承担起了管理此岸世界的使命。如此,主客二分的思维方式和价值观念确立了起来。人的主体地位获得的同时自然则被从主体世界中驱逐出去,自然界成为主体的对象——客体世界,人与自然之间的对立关系开始形成。在这种人与世界的主客对立中,人成为了世界的中心,人类中心主义的价值观从而形成。在以人类为中心的主客对立世界观支配下,弗朗西斯·培根向世人宣

---

① 从文艺复兴到十九世纪资产阶级文学家艺术家有关人道主义人性论言论选辑[M].北京:商务印书馆.1971年版.第11页
② 笛卡尔.第一哲学沉思集[M].北京:商务印书馆.1986年版.第103页
③ 同上书,第26页
④ 同上书,第63页

布,凭借"知识就是力量","人类定能征服自然界"。① 这种人定胜天的思想在康德那里进一步得到辩护。康德构建了一个庞大的理论体系向世人论证,自然是合目的性的,人才是自由的,人通过先验综合判断认识自然、把握自然、为自然立法,从而获得对自然的优先地位。及至黑格尔,主体与客体、主观与客观、认识与对象、对象世界的对立则成为形而上通行的概念。从其计划写作的《一个思辨哲学的体系》的四个部门的名称,即精神现象学、逻辑学、自然哲学、精神哲学的命名,我们就可以看出,黑格尔要构建的是以人类为中心的人与自然二元对立的哲学体系。

在人获得了对自然的优先地位,通过科学发现人类揭开了自然的神秘面纱之后,自然就裸露无遗地呈现在人的面前,由人宰割,任人践虐。人类宰割自然的屠刀即是工业技术。工业技术不同于古代技术之处在于:第一,工业技术与科学理论密切相关,尤其在获得了科学原理的理论支撑后,工业技术能获得迅速发展,但是工业技术又主要是建立在理化学科基础之上,有着学科的简单性和平面性;第二,工业技术不再是机会的偶然的技术,工业技术是建制化的技术,尤其进入20世纪,在技术的社会建制推动之下,技术发展获得了自身的内在逻辑,在某种程度上实现了技术的自主发展;第三,工业技术对人类社会的影响不再是局部的、个别的,而是全局的、世界范围内,并且,这种影响不再仅仅限于生活世界,而是深入了人的心理世界之中,使人的思想发生急剧的改变;第四,工业技术颠覆了以往人与自然的关系,人与自然的天然联系被工业技术割裂而处于对立之中;第五,工业技术是对自然的祛魅,是一种无情感、非人性的技术,工业技术的发展受资本逻辑支配,无法兼顾自然生态效益,也没有形成对人的终极关怀,对人对自然均表现出一种机器冰冷的冷漠关系。由于这样的僵化特点,我国学者佘正荣将现代工业技术称为"硬技术"。② 我们认为这种"硬"就表现在工业技术学科基础的僵硬,逻辑的僵硬,对自然态度的僵硬,对人自身的僵硬无情。由于工业技术的"硬",形成了工业技术对生活世界的遮蔽,对人的异化,对自然的祛魅。

---

① 培根. 新工具[M]. 北京:商务印书馆.1984年版. 第87页
② 佘正荣. 从"硬技术"走向"软技术"——一种生态哲学技术观[J]. 宁夏社会科学. 1995.3.33-39

二、工业技术对生活世界的遮蔽

古代技术在技术物(如大风车)的制作过程中即技术自身呈现的过程中同时将人的生活世界构建并呈现出来,由于古代技术原初性的特点,技术物的制作者和使用者的生活世界相统一,并一同在技术物的在场过程中自行呈现了出来,因此,我们并未对古代技术如何呈现人的生活世界做进一步的分析。

工业技术已经失去了古代技术原初性的特点,并随着社会的进步变得日益复杂,其与人类生活世界的关系也变得复杂起来,因此,我们有必要首先阐述技术物如何与生活世界相联结。

任何技术物均有一定的结构和功能组成,是结构—功能的联结体,彼得·克罗斯(Peter Kroes)称之为技术物结构—功能的二重性。[1] 技术物的结构性质是物理性质,技术物结构的形成过程即技术物的制作过程本身是物理性的建构过程。技术物的功能陈述的却是人的意图或需求,因此,它是社会建构的过程,在功能的社会建构中,生活世界直接呈现了出来,正如克罗斯所言,"功能不能从技术物的应用的语境中孤立开来;它正是在这个语境中定义的。由于这个语境是人类行动的语境,我们称这种功能为人类(或社会)的建构。所以,技术物是物理的建构以及人类社会的建构"。[2] 人类行动的语境正是人类生活世界,在生活世界中,技术物的功能被定义,技术物的功能也才能被赋予意义。这样,通过技术物的物理建构和社会建构,技术物与人的生活世界相关联,并在关联过程中将人的生活世界呈现出来。在古代技术世界中,通常技术物的制作者和使用者有着密切统一的关系,技术物结构的物理建构过程和技术物功能的社会建构过程往往是一个统一的过程,人的生活世界就在这种统一的技术建构过程中被一同建构和呈现了出来。如前面所述大风车即是制作者和使用者的统一,即使用于市场交换,这种古代技术的统一基础仍然存在,制作者与使用者的生活世界在技术物的显现中联结在一起共同呈现。

---

[1] Peter Kroes. Technological explanations:The relation between structure and function of technological objects[J]. Society for Philosophy and Technology (后改名为 Techne). 1998. Spring. 3 (3)

[2] Ib:2.

180

在现代社会的工业技术语境下,技术物的结构—功能关系出现了逻辑的分裂①,由于资本逻辑的控制与支配,技术物的制作者与使用者相分离,技术物的制作者将功能当作黑箱,只与技术物的结构打交道,呈现出来的是技术物结构的物理世界;技术物的使用者则将结构当作黑箱,只与技术物的功能打交道,从而仅呈现出技术物的功能世界。这样,现代工业技术所呈现出来的是一个分裂的世界;或者仅呈现技术物的结构世界——制作者的世界;或者仅呈现技术物的功能世界——使用者的世界。也就是说,在制作者的世界呈现时,使用者的世界被遮蔽着;在使用者的世界呈现时,制作者的世界被遮蔽着。工业技术对分裂世界的片面呈现最终将造成世界的整体遮蔽。

我们以现代社会家家户户都在使用的空调为例来分析工业技术如何遮蔽人的生活世界。空调制造商(制作者)受资本逐利的驱动,只问市场需求和利润回报,在把空调按其结构将零部件组装完成之后,制造商只是想方设法将空调销售出去。制造商不会关心用户(使用者)的生存状况或生活环境,对其生活世界不闻不问,只在用户付完款之后,将空调(技术物)交付用户使用。在从制造到销售空调的整个过程中,呈现在制造商面前的一般总是技术物以及技术化的生活,实际上,其自身的生活世界并没有得到显现。而对于使用者即用户而言,情况同样如此。唐·伊德(Don Ihde)用"人(—技术/世界)"的关系结构这样一种人与技术的背景关系来分析空调这一技术物,认为空调在人与世界的关系中已经退到幕后作为一种背景在起作用。② 即对于使用者而言,使用者不是关心空调本身,而是关心空调的运转为我们所提供的舒适的生存环境。不过对于使用者生活世界的呈现而言,伊德的这一看法可能过于简单。在使用者看来,首先,空调就是空调,空调呈现的就是技术物本身,它无法帮助使用者回溯制造商的生活世界,也无法呈现拥有空调后的使用者自己的生产生活;当空调在被安装好正常运转之后,空调退居幕后,也就无法呈现人的生活世界,最多只是改变着生活世界中生存着的人们的生活舒适度或对生活的满意度。

---

① 简单地说,技术物总是既具有一定的结构又具备特定的功能、由结构—功能共同组成,然而结构采取的是"是"陈述、功能使用的是"应"陈述,如何从结构的"是"陈述过渡到功能的"应"陈述?这就是存在于技术物的结构—功能之间的逻辑鸿沟。详见吴国林、李君亮《试论实践推理》一文,发表于《自然辩证法研究》2015年第1期
② 韩连庆. 技术与知觉[J]. 自然辩证法通讯. 2004.5.38 – 42

因此，现代工业技术将质料入于外观的过程中，制作者被囚闭在技术世界自身之中，制作者——人只是作为一个孤立的个体在从事着体力劳动或脑力劳动——这是人与人之间仅有的区别——他们一同被抛出生活世界，跌入技术之中去，和技术一起，仅仅为成就技术自身的力量而动作。同时，技术物的使用者也被技术所束缚，"行动的语境"局限在技术物所呈现的空间——如人本来可以拥有更为广阔的活动空间，但是在空调为人提供了这一背景环境之后，人的活动空间就被限制在了这一技术物创设的背景环境之中——人被技术物呈现的空间幽闭。

工业技术就在将制作者抛入技术之中，在将使用者幽闭在技术物创设的空间中，最终将人的生活世界遮蔽。

三、工业技术造成人的异化

工业技术推动了人类社会的迅速发展，使社会生产力大大提高，人们的生活水平得到改善，并使人从繁重的体力劳动中解放了出来。但是，工业技术是一柄双刃剑，它在推动社会发展，使人的生存能力获得前所未有的提升的同时，也造成了人的异化。正如哈贝马斯所言，"人们的目的性行为在现代技术的管理之下已经达到高度的合理化，技术已使人完全失去了自己的本性。"①当然，人的异化的根本原因是资本主义私有制，由于资本主义私有制造成的人的异化马克思及其他许多西方思想家已经进行了深入的揭露和批判，在这里我们不打算狗尾续貂，而是从技术的视角着力解析工业技术造成的人的异化。

从总体上看，工业技术的本质是集置（Ge‐stell）②，"集置意味着那种摆置（Stellen）的聚集者，这种摆置摆置着人，也即促逼着人，使人以订造（Bestellen）方式把现实当作持存物来解蔽"。③ 人能够以订造方式把自然当作持存物对其

---

① ［德］尤尔根·哈贝马斯. 作为意识形态的技术与科学[M]. 上海：学林出版社. 1999年版. 第38页
② 也有学者将 Ge‐stell 一词翻译为"座架"。海德格尔用 Ge‐stell 一词来命名那种促逼着的要求，那种把人聚集起来，使之去订造作为持存物的自行解蔽者的要求。而促逼又是现代工业技术解蔽自然的一种方式，这种解蔽方式向自然提出蛮横的要求，要求自然提供本身能够被开采和贮藏的能量。参见海德格尔. 演讲与论文集[M]. 孙周兴译，上海：生活·读书·新知三联书店出版，2005年版，第12、18页。
③ 海德格尔. 演讲与论文集[M]. 上海：生活·读书·新知三联书店. 2005年版. 第19页

蕴藏的能量进行开采,"恰恰是由于人比自然能量更原始地受到了促逼,也就是被促逼入订造中"。① 这样,在工业技术面前,人成为了持存物,虽从未成为一个纯粹的持存物(海德格尔语),但与自然一样,被促逼,被摆置,被订造。人成为了企业的人力资源,患者成为了医院的病人资源,消费者成为了商家的客户资源……人成为资源,即成为持存物,人的本质即行散失,也同时失去作为人应获得的自由。在工业技术语境中,自由不再成为人的一种特性,人不再占有自由,恰恰相反,人被自由占有。而"唯有自由,才给人以历史性,使人成为历史性的此在"。② 成为持存物并失去自由特性的人自身的自由意志也同时被工业技术消解,人受技术意志的摆置,人自身的丰富性被单一的功能性所取代,人的生存不再是生活本身,人的意义被规定为价值的实现。工业技术就在摆置人的过程中如此这般地使人整体异化。

现代工业技术使人成为资源,作为资源的人被自由占有,受技术意志的摆置,人就在这种被工业技术摆置,在生产、交换、消费的过程中被全面异化。

首先,在工业技术的支配下,人的劳动(生产)不再成为人的本质,劳动已成为人的异己的力量,反过来支配人、控制人。马克思说,劳动是人的本质,"一旦人们自己开始生产他们所必需的生活资料的时候(这一步是由他们肉体组织所决定的),他们就开始把自己和动物区别开来。"③但是,在工业技术的摆置下,"劳动对工人来说是外在的东西,也就是说,不属于他的本质;因此,他在自己的劳动中不是肯定自己,而是否定自己,不是感到幸福,而是感到不幸,不是自由地发挥自己的体力和智力,而是使自己的肉体受折磨、精神遭摧残。"④作为外在的、异己的、强制的劳动不再成为人的第一需要,因此,"只要肉体的强制或其他强制一停止,人们会像逃避瘟疫那样逃避劳动"。⑤

古代技术还在使人们的生产充满了田园诗的浪漫,在劳动过程中,技术与人相结合,在自然面前共同在场,也使自然在人与技术交往中得以呈现。工业技术获得了自身内在的逻辑,拥有了技术自主的意志,在技术意志内在逻辑的

---

① 海德格尔.演讲与论文集[M].上海:生活·读书·新知三联书店.2005年版.第17页
② 吴国盛.海德格尔的技术之思[J].求是学刊.2004.11.33–40
③ 马克思恩格斯选集(第1卷)[M].北京:人民出版社.1995年版.第46页
④ 马克思.1844年经济学哲学手稿[M].北京:人民出版社.2000年版.第54页
⑤ 同上书,第55页

摆置中，人不是借助与技术的交往创造自己的生活世界，而是相反，在这种技术化的劳作中，人的生活世界被湮没，世界已呈现为技术的世界。在技术世界中，人被技术生产着——技术不仅生产物，还生产作为工人的人，人附着在现代工业技术之上，甚至人自身已经成为机器的一个组成部分。

其次，在工业技术的摆置中，人的交换行为被异化。人们通常总是为了满足自身需要在市场上进行交换，而需要是人的本质，马克思也从人的需要出发对人的本质进行规定，认为"他们的需要即他们的本性"。① 只有在满足自身需要的前提下，人类的生息繁衍才成为可能，人的发展才能实现，"任何个人如果不是同时为了自己的某种需要和为了需要的器官做事，他就什么也不能做"。② 但是，何谓"需要"？我们不能从想当然的角度出发去理解马克思所说的"需要"，"人的需要是历史性的需要"。③ 在工业技术尤其是现代媒体技术对人的意志进行消解、对人的意识展开感官刺激的轰炸之下，对于"需要"的概念我们必须进行厘定和澄清，因此，马尔库塞将人的需要首先区分为"真实的需要"和"虚假的需要"。所谓"真实的需要"是指出于人的本性的自主的需要，即"只有那些无条件地要求满足的需要，才是生命攸关的需要——即在可达到的物质水平上的衣、食、住。对这些需要的满足，是实现包括粗俗需要和高尚需要在内的一切需要的先决条件"。④ 只有这样的需要才是"真实的需要"。

但是，在工业技术的摆置下，我们的需要被摆弄着，从而导致"现行的大多数需要，诸如休息、娱乐、按广告宣传来处世和消费、爱和恨别人之所爱和所恨，都属于虚假的需要这一范畴之列"。在广告媒体的刺激和诱导之下，人追随和服从着技术的意志，被技术虚构出来的"需要"奴役和控制。也即是说，这些需要都只是"为了特定的社会利益从外部强加在个人身上的那些需要，使艰辛、侵略、痛苦和非正义永恒化的需要，是'虚假的'需要"。⑤ 按照这样一种"虚假的需要"进行交换，人的选择可能性已经就不存在了，人成了被选择的对象，自主选择权由人的手中转换到了现代媒体技术对人的选择中。在交换活动中，人被

---

① 马克思恩格斯全集(第3卷)[M]．北京：人民出版社．1960年版．第514页
② 马克思恩格斯选集(第4卷)[M]．北京：人民出版社．1995年版．第286页
③ [美]马尔库塞．单向度的人[M]．上海：上海译文出版社．2008年版．第6页
④ 同上
⑤ 同上

摆弄被选择,工业技术摆置下的交换异化就这样发生了。

再次,工业技术还导致人的消费行为发生异化。工业技术时代,技术的意志僭越人的意志在起作用,在生产生活的全过程中,人的主体意识在很大程度上被技术符号化,人的意志的表达被技术符号牵引,导致与其说是人在表达自身思想,不如说是技术在陈述技术意志,在技术意志的表达中,技术符号最终将人符号化。技术意志将人表达为符号的典型特征就是,在人们的消费活动中,消费本身"不再是对商品使用价值的消费""不再是用来满足人们真实需要的手段"[1],消费已经成为一种象征性的符号,成为人的社会地位和一个人幸福程度的标识。这样,人的本质也就在消费符号化的过程中沦落为技术物的本质,人的价值也被表达为物的价值。正如鲍德里亚所言,"告诉我你扔了什么,我就会告诉你你是谁。"[2]于是,在技术活动的不断刺激下,人们受技术所摆置,在消费过程中所秉持的是"面子消费,只看价位""只买贵的,不买对的"这样一种扭曲的价值理念。消费过程成为物的价值的表达,人的价值只能依附在物的价值之上,通过物的价值得以异化地呈现。

最后,在工业技术的迅速发展推动下,不断加速的技术升级和更新换代导致人们挥霍式的消费模式,人们被技术的迅速发展裹挟和促逼,仿佛不再是人们推动着技术的发展,而是技术的发展在卷动着人前进,在加速着人对持续更新的技术消费。这种工业技术促逼下的消费,其焦点不是关注人在消费中获得了什么,而是看人在消费中丢弃了什么。丢弃得越快,丢弃得越多,技术发展也就越迅速,技术对人的控制力也就在人的丢弃模式的消费过程中变得日益强大,人的力量越显微弱,人的本质越是丧失。

四、工业技术对自然的祛魅

工业技术的世界观将人与自然作为主体和客体对立起来,自然成为获得了主体性的人改造与征服的对象。一方面自然科学的发展揭开了自然的神秘面纱,另一方面,工业技术的进步将自然横跨在了人类的脚下,自然的魅力在科学和技术的双重作用下被祛除了。这里我们不讨论科学对自然的祛魅,我们重点

---

[1] 王雨辰.生态批判与绿色乌托邦——生态学马克思主义理论研究[M].北京:人民出版社.2009年版.第201页

[2] [法]让·鲍德里亚.消费社会[M].南京:南京大学出版社.2000年版.第24页

阐述工业技术对自然的促逼式解蔽导致的自然的祛魅。

在海德格尔看来,技术不仅仅是一种工具性的东西,一种手段,"技术乃是一种解蔽方式"。① 也就是说,技术之本质的领域就是解蔽,即把质料、外观聚集到被直观地完成了的物那里,并由之来规定着制作之完成。技术解蔽的基本方式有两种:产出与促逼。海德格尔考证,技术从本来意义上说绝不在于制作和使用工具,技术非作为制作之解蔽即为产出。产出式解蔽将在场者如其所是地带入在场。工业技术也是一种解蔽,但并不是把自身展开于ποίησις意义上的产出。"在现代技术中起支配作用的解蔽乃是一种促逼,此种促逼向自然提出蛮横要求,要求自然提供本身能够被开采和贮藏的能量。"②因此,自然的魅力在工业技术的这种促逼式解蔽中完全被祛除。自然不再神秘,我们也不再尊重自然,敬畏自然,顺应自然。在工业技术对自然的促逼式解蔽下,自然被当作持存物,这持存物暂时为人类保持着储存在其中的能量,我们将利用工业技术不断地从自然界中褫夺性地抽取开采这些能量,自然在促逼的意义上被工业技术摆置着。"空气为着氮料的出产而被摆置,土地为着矿石而被摆置,矿石为着铀之类的材料而被摆置,铀为着原子能而被摆置,而原子能则可以为毁灭或者和平利用的目的而被释放出来。"③

工业技术对自然的促逼式解蔽又有两种基本方式,一种是限定,一种是强求。在工业技术对自然的限定和强求下,自然的丰富性消失了,事物成为了单一的、千篇一律的持存物,等待着被订造,被提取。

一方面,工业技术在限定的意义上促逼着自然,使自然的魅力荡然无存。所谓限定,即"从某一方向去取用某物(从氮的方向上去取用空气,从矿石的方向上去取用土地),把某物确定在某物上,固定在某物上,定位在某物上"。④ 如古代驯养技术只是在人与家禽(比如鸡)之间建立一种新的关系,即通过辅助于人工喂食使人和自然之间产生一种近在的亲密关系,这种关系顺应自然,在自然规律的支配之下起作用。鸡仍然天亮啼鸣,白天在草丛里树底下觅食,在沙

---

① 海德格尔. 演讲与论文集[M]. 上海:生活·读书·新知三联书店. 2005年版. 第10页
② 同上书,第12页
③ 海德格尔. 演讲与论文集[M]. 上海:生活·读书·新知三联书店. 2005年版. 第13页
④ 冈特·绍伊博尔德. 海德格尔分析新时代的科技[M]. 北京:中国社会科学出版社. 1993年版. 第74页

堆中啄食沙砾帮助消化,傍晚时分天将黑下来之时回到鸡圈。在天时运作的自然生长状态下,小鸡长大,母鸡生蛋,公鸡打鸣。但是,在工业技术的限定之下,在工业化的现代养鸡场,公鸡被鸡肉订造,母鸡被鸡蛋订造。为了尽快地获得更多的鸡肉和鸡蛋,现代化的养鸡场给鸡喂食特定的饲料,通过人工照明催熟鸡的生长,四十天左右鸡的生长就达到了人类食用的"标准体重",母鸡则日生一蛋甚至日生多蛋。工业技术就是通过此种限定,僭越自然规律,将自然之魅用工业化的剃刀剔除殆尽。

另一方面,工业技术在强求的意义上促逼着自然,在工业技术的摆置中,自然的神圣性已经消逝,自然被强求着交出自身储藏着的能量。工业技术对待自然的态度正如冈特·绍伊博尔德所言,"技术展现攻击性地对待它们,强求它们的存在,使它们变成可估计、可统治的,使它们变成单纯的格式,成为供毫无顾忌地贯彻权力意志充分利用的贫血的东西。"①用现代工业技术筑起大坝建造水电站,这种技术将河流阻断将河岸改道,河流被电能订造,我们强求着河流储藏着的能量,以致我们竟难以分清,究竟是发电站建在了河流之上,还是河流被建在了发电站之中。水车也为人提供动力,但是水车任由流水的冲击,既不储存河水的能量,也不改变河岸的呈现。而在工业技术的摆置、订造之中,自然就被当作持存物任凭技术意志摆弄,自然的魅力就在这种摆弄中祛除了。

第三节 生态技术:技术的超越与辩证复归

相对于古代技术的简单性、经验性、非系统性而言,工业技术建立在自然科学发展的基础之上,有着异常复杂的结构组成,是多结构—功能关系的复合技术系统。从技术发展过程来看,工业技术是古代技术辩证发展的结果,与古代技术相比,工业技术使人类作用于自然界的能力前所未有的加强,能够更有效地推动经济社会的向前发展,社会生产力获得了巨大发展,人的生活水平得到了极大改善,人的生存方式也发生了巨大变化。在获得了对于古代技术的比较

---

① 冈特·绍伊博尔德. 海德格尔分析新时代的科技[M]. 北京:中国社会科学出版社. 1993年版. 第76页

优势的同时,工业技术自身也需要进一步向前发展和完善,并且由于存在从自然观到价值观中的一些缺陷和不足,工业技术的应用在带来社会进步的过程中也造成了人的本质丧失,人的生活世界的遮蔽,环境污染生态破坏等一系列问题。工业技术无根性的内在缺陷和不足必然导致其被更先进和更具人性化、生态化的技术形态所取代,这样的技术形态就是生态技术。

生态技术是工业技术辩证发展的必然结果。与工业技术一样,生态技术也有其科学基础,建立在现代科学理论之上,并且有着比工业技术更为宽广的科学根基。生态技术继承了工业技术推动人类经济社会迅速发展的优点,在一个更高的层次上以更高水平更高质量推动着经济社会的向前发展。同时,生态技术又克服了工业技术的内在缺陷,在人、技术、社会、自然的关系上,表现出向古代技术的某种辩证回归,在推动经济社会全面发展的同时,使自然的魅力得以重新显现,人的生活世界重新开显,人的本质回归人自身。

一、生态技术对工业技术的超越

生态技术作为在人、技术、社会、自然关系层面上的一种更高形态的技术形式,它克服了工业技术自身的缺陷与不足,在学科基础、世界观基础以及技术范式三个方面形成了对工业技术的整体超越。

1. 生态技术在学科基础上对工业技术的超越

与古代技术和科学缺乏紧密联系不同,近代以来,工业技术的发展从整体上看是建立在自然科学发展基础之上的,或者至少有其科学原理作为基础。我们知道,瓦特蒸汽机是第一次工业技术革命的标志性发明,而瓦特蒸汽机的发明是建立在封闭系统中空气热胀冷缩这一科学原理的发现基础之上的。在瓦特对原有蒸汽机进行革命性改良之时,卡诺循环和卡诺定理尚未提出,实际上卡诺也正是在系统研究了瓦特蒸汽机的基础上提出了卡诺循环和卡诺定理,但是反过来我们也可以这样说,即瓦特蒸汽机深谙卡诺循环和卡诺定理。[①] 第二次工业技术革命时期的标志性发明——电动机与发电机——则完全建立在法拉第电磁感应定律这一科学原理之上。[②] 可见,工业技术的发展或者有其自然

---

① 张子文主编. 科学技术史概论[M]. 杭州:浙江大学出版社. 2010年版. 第114-115页
② 张子文主编. 科学技术史概论[M]. 杭州:浙江大学出版社. 2010年版. 第141页

科学基础或者直接以科学原理为基础而发展起来。

但是我们也可以看到,工业技术的发展最初是建立在数学、机械力学的基础之上的,数学、物理学、化工技术的发展又使这三门学科一起成为工业技术的科学理论基础。首先,数学、机械力学是工业技术发展的当然的科学理论基础。数学是自然科学的基础,数学的应用渗透在每一门自然科学之中,甚至社会科学的研究也日益广泛地运用数学的方法。近代科学首先在力学方面取得了巨大成就,力学理论的发展与数学的应用或者说力学的数学化后来是物理学的数学化密切相关,与此相应的是工业技术首先在纺织技术(机械技术)领域取得了重大突破,导致第一次工业技术革命的全面爆发。第二次工业技术革命的爆发则以电磁学、热力学为学科基础,开启了人类电气时代的大门。20世纪40年代之后,信息物理理论的发展又将人类逐渐带入了一个信息技术时代。其次,化学科学的发展为化工技术的发展奠定了科学理论基础,尤其是有机化学的诞生,直接为人工合成尿素提供了科学理论依据。有机化学之父李毕希(Justus von Liebig)通过对有机化学理论的研究,为化肥在农业领域的广泛应用奠定了重要的理论基础,从而掀起了一场农业技术革命,迅速地推动了现代农业的发展。[1]

以数学、物理学、化学这三门科学为学科基础,工业技术得到了迅速的发展。但是,物理学的以及化学的学科方法是通过分裂、分化、分解、分割的方式将复杂的、有机联系的自然事物还原为理想的、简单的、从而是僵化的研究对象;而数学方法的应用则使丰富多彩的世界被预设为单调的数量化对象。由于工业技术的这种还原主义的、定量化的方法论基础,自然世界就被工业技术所解剖和算计,工业技术也因此成为一种"单一的、机械的、暴力性的硬技术"。[2]

包括人类社会在内的整个自然世界不是僵化的、线性的、单调的、无联系的、简单的数学化世界,也不只是单纯的物理、化学过程。整个世界是一个具有流动性、循环性、分散性、网络性、生态性的整体的自然过程。这样一个整体的流动性、循环性、分散性、网络性、生态性的自然过程需要以数学、物理学、化学为基础学科的,涵括生物学、生态学、生命科学、社会心理学、大地伦理学、环境

---

[1] 张子文主编. 科学技术史概论[M]. 杭州:浙江大学出版社. 2010年版. 第134页
[2] 佘正荣. 从"硬技术"走向"软技术"——一种生态哲学技术观[J]. 宁夏社会科学. 1995.3.33-39

伦理学、协同学、系统论、材料科学等现代学科在内的综合的、多学科的理论解释与建构,生态技术就是在人类对自然的多维理论视野建构下生成的技术形态,因此,生态技术这样一种技术形态有着多维的广泛的科学理论基础。因其广泛而多维的学科基础,生态技术能从整体上全面地兼顾经济社会发展与生态效益这两个方面的利益关系,克服工业技术对人对自然的"硬"态度。一方面,生态技术具有理化科学的学科基础,这样,与古代技术相比,生态技术就能够更有效地沟通人与自然之间的关系。另一方面,生态技术又具有现代生态学、大地伦理学、环境伦理学、现代生物学、生命科学、系统科学、材料科学等现代科学理论基础,这些综合学科能够为生态技术提供整体主义、系统论的方法论基础,从而将包括人类社会在内的整个世界作为整体看待。这样,生态技术首先在学科基础上超越了工业技术。

2. 生态技术在价值观基础上对工业技术的超越

通过前面对工业技术世界观的分析可知,工业技术是建立在人与自然二元对立的世界观基础之上的。由于人与自然的对立,获得了主体性地位的人类僭越上帝的地位成为了自然万物的主宰者,行使管理自然万物的权利。在这样的世界观支配下,人成为了世界的中心,人类中心主义的价值观也便由此形成。

以人与自然二元对立的世界观及人类中心主义的价值观为基础,人类依靠工业技术这样一种外在力量对自然展开了掠夺式的开发与利用,最终造成了自然环境的恶化和全球性的生态危机。人本身是自然界长期发展进化的产物,自然孕育了人,是生育人类的母亲。生育人类的自然在人诞生之后,又为人类提供其生存发展所必需的物质生活质料和生产资料,并进而成为人类的精神家园。然而在人与自然二元对立的世界观及人类中心主义的价值观支配下,人类片面追求自身的经济利益,利用工业技术"对地球进行掠夺式的开发、无节制的榨取、无限度的占有、无所顾忌的排放"[1],结果造成全方位、大面积的环境污染和全球性的生态危机。在人与自然二元对立的世界观及人类中心主义的价值观支配下,"新技术是一个经济上的胜利——但它也是一个生态学上的失

---

[1] 李锐锋. 廖莉娟. 黄飞. 人性化技术与社会的和谐发展[J]. 科学技术与辩证法. 2005.10.74-77

败"。① 工业技术的这种发展方式如果不发生转变，人类将走上自我毁灭的不归路。

工业技术将最终被生态技术所扬弃，扬弃工业技术的生态技术也将超越工业技术人与自然对立的世界观和人类中心主义的价值观。前已论及，生态技术不仅以数学、物理学、化学为学科基础，更是建立在现代生态学、生物学、生命科学、大地伦理学、环境伦理学、协同学、系统论科学、材料科学等科学理论基础之上。在这些现代综合科学理论的系统、整体的方法论指导下，生态技术将从总体性原则出发，树立起对人、社会、自然之间关系的正确理念和看法。

在生态技术视域中，人与自然之间是一种休戚与共、同生共荣的整体性关系。人是自然界长期发展的产物，是自然界的一个组成部分，作为一种生命存在形式，人的存在作为显现和其他生命形式并不存在本质区别。离开自然界，离开其他生命形式的存在，人的存在也不可能。只有在与自然共同形成的生命整体中，在整个自然界的循环系统中，人的生成与发展才成为可能。与此同时，自然界也不是离开人的对象化的孤立存在，没有主体就无所谓客体，没有人的存在，自然世界也将成为非意义性的存在。因此，人的本质诞生于自然世界，在自然世界中存在；自然世界也在人的面前才能获得它的本质，从而成为意义性的存在。这样，在生态技术论域下，人与自然界是一种统一性的存在。人与自然相统一，这就是生态技术的世界观。

人的存在当然表现出对自身的关怀，生态技术的发展与应用也终将指向人自身，只是生态技术对人的指涉不再是人类中心主义的，但仍然以人为本。在这里，"以人为本"首先是以作为整体的人为本，而不是以某个人或某一部分人为本；其次是以人性为本，而不是以人的利益为本，更不是以人的经济利益为本。既然人与自然界是一种统一性的存在，两者之间休戚与共、同生共荣，在生态技术的应用过程中，人类就将不再片面追求自身的利益，更不至于片面追求经济效益，而是全面权衡人与自然的整体利益。因为人的本质诞生于自然世界，是在与自然世界的相互作用过程中显现出来的，人的存在也与其他生命形式的存在密不可分，这样，对自然的损害，对其他生命存在形式的威胁，也就意

---

① WHO. The promotion and Development of Traditional Medicine(Report of WHO Meeting)[R]. Technical Report Series. WHO. Geneva. 1978. 622

味着对人自身的损害和威胁。因此，人类为了获得和保护自身的利益，也就必须同时保护自然及其他生命存在形式的利益。正是基于这样一种以人为本的生命整体主义的价值观，生态技术不仅推动着人类经济社会的发展，也同时保护着生态，呵护着自然。

支配生态技术的就是人与自然相统一的世界观和以人为本的生命整体主义的价值观，也是超越于工业技术的世界观和价值观。

3. 生态技术在技术范式上对工业技术的超越

"范式"一词在托马斯·S. 库恩(Thomas Samuel Kuhn)提出之后不久就街知巷闻，不管是否知其真意，人们开始把应用该词变为一种时尚。"范式"究竟是什么意思？从词源上看，"范式"一词源于希腊语 παράδειγμα，παράδειγμα是亚里士多德《修辞学》一书中的一个重要概念，意为一种最好的、最具指导性的例子。在亚里士多德著作的拉丁文翻译中，παράδειγμα 被译为 exemplum（例示）。英语 paradigm 一词的前身通常认为是 exemple（例子），而亚里士多德《修辞学》中 παράδειγμα 一词更接近于 exemplar（范例）。在近代欧洲语言中，paradigm 一词通常用于描述被遵循或被模仿的标准模型。[①] 库恩认为范式有两个特征，"它们的成就空前地吸引一批坚定的拥护者，使他们脱离科学活动的其他竞争模式。同时，这些成就又足以无限制地为重新组成的一批实践者留下有待解决的种种问题。"[②]库恩对于"范式"一词的多层意义上的使用都紧紧地围绕着这两个特征而展开。

库恩关于"范式"一词的使用具有启发意义，其后该词被广泛应用于诸学科领域。1982年，美国技术创新经济学家 G. 多西将"范式"概念引入技术创新之中，并提出了技术范式（technology paradigm）的概念，将技术范式定义为"解决所选择的技术经济问题的一种模式，而这些解决问题的办法立足于自然科学的原理"。[③] 从这一定义出发我们可以发现，技术范式是经济指向的，即为解决技术经济问题的。

结合库恩关于范式两个基本特征的描述及 G. 多西关于技术经济的定义，

[①] [美]托马斯·库恩. 科学革命的结构(第四版)[M]. 北京:北京大学出版社. 2003年版. 导读. 第12-13页
[②] 同上书，导读. 第8页
[③] [美]G. 多西. 技术进步与经济理论[M]. 北京:经济科学出版社. 1992年版. 第276页

我们认为:工业技术受资本的支配,追求的是经济效益,这就是工业技术的技术范式。一方面,通过工业技术的发展与创新给企业带来超额的利润,这不仅吸引了一大批的企业家,也吸引了一大批的技术工作者以逐利为目标而展开技术研究和技术创新活动;另一方面,资本逐利总是无止境的,这必然不断刺激一代又一代的技术工作者为解决技术经济问题持续展开技术研究和技术创新工作,将技术经济问题的解决不断推向深入。由于工业技术的这样一种技术范式以经济为指向、以利润为目标,这种单一的目标追求导致工业技术的发展只顾技术带来的经济利益,而忽视了社会整体利益,也漠视环境生态效益,从而造成了资源枯竭、环境污染、生态破坏等全球性危机的产生。

生态技术的技术范式与工业技术的技术范式根本不同。生态技术以自然为考量,综合权衡经济、社会、生态效益,这是生态技术的技术范式。因此,生态技术的技术范式能够吸引其坚定的信仰者在技术研究与技术创新活动过程中抛弃工业技术的旧模式,克服那种片面地以人为中心而不顾自然资源对人类行为承载能力有限的旧观念、旧的行为模式和生存方式,在人与自然相统一的世界观和以人为本的生命整体主义的价值观指引下,始终将人的活动控制在自然能够承载的限度范围内。以人为本,综合权衡经济、社会、生态效益,不断推进人、社会、自然在相互作用过程中呈现的问题的解决,这就是生态技术的技术范式对逐利的工业技术的技术范式的超越。

二、生态技术对古代技术的辩证复归

生态技术不仅从学科基础、世界观、价值观、技术范式等方面超越了工业技术,由于其多维的科学基础、人与自然相统一的世界观、以人为本的生命整体主义的价值观、以自然为考量、综合权衡经济、社会、生态效益的技术范式,生态技术也实现着在生活世界、人的本质、自然之魅上对古代技术的辩证复归。

1. 生活世界的复归

古代技术在出场之时同时建构起了人的生活世界,将人的生活世界一并带入在场。工业技术由于受资本逻辑的支配,技术的制作者与使用者彻底相分离,从而导致了工业技术的发展对人的生活世界的遮蔽。生态技术从人、技术、社会、自然的整体关系出发,在其呈现的过程中也将人的生活世界呈现,实现对人的生活世界的辩证复归。

下面我们以"无止桥"(Bridge Too Far)①的修建为例来论述生态技术对人的生活世界的复归。要说明的是,"无止桥"是由香港注册慈善团体"无止桥慈善基金会"捐助,由内地和香港两地的大学生及专业志愿人士运用生态理念及技术同心协力修建的桥梁。我们在这里所要讨论的这座"无止桥"是在甘肃东部地区一座典型的贫困村落毛寺村修建的方便村民来往于当地蒲河两岸的一座主要由手工建造的桥梁。

这座桥梁是采用生态技术修建的一座建筑,之所以这么说是因为:第一,这座桥梁的修建以现代生态学为科学理论基础,充分考虑到当地脆弱的生态环境,就地取材。第二,桥梁的修建综合现代建筑学、结构力学、结构设计、流体动力学等科学理论,由西安交通大学教授、香港建筑界的建筑师、结构工程师等专家共同设计,英国著名的结构大师 Tony Hunt 也直接参与了结构设计论证。②第三,"无止桥"由当地村民和志愿者共同动手修建。第四,桥梁的修建将人的生活世界展露了出来。

那么,"无止桥"的修建是如何将人的生活世界带入在场的？首先,从桥梁修建的筹备阶段开始,人的真实生活世界就已经入场。在桥梁设计过程中,香港社会各界积极宣传和发动,为桥梁建设募集了大量实物和资金,参加建桥的志愿者报名踊跃。其次,在桥梁建设的过程中,志愿者和当地村民的生活世界共同在场。部分村民负责做饭和送水,年轻力壮的村民和志愿者共同运送毛石材料和钢框架,当地的孩子也力所能及地将毛石搬进钢框架,裁剪连接网丝、网箱组装、毛石搬运和装载、装配桥梁板等所有工作都在有条不紊地顺利开展,经过6天的艰辛建造,"无止桥"终于落成。再次,"在竣工典礼前一天的夜晚,所有志愿者自发地来到小河河畔,坐在自己亲自为村民建造的小桥上,头顶满天繁星,脚下潺潺流水,纯净而惬意。"③最后,竣工之后,借助"无止桥",村民往返于蒲河两岸,将学习、工作、生产、生活,一句话,将人的整个生活世界呈现了出来。

---

① 吴恩融. 穆钧. 基于传统建筑技术的生态建筑实践——毛寺生态实验小学与无止桥[J]. 时代建筑. 2007.7.1-14
② 吴恩融. 穆钧. 基于传统建筑技术的生态建筑实践——毛寺生态实验小学与无止桥[J]. 时代建筑. 2007.7.1-14
③ 同上

这就是生态技术对古代技术在生活世界上的辩证复归。

2. 人的本质的复归

工业技术将人附着在机器之上,甚至使人碎片化为机器的一个组成部分,从而遮蔽了人的本质。生态技术则通过对人的生活世界的复归重新使人获得了自身的本质,并把生态技术作为自身本质力量的体现使人的本质呈现出来。

在"无止桥"从设计、筹划到建造的整个活动过程中,工程师、学者、商人、香港市民、学生、志愿者、村民等,无一不是在对自身本质的清醒认识之下将自身的本质力量展现出来。大学教授、建筑师、结构工程师,他们在"无止桥"的设计过程中进行艰辛的实地勘察,结合当地生态环境和实际的经济社会状况,设计出具有适应性的桥梁结构,不求物质回报将自己的学识无偿奉献出来,实现着自己的本质力量。在筹划的过程中,香港社会各界人士,包括媒体界工作人员、商人、社会贤达、普通市民等,积极踊跃地捐钱捐物,尽己所能,完成了对自身人的本质的回归。在"无止桥"的施工建造中,志愿者、村民各司其职、共同协作,克服恶劣的气候环境和简陋的工作条件所带来的辛劳,苦中作乐,将劳动的艰辛化作欢乐的汗水,在桥梁的建造中展现自己作为人的本质力量,呈现自己的人的本质。桥梁建造完成之后,当地居民可以顺畅地来往于蒲河两岸,学习、生活、生产,也使人的本质的实现成为可能。

生态技术就这样在将质料入于外观的过程中将自身呈现,也同时使人的本质得到实现,是对古代技术对人的本质的开显的辩证复归。

3. 自然的复魅

塞尔日·莫斯科维奇说:"自然的魅力来自生命的魅力。"[1]生态技术克服了工业技术对自然的促逼式解蔽所提出的蛮横要求,从"人—技术—社会—自然"的整体循环关系出发,在认识自然规律的基础上尊重自然、顺应自然、保护自然,从而使自然的魅力得以复返。

与古代技术由于没有科学理论的指导而缺乏对自然规律性认识所导致的对自然的盲目尊崇与敬畏不同,生态技术的发展建立在科学理论基础之上,有着多维的现代学科作为其科学基础,对自然规律有着深刻的认识。然而,生态

---

[1] [法]塞尔日·莫斯科维奇. 还自然之魅——对生态运动的思考[M]. 北京:生活·读书·新知三联书店. 2005年版. 第20页

技术对自然规律的深刻认识并没有如工业技术在揭开自然的面纱之后僭越自然规律，蛮横的对待自然，掠夺式地开放自然。生态技术在其显现的过程中尊重自然、顺应自然、保护自然。生态技术将人与自然看作同生共荣的统一体，人生成于自然，自然的意义为人而呈现，而不是将人看作可以凌驾于自然之上的主人。在运用生态技术作用于自然时，人类顺应自然规律，按自然规律办事，而不是无视自然规律，挑动自然。与此同时，人类能够自觉地承担起保护自然的责任，在向自然界获取生存与发展之需的同时，呵护自然，回报自然，保护自然的生态系统，把人类活动控制在自然能够承载的限度内。

在"无止桥"的建造中所展现的生态技术就充分体现了对自然的尊重、顺应和保护。我国西北地区水土流失严重，生态环境脆弱，根本承载不起现代工业技术对自然提出的蛮横要求，在工程施工的过程中，任何微小的生态失策都有可能对原本脆弱的环境造成无法挽回的损害和破坏。在充分考虑到这一严峻的环境现实下，工程技术人员本着对自然的尊重和保护，在建造"无止桥"的整个过程中，除了用小型电钻在河床钻孔以便插入钢筋挂住毛石砌体外，全部工程都由志愿者们手工完成。建桥所用材料也都是在当地获得的可持续性材料，这样的建造顺应着自然，避免了对河床的开挖，体现了对当地母亲河的尊重，也是对母亲河的呵护。正是在对自然的尊重、顺应与保护中，生态技术将自然复魅。

本章小结

从技术发展的内在逻辑看，在"人—技术—社会—自然"整体循环的非线性关系视野下，技术的演进经过了古代技术、工业技术、生态技术这样三个历史时期。古代技术以其始源性的原初特征在自身入场的同时将人的生活世界一同呈现，在技术制作的质料入于外观过程中，人的本质也被带入在场，在技术与人共同入场的同时，自然也以附魅的方式呈现出来，天地人实现原初的统一。由于缺乏对自然规律的科学认识，自然充满神秘性，古代技术只可能在不完全意义上对自然展开解蔽，由于缺乏科学理论基础，这种不完全意义上的解蔽又经常是个别的和偶然的。古代技术个别的偶然的解蔽终将被建立在自然科学发展基础之上的现代工业技术的一般的常规的解蔽所代替,古代技术也将被工业技术的发展最终取代。工业技术的产生显示出一种强大的解蔽力量,这种解蔽是促逼式的解蔽,向自然提出蛮横的要求;工业技术显示出的力量也是一种外在于人的力量,这种外在于人的力量反过来支配人、控制人、奴役人。这样,工业技术的促逼式解蔽不仅遮蔽了人的生活世界,也使人发生异化,人的本质在工业技术的促逼式解蔽中丧失,自然也在工业技术提出的蛮横要求中被掠夺和践踏,自然的魅力沦丧。工业技术的促逼式解蔽导致人与自然的双重危机,人性被倾轧,环境被污染,生态被破坏。工业技术的内在缺陷必将被生态技术所克服,生态技术是对工业技术的扬弃,是工业技术发展的必然结果。在人与自然相统一的世界观和以人为本的生命整体主义价值观的指导下,生态技术科学地认识和处理"人—技术—社会—自然"之间整体循环的非线性关系,在生态技术入场之时,工业技术被超越,人的生活世界得到复归,人的本质在生态技术入场时被呈现出来,在认识和掌握自然规律的前提下,自然被尊重、顺应和保护,自然的魅力得以复返。

正是在从古代技术到现代工业技术再到生态技术的这种技术发展的辩证运动过程中,生态技术对前生态技术不断扬弃,使自己在被带入在场的过程中,将人的生活世界呈现,使人的本质得以复归,自然的魅力得以复返,实现着人与人、人与社会、人与自然的和谐,从而成为构建社会主义和谐社会的关键技术支撑。

第六章

生态技术的内在本质对构建和谐社会的支撑

相对于古代技术和工业技术而言,生态技术是一种更高级的技术形态,是技术发展到一定历史阶段的必然产物。生态技术吸收了古代技术在人与自然关系上的亲和性,克服了工业技术对人的异化及对自然的蛮横,在将自身带入在场时使人的本质显现,也使自然达于澄明。从其内在本性来看,生态技术遵循"(天然)自然→(人—技术—社会)→(人性)自然"这一整体生命循环系统,使人、技术、社会、自然之间呈现出一种非线性的协调平衡关系,这样,从生态技术自身(技术)、生态技术与人的关系(人—技术)、生态技术与社会的关系(技术—社会)、生态技术与自然的关系[(天然)自然→(人—技术—社会)→(人性)自然]这四个层面,生态技术显现出技术自身的协调自洽、人的本质的实现、技术社会的澄明、天地人的和谐聚集的内在本性。生态技术的这种多维内在本性最终使人与人、人与社会、人与自然走向和谐,使生态技术成为构建社会主义和谐社会的关键技术支撑。

第一节 技术自身的协调自洽

技术作为一个抽象的整体性概念,在生活世界总是表现为各种各样的技术物,因此,千姿百态造型各异的技术物是技术的具体体现。而任何一个技术物——或者一辆具有复杂结构系统的环保型汽车,或者一把简简单单的木柄锤——它总是有着双重属性,即技术物总是结构与功能的统一体。一方面,任何一个现实的具体的技术物总是具有一定的物理结构和物理性质的物理客体,这一物理客体的物理性质、物理结构遵循的是物理规律或自然规律;另一方面,物理客体作为技术物又总是人的意志的表现,总要满足人的某种(某个)意图,即要求技术物要具有某种(某个)功能,如汽车用于运输、锤子用于捶打。技术物的这种功能目的性是社会建构的,体现的是技术物的社会属性,遵循的是社会规律。技术哲学家彼得·克罗斯(Peter Kroes)将技术物的功能的社会属性与结构的自然属性的区别称作技术物的二重性。①

结构与功能总是存在于技术物之中,但是技术物的结构与功能之间并非一一对应的线性关系,也不是结构蕴涵功能或功能蕴涵结构的必然的蕴涵关系,技术物的结构—功能之间具有"非充分决定性",是一种"非充分决定关系",即是说,一种物理结构往往可以满足人的多方面需要、实现多种社会功能,一种社会功能也可以由多种物理结构来实现。② 如木柄锤子可以用于打铁、敲钉子,在一定条件下也可能成为杀人凶器;而要实现运输的功能可以用汽车、火车,也可以用轮船。结构并不逻辑蕴涵功能,功能也无法逻辑演绎地推出结构,那么技术物的结构与功能如何协调自洽?

一、工业技术技术物的结构—功能关系间的逻辑鸿沟

工业技术以数学化的理化学科作为其科学基础,以"座架"促逼和摆置自然,用传统逻辑思维追问思考技术,这种"硬"的科学基础与"硬"的逻辑思维方式,导致了技术物结构—功能关系的逻辑鸿沟,从而无法实现技术物结构—功能关系的协调。

技术物的结构总是陈述着技术物的物理性质,是描述性陈述,也称作"是"陈述,这种陈述反映的是技术物的自然属性;技术物的功能则陈述着主体的功能需求,是规范性陈述,也称作"应"陈述,反映的是技术物的社会属性。如一辆汽车(C),作为一技术人工物,它一般由发动机(S_1)、车身(S_2)、底盘(S_3)、电气设备(S_4)、控制系统(S_5)等要素按一定的结构组装而成,从而构成一有特定功能(F)的整体。如果用一逻辑表达式来表示汽车这一技术人工物,则为:

$$C \leftrightarrow S_1 \& S_2 \& S_3 \& S_4 \& S_5 \& R(S_1, S_2, S_3, S_4, S_5) \& F \cdots\cdots (6-1) \text{式}$$

---

① Peter Kroes. Technological explanations: The relation between structure and function of technological objects[J]. Society for Philosophy and Technology. 1998. Spring. 3(3)
② 吴国林. 李君亮. 生态技术的哲学分析[J]. 科学技术哲学研究. 2014. 2. 51–55

6-1式中,C 表示汽车;R 是关系谓词,表示要素之间的关系;F 表示汽车运载人或物的功能。如果用 S 表示 $S_1\&S_2\&S_3\&S_4\&S_5\&R(S_1,S_2,S_3,S_4,S_5,)$,汽车这一人工物用逻辑表达式则表示为:

$C \leftrightarrow S \wedge F$……(6-2)式

如果用命题分别陈述汽车的结构与功能,则汽车的结构组成可以表达为:

(6.1-1)汽车是由发动机(S_1)、车身(S_2)、底盘(S_3)、电气设备(S_4)、控制系统(S_5)等要素按一定的方式排列组合而成。

我们可以看到,(6.1-1)式的主联结词是"是",这就表明,(6.1-1)式表达的陈述是一个"是"陈述。

汽车的功能则可以表达为:

(6.1-2)汽车的功能是用于运输人或物的。

从表面上看,(6.1-2)式的联结词是"是",但是请注意,"是"后面紧跟着的是具有倾向性质的、用来表达主体意图的"用于"一词,因此,(6.1-2)式实际上是一个规范性陈述,即是"应"陈述。

技术物的结构是"是"陈述,而功能是"应"陈述。休谟(David Hume)在讨论人类行为、人类技术行为特别是人类伦理行为时,严格区分了"是"陈述与"应"陈述即描述性陈述与规范性陈述之间的区别,明确指出,从"是"陈述不能逻辑演绎地推出"应"陈述。他说:"在我所遇到的每一个道德学体系中,我一向注意到,作者在一个时期是照平常的推理方式进行的,确定了上帝的存在,或是对人事作了一番议论;可是突然之间,我却大吃一惊地发现,我所遇到的不再是命题中通常的'是'与'不是'等联系词,而是没有一个命题不是由一个'应该'或一个'不应该'联系起来的。这个变化虽然是不知不觉的,却是有极其重大关系的。因为这个应该或不应该既然表示一种新的关系或肯定,所以就必须加以论述和说明;同时对于这种似乎完全不可思议的事情,即这个新关系如何能由完全不同的另外一些关系推出来,也应该举出理由加以说明。"[1]从"是"陈述不能逻辑演绎地推出"应"陈述,这就是著名的休谟问题。

现在我们讨论技术物的结构—功能关系,这就同样遇到了如何从技术物的结构的"是"陈述推出功能的"应"陈述或从技术物的功能的"应"陈述推出结构

---

[1] 休谟. 人性论[M]. 北京:商务印书馆. 1983年版. 第509-510页

<<< 第六章 生态技术的内在本质对构建和谐社会的支撑

的"是"陈述的问题。对此我们"应该举出理由加以说明"。

那么从技术物的结构能够推出技术物的功能吗? 即已知一技术物 x 具有功能 $F(x)$,功能 $F_{(x)}$ 逻辑蕴涵了一定的结构 $s_{1(x)}, s_{2(x)}, \cdots, s_{n(x)}$,这些结构构成一个结构集合 S。于是有:

$$F_{(x)} \to S(s_{1(x)}, s_{2(x)}, \cdots, s_{n(x)}) \cdots\cdots(6-3)式$$

现在给出另一技术物 y,并且这一技术物具有了这样的结构 $S(s_{1(y)}, s_{2(y)}, \cdots, s_{n(y)})$,我们能逻辑演绎地推出该技术具有功能 $F_{(y)}$ 吗? 我们将这一推理形式表达如下(6-4)式:

$$F_{(x)} \to S(s_{1(x)}, s_{2(x)}, \cdots, s_{n(x)})$$
$$S(s_{1(y)}, s_{2(y)}, \cdots, s_{n(y)})$$

$$F_{(y)}$$

显然,(6-4)式是一个肯定后件的推理,因此,这是一个错误的推理。因为在演绎逻辑的推理过程中,肯定后件并不能够肯定前件,否则就是犯了肯定后件的错误。在技术物的结构—功能关系中也是如此,这就正如彼得·克罗斯指出的那样,"在客体结构性质的基础上,它的功能是不能以逻辑演绎的方式被推出的。"[①]

我们接着以汽车为例来说明技术物的结构—功能关系之间的逻辑鸿沟。

如果汽车这一由一定结构组成的具有特定功能的技术物可以用表达式表示为 $C \leftrightarrow S \wedge F$,现在我们要问:

$(C \leftrightarrow S \wedge F) \wedge S \to F \cdots\cdots(6-5)式$

或 $(C \leftrightarrow S \wedge F) \wedge F \to S \cdots\cdots(6-6)式$

成立吗?

我们以 $(C \leftrightarrow S \wedge F) \wedge S \to F$ 为例进行证明,则 $(C \leftrightarrow S \wedge F) \wedge F \to S$ 同理可证。

为证明 $(C \leftrightarrow S \wedge F) \wedge S \to F$ 是否成立,我们将其展开为:

$[(C \to S \wedge F) \wedge (S \wedge F \to C)] \to F \cdots\cdots(6-7)式$

由于这是一个无前提证明,我们采取真值表方法来验证(6-7)式是否成

---

① Peter Kroes. Technological explanations: The relation between structure and function of technological objects[J]. Society for Philosophy and Technology (后改名为 Techne). 1998. Spring. 3(3)

立。我们用"1"代表真,"0"代表假,将(6-7)式列真值表如下表6.1：

表6.1

C	S	F	((C→S∧F)	∧(S	∧F→C))	∧S	→F			
1	1	1	1	1	1	1	1	1	1	
1	1	0	0	0	0	0	1	0	1	
1	0	1	0	0	0	0	1	0	1	
1	0	0	0	0	0	0	1	0	1	
0	1	1	1	1	0	1	0	0	1	
0	1	0	1	0	1	0	1	1	0	
0	0	1	1	0	1	0	1	0	1	
0	0	0	1	0	1	0	1	0	1	

通过真值表我们可以清楚地看到,(6-7)式是一个偶真式逻辑表达式,换句话说,(6-7)式并不成立。由于(6-7)式是(6-5)式的展开式,因此(6-5)式并不成立。同理可证(6-6)式也不成立。

因此,通过逻辑演绎,我们无法由汽车的结构推出其功能或由汽车的功能推出其结构。

这就是工业技术技术物的结构—功能关系在逻辑上的不自洽。工业技术技术物的这种逻辑上的不自洽有其深刻的社会根源,即工业技术服从资本逻辑。

技术物既然总是由其物理结构所构成,物理结构具有物理性质遵循的是物理规律即自然规律,那么人们对于物理结构的制作也就理应遵循着物理规律,并以此满足人的物理机械需求。如子贡所言,"有械于此,一日浸百畦。用力甚寡而见功多。"[1]机械制作就是用于满足人们"用力甚寡而见功多"的,技术也为此而登场。但是,工业技术社会的发展所呈现的物役使人、控制人的负面影响不幸为庄子所言中,即"为机械者,必有机事;有机事者,必有机心。机心存乎胸,则纯白不备。纯白不备,则神生不定。神生不定者,道之所不载也"[2]。也就是说,技术的发展进入工业技术时代,用机械力量代替人力以实现人的解放

---

[1] 语见《庄子·天地篇》
[2] 同上

不再是技术发展的目标,技术被资本所控制,服从着资本的逻辑,工业技术只为资本增值服务,为人服务反而成为手段,成为获取资本利润的工具。正如福斯特指出的那样,工业技术"并没有将其活动仅局限于人类基本需要(如吃、穿、住)的商品生产和人类与社会发展必需的服务设施上。相反,创造越来越多的利润已成为目的本身,而且产品的样式和它们最终的实用性也已无关紧要。商品的使用价值越来越从属于他们的交换价值。生产出的使用价值主要是为了满足虚浮的消费,甚至对人类和地球具有破坏性(从满足人类需要的意义上讲毫无用途);而且在现代市场力量的驱动下,人类还产生了追求这些具有破坏性商品的欲望。"[1]这样,工业技术的功能目标被资本逻辑遮蔽,获利而非满足主体真实需要成为技术物的功能目标。服务于人的功能目标的丧失使工业技术既丧失了其人本性,也无视自然规律,仅在资本增值的规律支配下自我发展,并造成了严重的环境污染、生态破坏,威胁到人类自身的生存与可持续发展。

受资本逻辑的支配与控制,工业技术技术物的结构不可能与其功能协调共契。只有恢复技术的多维功能属性,运用新的推理方式对技术物的结构—功能关系进行逻辑解释,技术物才能实现逻辑自洽和结构—功能关系协调。

二、生态技术技术物的结构—功能关系的协调与逻辑自洽

前一章我们已经述及,生态技术是对古代技术在生活世界、人的本质、自然之魅的辩证复归,这种复归也同时克服了工业技术技术物在结构—功能关系上的不协调和逻辑上的不自洽。

由于工业技术造成的环境污染、生态破坏、资源枯竭等给人类自身带来的生存发展的威胁,面对这种困境,人类不得不对工业技术的负面影响和作用进行思考并做出改变,以解决人类发展面对的这些现实的危险。生态技术作为对工业技术的扬弃的结果,首先实现了技术物结构—功能关系的协调。

对生活世界、人的本质、自然之魅的辩证复归使生态技术获得了多维的功能目标,也就是说,生态技术本身不仅展现人的生活世界,展示人的本质力量,生态技术还维护着自然之魅丽。从"生态"一词的本源出发,生态技术是指能够

---

[1] [美]约翰·贝拉米·福斯特. 生态危机与资本主义[M]. 上海:上海译文出版社. 2006年版. 第90页

维系生物本有的存在状态及其与存在环境始源性关系的技术,这实际上要求,生态技术作为一种技术形态首先要求具有生态目标,即要求满足技术与自然环境之间的动态平衡关系。既然生态技术内含着生态目标的要求,从这一要求出发,获得了自身本质的人发挥自己的主体能动性,就可以实现生态技术的这一功能目标。即生态技术的生态功能目标要求着生态技术的技术物具有相应的生态要素和生态结构,从而实现生态技术技术物结构—功能关系的协调。

从逻辑上看,生态技术的生态功能要求相应的生态要素和生态结构,可以表达为:

$$F_e \cdots \to S_e(s_{1e}, s_{2e}, \cdots, s_{ne}) \cdots\cdots (6-8) 式$$

在(6-8)式中,所用的推理符号并不是逻辑蕴涵符"→",而是实践推理符"…→","…→"表示实践推理①而不是演绎推理,其意思是"要求"而不是"蕴涵"或"推出"。脚标 e 表示生态性质,即 F_e 表示技术物的功能具有生态性质,S_e 表示技术物的结构具有生态性质,$s_{1e}, s_{2e}, \cdots, s_{ne}$ 表示技术物的结构要素具有生态性质。

如果有一技术物 x,其结构-功能关系如(6-3)式,即 $F_{(x)} \to S(s_{1(x)}, s_{2(x)},$

---

① 关于实践推理详见吴国林、李君亮《试论实践推理》一文,发表于《自然辩证法研究》2015年第1期。我在这里只对实践推理作一简单介绍:
实践推理是从"应然"非演绎地推出"实然"的一种推理,它的结论为行动、行动意向或行动信念。实践推理的基本结构是:
小前提:陈述主体的意向目标
大前提:陈述实现意向目标的必需手段/方式
结论:(非演绎地得到)采取必须手段/方式的行动、行动意向或行动信念
在实践推理过程中,主联结词不是用实质蕴涵符"→"表示,而是用实践推理符号"…→"表示。"…→"表示"要求"。也就是说,在实践推理中,前提与结论之间不是逻辑蕴涵关系,而是要求,是行动律令。(意向)目标—行动(决策),这是实践推理的最基本的模式,即第一模式。将这一模式图式化则为注-1式:
(注-1a)R 想要达到 x
(注-1b)除非 R 采取行动 y,否则他不会达到 x
(注-1c)因此 R 必须采取行动 y
就生态技术而言,由技术物的生态功能非演绎地推出其生态结构的实践推理模式则为注-2式:
(注-2a)R 想要实现技术物 x 的生态功能 F_e
(注-2b)除非 R 对技术物 x 采取生态结构 $S_e(s_{1e}, s_{2e}, \cdots, s_{ne})$,否则他不会达到实现技术物 x 的生态功能 Fe 的目的
(注-2c)因此 R 必须对技术物 x 采取生态结构 $S_e(s_{1e}, s_{2e}, \cdots, s_{ne})$

$\cdots, S_{n(x)}$)。现在假设这一技术物为生态技术,即该技术物有生态功能,则我们可以通过实践推理要求其结构具有生态性质。用逻辑表达式可以表示为:

$$\exists_{(x)}[F_{(x)} \rightarrow (S_{1(x)}, S_{2(x)}, \cdots, S_{n(x)})] \& F_e \cdots \rightarrow (S_{1e(x)}, S_{2e(x)}, \cdots, S_{ne(x)}) \cdots\cdots (6-9)式$$

由于(6-9)式的主联结词不是逻辑蕴涵符"→",而是实践推理符"…→",所以(6-9)式成立。因为这里表达的是实践推理的"要求"之意。也即是说,如果将实践推理符"…→"换成逻辑蕴涵符"→",即:

$$\exists_{(x)}[F_{(x)} \rightarrow (S_{1(x)}, S_{2(x)}, \cdots, S_{n(x)})] \& F_e \rightarrow (S_{1e(x)}, S_{2e(x)}, \cdots, S_{ne(x)})$$

该表达式就不成立。

那么,(6-9)式是如何得到的?这一推理的过程如下(6-10)式:

$$F_{(x)} \rightarrow S_{1(x)}, S_{2(x)}, \cdots, S_{n(x)}$$
$$F_e$$
$$\overline{\phantom{S_{1e(x)}, S_{2e(x)}, \cdots, S_{ne(x)}}}$$
$$S_{1e(x)}, S_{2e(x)}, \cdots, S_{ne(x)}$$

这一推理过程的实质可以简写为:如果 p→q,那么我们要求 p+δp…→q+δq。对技术物功能、结构的生态附加,即 δp、δq,这只有通过实践推理发出的"行动律令"才可以实现。生态技术的发展正是人类赖以生存的自然环境向人发出的"行动律令"。

人总是他生存于其中的环境的一部分,与周围环境一起构成一个循环的生态系统,系统内部诸要素之间以及系统与周围环境之间总是在相互适应中不停地进行着物质信息和能量的交换。工业技术的发展一度使这一相互适应的交换过程受到阻隔和中断,取而代之的生态技术恰恰能够弥补这一缺陷,使技术与环境之间能够相互适应,技术活动的结构对环境造成的影响能够为自然界所消融。

我们说过,技术物总是由一定的结构——功能关系所构成,生态技术本身也是由各要素构成的结构按一定的方式排列组合而成。如风力发电机就是由叶片、轮毂、机舱、叶轮轴与主轴连接、主轴、齿轮箱、刹车机构、联轴器、发电机、散热器、冷却风扇、风速仪和风向标、控制系统、液压系统、偏航驱动、偏航轴承、机舱盖、塔架、变桨距19个部分共同构成,这19个要素也需要经过一定的生产过程才能制造出来。作为生态技术,就必然要求构成技术人工物的各个要素也同时具有生态性。即是说,"真正的生态技术,是在一定的环境许可条件下的要素、结构与功能的协调适应状态。"①既是生态技术,则要求技术物的功能具有生态性质,从而就必须要求技术物的结构及其组成要素 $C_1, C_2, \cdots, C_n$ 具有生态性质。这样,我们就可以用实践推理将生态技术表达如下(6-11)式:

(1)功能—结构的似律性陈述:$(x)[F_{(x)} \rightarrow (S_{1(x)}, S_{2(x)}, \cdots, S_{n(x)})]$

(2)功能要求:F_e

(3)环境要求(评价与选择标准):E_n

……

(4)结论(结构与要素要求):$(S_{1e(x)}, S_{2e(x)}, \cdots, S_{ne(x)}) \& (C_{1e(x)}, C_{2e(x)}, \cdots, C_{ne(x)})$

在(6-11)式中,$C_{1e(x)}, C_{2e(x)}, \cdots, C_{ne(x)}$ 表示构成人工物的要素本身也具有生态性质。一般说来,技术物的结构总是包含着一定的构成要素,故除非特别指出,言要素即指结构,言结构也包含要素。

生态技术技术物的结构与功能之间是多对多的非线性关系,这样,结构与功能之间的协调与适应关系可以是一种自组织关系。在结构与功能的自组织关系中,结构能够根据变化了的环境做出自我调整,在结构做出调整之后,功能也随之发生相应的变化,从而使结构—功能关系相协调。生态结构导致生态功能,生态功能要求生态结构,在生态结构与生态功能的自组织关系中相互协调,这样的技术就是真正的生态技术。技术物的结构总是包含着要素,构成生态技术技术物的要素也具有生态性,这也就涵括了技术要素的生产过程的生态性,于是,生态技术技术物的结构(含要素)与功能必然是时间性的,即随着时间的变化,技术物的结构与功能关系仍然能够相互协调。②

这样,从技术自身来看,生态技术就是其技术物的结构与功能关系相互协调逻辑自洽的技术,它们能共同适应环境的变化。

---

① 吴国林.李君亮.生态技术的哲学分析[J].科学技术哲学研究.2014.2.51-55

② 同上

第二节 人的本质的实现

技术总是人的技术,任何技术都必然与人结合在一起,正如美国著名技术哲学家 C. 米切姆(Carl Mitcham)指出的那样,"技术与人关键性地卷在一起。"①生态技术作为技术发展的高级形态,也必定不断地与人发生相互作用,与人关键性地卷在一起。那么,在"人—技术"的关系中,生态技术是如何与人关键性地卷在一起,在与生态技术的相互作用中,人究竟处于一种什么样的地位和如何显露自身?

一、人的主体地位的呈现

美国著名现象学技术哲学家唐·伊德(Don Ihde)借用现象学的意向性概念进行人、技术、世界关系的分析②,提出了"人类—技术—世界"这一公式来用以理解技术。伊德在用人与世界相互关系来表达意向性(intentionality)概念的基础上,具体分析了机器或技术在人与世界中的关系,指出人、技术、世界之间存在着这样几种基本的意向性关系:即体现性关系(embodiment relation)、解释学关系(hermeneutic relation)、背景关系(background relation)、变更关系(alterity relation)等。

技术在人与世界的体现性关系视野下,人类与技术相结合形成一个统一的整体,作为一个整体,人类—技术与世界发生关系,这样,技术作为居间调节手段,沟通着人类与世界的关系,人类的经验也同时被技术的居间调节所改变。我们可以将人、技术、世界的体现性关系用意向性公式表述为:

(人类—技术)→世界

在这里我们看到,人类—技术用一个圆括弧括起来,这个圆括弧就表示人类—技术已经成为一个统一体(unity)。在人类—技术作为统一体呈现的体现

---

① Carl Micham. Thinking Through Technology: the Path between Engineering and Philosophy [M]. Chicago. The University of Chicago Press. 1994. p. 159
② Don Ihde. Technics and Praxis[M]. Holland:D. Reidel Publishing Company. 1979. pp. 4-6

性关系中,技术展现出部分透明性,即技术存在感或存在性的减弱①,技术存在性的减弱使得其不是人类关注的中心,技术成为了身体体现的一部分,并进而具有人的身体的某部分特征,技术因此成为人类身体的延伸。如眼镜,戴眼镜者与眼镜已融为一体,戴眼镜者近视时关注的并不是眼镜,而是通过与自身联结在一起的眼镜去看世界。

在人类、技术、世界的解释学关系中,技术不是与人相结合,技术与世界构成了一个统一的整体,成为世界的一部分,人类的经验与世界之间需要有技术做解释学的转换,通过这种解释学的转换,经验世界才能呈现在人的面前。如气象卫星,我们通过气象卫星所看到的云图并不是所需呈现的世界本身,我们需要专门技术人员对云图进行翻译,将它描述为我们所熟悉和理解的天气现象,如下雨、下雪、刮龙卷风、天晴,等等。解释学关系用意向性公式表述为:

人类→(技术—世界)②

在人与技术的变更关系中,世界消隐在人类→技术的意向性关系背后,在这里,技术获得了某种程度上的相对独立性,人面对的是技术,单纯与技术发生关系。人类、技术、世界的这种变更关系可以用意向性公式表示为:

人类→技术(—世界)。

在人类、技术、世界的变更关系中,由于世界在人类→技术的意向性关系中的消隐,与其说人是在与世界打交道,不如说人是在与技术相交往。如取款机(ATM),我们不是在知觉世界中,而是在与它的直接交往中获得人自身的目的。

在人类、技术、世界的背景关系中,技术丧失了在变更关系中的独立性,技术退到幕后,作为世界的背景在起作用,如空调即是属于此种类型的技术物,通过遥控器,我们调节环境,而关于该技术物则不在我们关注的视野之内,它作为环境背景而存在,只有当空调损坏,无法为我们提供意向环境时,它才进入我们的视野。人与技术的背景关系可用意向性公式表示为:

人类(—技术/世界)③

体现性关系、解释学关系、变更关系、背景关系,这就是人与技术的四种基本的意向性关系。从伊德关于人与技术的这四种基本的意向性关系研究中我

---

① 肖锋. 哲学视域中的技术[M]. 北京:人民出版社. 2007年版. 第30页
② 吴国林. 后现象学及其进展[J]. 哲学动态. 2009.4.70-76
③ 韩连庆. 技术与知觉[J]. 自然辩证法通讯. 2004.5.38-42

们可以看出,伊德并不认为存在纯粹的技术本身,在他看来,技术就在于技术与人和世界的意向相关性,技术不仅是一种意向性存在,而且必然是一种与人相关的意向性存在,也是一种与人相关的意向性关系存在,即一种关系性存在。伊德关于人与技术之间这种意向性关系的论述有其合理之处,因为技术总是人的技术,总表达着人的意图和目的,人与技术之间就是这样一种意向性的关系。但是伊德将人与技术在它们的意向性关系中一起作为客观对象进行描述与分析,将人与技术之间的意向性关系看作一种无价值函项的平等关系①,从而使人在技术面前的主体性丧失,为技术对人的支配与控制的异化留下了裂罅。

对于生态技术的讨论而言,"生态技术"一词本身就内在地蕴涵着特有的生态性的价值观和价值取向,"生态"本身就意味着一种价值判断,一种对人和自然的聚焦。因此,建立在价值判断视域下的生态技术与人、社会、自然的关系必然更为复杂,而不再是简单地无价值函项地表现为伊德式的人类—技术—世界的意向性关系。我们可以借鉴伊德关于人类—技术—世界的意向性公式来表述生态技术,则生态技术可以用公式表述为:

(天然)自然→(人—技术—社会)→(人性)自然

我们该如何解释这一公式?

首先,整体和个体之间是一种辩证的关系,没有个体的存在就无所谓整体。人类社会作为一个整体,首先要有作为个体的人的生命存在,没有个体的人的生命存在,人类社会不可能产生,正如马克思指出的那样,"任何人类历史的第一个前提无疑是有生命的个人的存在"。② 人首先必须作为个体的生命而存在,作为自然界的动物而存在,是自然界中的一个分子,在自然中生成、发展、消亡,没有作为个体的个人的存在,便不会有作为整体的人类社会的存在,这样,也不会有作为人类社会产物的技术的诞生,生态技术更无从谈起。

其次,个体又离不开整体而独立自存。人总是在人类社会整体中存在着的生命个体,人是一种类存在动物,人一定是社会的人。作为生命个体的存在要成为人,必须在相互交往活动中结成一定形式的共同体,在共同体中展开生命存在的本质,因为"人的本质不是单个人所固有的抽象物。在其现实性上,它是

---

① 吴国林. 李君亮. 生态技术的哲学分析[J]. 科学技术哲学研究. 2014. 2. 51-55
② 马克思恩格斯选集(第1卷)[M]. 北京:人民出版社. 1972年版. 第24页

一切社会关系的总和"。① 只有在人类社会这一整体中,在人类社会整体的交往活动过程中,人的本质才得以揭示,人的本质力量才能够实现。

再次,人的生成以及人类社会的产生都离不开技术,人与社会是作为技术本质的人与社会。恩格斯说"在某种意义上劳动创造了人本身"②,劳动作为人的目的性活动与动物的本能活动相区别,这种区别首先表现为人制造和使用工具,正是借助哪怕是制造最粗陋的石斧这一原始技术物,作为人的本质活动的劳动成为可能,人从自然界中分离出来成为现实。因此,在人、社会和技术的相互生成中,技术的本质表现为人及人类社会的本质,人与社会的本质也以技术的本质显现出来。

最后,作为互为本质的技术、人与社会生成于自然,人—技术—社会又作为整体复归于自然,人以技术为中介在社会中显现自身,并在这种显现中与自然一起作为生命的存在而澄明。

"(天然)自然→(人—技术—社会)→(人性)自然"的基本模式使生态技术在人、技术、社会、自然的关系中,不是简单表现为伊德人、技术、世界的体现性关系、解释学关系、背景关系或改变关系,生态技术所呈现的是人、技术、社会、自然的在场关系。在人、技术、社会、自然的在场中,生态技术以隐性的柔性的方式使自然的人性和社会性显现,也使自然在人与社会中显现,生态技术本身却在这种在场和显现中消散其存在感。肖锋教授也曾指出,技术的生态化方向就是使技术走向非存在,这种技术的非存在是技术无处不在而人却不能感觉其存在,从而达到技术的最高境界:技术的感性空灵。③ 生态技术就是这种技术的感性空灵,它褪去了工业技术在人面前的喧宾夺主,只是静静地创造并守护着人的生活世界,自身却在人的生活世界中遁于无形。

生态技术在人—技术—社会的整体中的技术存在性的褪去必然使得人在这一整体中凸显出来。前已说过,技术的本质作为去蔽不仅是技术的在场,也是人与自然的在场。生态技术作为技术的在场其在场感的弱化也就同时凸显出人和自然的在场。——在此我们主要讨论人的在场的凸显。生态技术使人的在场的凸显最终引领人克服了工业技术对人的摆弄,技术不再支配与控制

---

① 马克思恩格斯选集(第1卷)[M]. 北京:人民出版社.1972年版. 第18页
② 马克思恩格斯选集(第4卷)[M]. 北京:人民出版社.1995年版. 第373页
③ 肖锋. 哲学视域中的技术[M]. 北京:人民出版社.2007年版. 第30页

人,技术意志与人的意志相互适应协同共契,技术意志与人的意志共同展开和在场。这样,在生态技术面前,人的主体性得以恢复,人的主体地位得以呈现,人重新成为自己生活世界的主人。

二、人的本质力量的展开

生态技术按"(天然)自然→(人—技术—社会)→(人性)自然"的基本模式呈现着人、技术、社会、自然的在场。人的在场即人的无蔽,在生态技术自身技术存在性消减的语境下,人的解蔽的过程也即是在技术面前人的主体地位凸显的过程,同时也是人的本质力量展开的过程。

工业技术受资本逻辑的支配获得了某种内在的自主性,技术内在的自主性使工业技术成为人的一种外在力量,在支配与统治自然的同时也控制人、摆弄人。生态技术在人—技术—社会的整体语境下,在自身存在性消减的同时人的主体地位得以凸显,人的意志得以体现,生态技术从而成为人的内生力量,使人的本质力量得以展开。生态技术视域下伴随着人的本质力量的展开的是人的生态化的呈现过程,人的生态化过程表现为如下几个方面:

首先,人的本质力量的展开表现为人的知识结构的生态化。人不仅仅是面对世界,人还用理论构建和解释世界。但是,理化学科用线性还原的方式单调僵化地建构和解释着世界,基于理化学科的现代工业技术从本质上来看实际上就是人的线性还原的非生态性知识结构的表现。这种非生态性的知识结构表现为还原性的线性的思维方式、理化式的单一的学科背景、分割的局部的孤立的理论视角。而生态技术生成活动中的生态化的人所具有的生态性知识结构则是非线性综合的生成性的,能够不断适应变化了的环境需求,知识体系不断演生,知识内容不断丰富,知识结构不断优化,从而表现为非线性的系统整体的思维方式、生态式的综合交叉的学科背景、整体的辩证的理论视野。

其次,人的本质力量的展开表现为作为生态化的人是具有浓厚生态意识的人,从思维方式到实践方式,从生产方式到生活方式,生态化的人能生态地处理人、技术、社会、自然之间的关系。人从自然中生成,自然不仅仅作为孕生人类的母亲,也是人类的一面镜子,人怎样对待自然,自然也就生成什么样的人。人若将自然看作与自身相对立的对象世界,蛮横地对待自然,妄图控制自然、征服自然,自然也就将孕育出野蛮愚昧无知无畏的人。生态技术的内在本性要求人在认识自然理解自然的基础上尊重自然、顺应自然、保护自然,这是一种知而敬、敬而畏,是对自然的一种理性尊崇的态度。同时人类社会也是自然世界中的一个组成部分,在人、技术、社会、自然共同构成的整体生态系统中循环运作生息不止。

最后,人的本质力量的展开表现为生态化的人消除了自我"异化"。我们无法想象处于自我异化状态下的人的生产制作是生态化的生产制作,其制作过程生成的技术物不可能是生态技术。在异化的需求、异化的劳动、异化的社会关系的支配下,人的异化的存在状态开展的技术制作受资本逻辑的控制,受技术本身的摆弄,制造出来的技术也只能是异化的技术,这种技术反过来支配人控制人奴役人,异化的技术不可能是生态的技术,因为生态技术要求人与技术关系的和谐。在生态技术的制作和展现中,不是人控制技术,也不是技术支配人,人与技术之间同生共存相融相契,人生成着技术,技术生成着人。

如人在汽车的生产制作过程中,要生产出生态环保的汽车,首先不仅仅要求汽车设计和制作人员有相关的制图、工业设计、理化等基础学科知识,同时要求工作人员具备材料科学、生态学、生态行为学、系统科学等综合交叉学科知识;其次,要求设计和制作人员能按照绿色环保理念和生态要求,设计和制造出从要素到结构直至汽车整体的绿色环保汽车;最后,在汽车的设计制作过程中,人的主观能动性能得到充分发挥,自由意志能得到表达,人的价值能与汽车的生态化目标一道实现。只有在技术活动中的人同时达到了这样的三重要求后,这样的生产制作活动才能称得上是生态化活动,这样的制作活动生成的才是生态技术。

汽车不仅被生产出来,更重要的是汽车还要被使用,汽车要发挥其功能,如运输功能。因此,生态环保的汽车还需要汽车驾驶人员的生态性驾驶。如果汽车驾驶人员的驾驶习惯良好,汽车不仅省油而且安全。因为对一台汽车来来,当其技术确定之后,汽车的油耗与驾驶环境和驾驶人员的操作习惯还有很大的关系。因此,生态技术只有在技术物从制作到使用、从结构的生产到功能发挥的全过程中,人的本质力量都得以展现,从而构成真正的生态技术。

在这样的生态技术制作活动中实践和生存着的生态化的人,由于具备生态性的知识结构,具有浓厚的生态意识,消除了人的"异化",展现着人的本质力量,占有着人的本质,从而使得人的实践通达了人、技术、社会、自然的和谐关系,人按照人的本质方式生存着,我们就把人的这样的实践和生存称为诗意的实践和生存。

第三节 技术社会的澄明

在"(天然)自然→(人—技术—社会)→(人性)自然"这一生态技术的基本模式中,技术与社会也关键性地联系在一起,构成"技术—社会"这一子系统。与古代技术作为一种随机的、偶然的、个体性的技术制作或技术发明不同,生态技术与工业技术一样,技术物的发明与制作已成为一种社会性的、社会建制的活动,因此,生态技术的生成是在一定的社会条件与社会制度下实现的,与社会一起构成"技术—社会"系统。只有在"技术—社会"系统中,技术制作及发明与社会需要紧密结合,从而生产出可以有效满足人的效用功能的技术物,技术追求的现实目标才有可能实现。

工业技术受资本逻辑的支配和控制,技术追求的目标是资本增值,其他目标均为这一目标所遮蔽,并最终为资本增值目标服务。在追求资本增值的过程中,技术材料开采部门、技术研制开发机构、技术产品的制造企业、技术的输入输出通道、技术政策的制定、技术法规的运作等,又总是受一定的阶级、国家或社会集团等特殊利益驱动,这样,技术与社会的关系发生扭曲与断裂,社会被异化、被资本利益绑架,技术则沦为资本利益绑架社会的手段与工具。

资本为了获取最大限度的利润,不断地催动技术的升级与更新换代(如时装、电子产品等),"用毕即扔、用完即弃"的一次性技术产品成为技术消费的主流趋势,并且扔弃的频率日益加快,整个社会朝着消费社会的"异化"方向发展。"异化"的消费社会使"占有"成为社会的主导语词,消费也不再是为了满足人的需要,消费仅仅是为了占有。正如弗洛姆所言,"贪婪地谋取、占有和牟利成了工业社会中每一个人神圣的、不可让渡的权利"[1],这样,挥霍无度成为社会的主要特征,成为人的身份地位的象征。"告诉我你扔了什么,我就会告诉你你

---

[1] 黄颂杰主编.弗洛姆著作精选——人性·社会·拯救[M].上海:上海人民出版社.1989年版.第617页

是谁。"①鲍德里亚一句话道出了这个病态社会的整体面貌。弗洛姆说得则更详细,"今天,人们强调的是消费,而不是保存,购买物品的同时在不断地'扔掉物品'。无论人们买的是一辆汽车、一件衣服,还是一件小玩意儿,在使用了若干时间以后,主人就会讨厌它并想抛掉'旧的',购买最时髦的东西。获得→短暂的占有和使用→扔掉(如果可能并且合算的话,便换成一样更好的时髦货)→再获得,构成了消费者购买商品的恶性循环,所以今天的口号可以说是:'新的东西好!'"②消费社会就这样成为彻底异化的社会,商品逻辑普及,资本逻辑控制一切。

"异化"的消费社会必然造成自然资源的浪费和对资源的无止境掠夺,并最终导致自然资源的枯竭、环境的污染和生态的破坏。为了保障自己在对自然资源的争夺和对商品市场的控制中占有有利地位,西方发达国家竞相把军事技术的研制摆到了最突出最紧要的优先地位。20世纪上半叶,为了掠夺自然资源和瓜分世界市场,帝国主义国家不惜发动两次世界大战,造成了人类社会的巨大生命财产损失和深重灾难,见表6.2。二战后,各国政府又不断投入巨额的资金、

表6.2

项目	第一次世界大战	第二次世界大战
战争延续时间	4年	6年
参战国(地区)数	约30个国家(地区)	60多个国家(地区)
作战地区面积	400多万平方千米	2200多万平方千米
卷入战争人口	约15亿	20亿以上
死亡人数	3000多万	约6000万
直接物质损失	约3600亿美元	50000亿美元以上

大量的物质、大批最优秀的科技人才,争相发展最具毁灭力量的各种现代化武器,如原子弹、氢弹、核潜艇、航空母舰、激光武器、生化武器等,以致我们"可以毫不夸张地说,从来没有任何一个文明,能够创造出这种手段,能够不仅摧毁一个城市,而且可以毁灭整个地球"。③ 军备竞赛导致国际社会关系紧张,

---

① [法]让·鲍德里亚.消费社会[M].南京:南京大学出版社.2000年版.第24页
② 黄颂杰主编.弗洛姆著作精选——人性·社会·拯救[M].上海:上海人民出版社.1989年版.第619-620页
③ 阿·托夫勒.第三次浪潮[M].上海:生活·读书·新知三联书店.1984年版.第187页

国家关系剑拔弩张。同时,西方发达国家凭借自身军事科技优势,进一步加紧对发展中国家新的殖民侵略,使发展中国家对发达国家产生日益严重的结构性依附关系。利用自身先进的工业技术,西方发达国家将自己生产的大量工业消费品倾销至第三世界国家,在国际贸易中实行技术壁垒,对发展中国家进行技术封锁,却将淘汰的技术转让给不发达国家,使其付出昂贵的专利费用,在不平等的国家贸易中,通过这样的交换方式大量攫取发展中国家的农、副产品和原材料,迫使发展中国家在经济上、技术上服从和服务于西方发达国家的需要,以此来加强对发展中国家的剥削与控制。发达国家对发展中国家的剥削与控制不断地加剧南北之间的发展差距,发达国家越来越富裕,成为世界的中心,与之对照的是发展中国家越来越贫穷,在国际社会上日益被边缘化。南北之间发展差距的拉大严重地威胁着国际社会的和平与稳定,造成局部地区的战争与冲突持续不断。工业技术社会就在这种扭曲与分裂中笼罩在战争与冲突的阴霾之中,只有生态技术才能使技术与社会的关系走向和谐,实现技术社会的澄明。

生态技术有多维的价值目标,不仅追求经济效益,更注重社会效益和生态效益。从生态技术的社会效益看,即要求实现社会的澄明。由于与生态技术一起生成的人具有生态性的基本特征,人的本质已经实现,因此,人的需求也将成为人的本质需求。成为人自身本质的需求将为人的本质的持续实现服务,即促进最终实现人的自由而全面发展。需求的满足既然是促进实现人的自由而全面发展,国家、地区、民族、阶级之间也将没有自己的特殊利益,这就使得生态技术的应用不仅将去做自己"能做的事",也能保证生态技术的应用会去做自己"应做的事"。于是,生态技术的技术应用将使得社会进入经济发展、贫困消除、制度公正、文化共融的澄明之境。

首先,生态技术的技术应用将促进人类社会经济在一个更高的层次上高质量高水平地向前发展。技术的应用总会推动经济的发展,不能够满足人类社会实际需要的技术终将为社会所淘汰。工业技术的发展受资本逻辑的控制,因此可以这样偏颇地说,经济发展在某种程度上只是工业技术在资本逻辑支配下的一个副效应。生态技术与人相互生成,满足的是人的本质的需要,从而摆脱了资本逻辑的支配与控制,遵循的是自然逻辑和生态逻辑,符合技术去蔽的内在本质。因此,生态技术的技术应用推动的经济发展是去蔽意义上的经济发展,这种去蔽意义上的经济发展是科学的发展,是产业之间、地区之间、城乡之间经济社会的全面、协调、可持续的发展。这种经济发展的立足点不是发展本身,其根本立足点是生存着的人,是为了人——既是为了人的全体,也是为了每一个个体的人——的本质实现的发展。

其次,生态技术的技术应用推动的经济发展必将消除人的贫困。工业技术受资本逻辑的控制,其目标是获取最大限度的资本利润,这就必然造成严重的贫富分化:资本家阶级越来越富裕,无产阶级却日益贫困。正如马克思所说:"劳动为富人生产了奇迹般的东西,但是为工人生产了赤贫。劳动生产了宫殿,但是给工人生产了棚舍。"[1]虽然马克思在这里是对资本主义私有制进行批判,但是资本主义私有制作为上层建筑却是建立在工业技术生产的经济基础之上,因此,正是经济基础本身即工业技术及其资本逻辑导致了劳动为资本家阶级生产了宫殿,却只为工人阶级生产了棚舍的赤贫状态。生态技术所满足的是人的本质的需要,生态技术的技术应用是为了人的全体也即每一个个体的人的本质的实现,这样一种技术形态将消除发达国家与发展中国家之间的贫富差距,消除产业之间、地区之间、城乡之间的经济社会发展不平衡现象,并最终消除两极分化,实现人的全体的共同富裕。

再次,生态技术的技术应用将促进建立起一套公平公正的制度体系。前已论述,从最广泛的意义上说,生态技术可以理解为能够维系生物本有的存在状态及其与存在环境始源性关系的技术。为了维系生物本有的存在状态及其与存在环境的始源性关系,生态技术将通过生态学法则为自身的生成开辟道路。美国著名生物学家、生态学家巴里·康芒纳在其名著《封闭的循环》一书中提出了具有广泛影响的生态学四法则,"每一种事物都与别的事物相关、一切事物都必然要有其去向、自然界所懂得的是最好的、没有免费的午餐"。[2] 由于事物之间的相关性,国家之间、地区之间、民族之间的发展必然相互存在着千丝万缕的联系,生态技术的生态学法则将加强着这种联系,在"没有免费的午餐"这一原则下,发达国家、地区、民族的经济繁荣社会发展必然让其他国家、地区、民族付出了相应的代价,为了平衡利益和弥补这种代价,生态技术的生态性本性将要求建立生态补偿制度,使受益的国家、地区、民族做出生态补偿,以达到社会的

---

[1] 马克思.1844年经济学哲学手稿[M].北京:人民出版社.2000年版.第54页
[2] [美]巴里·康芒纳.封闭的循环[M].长春:吉林人民出版社.1997年版.第33-35页

公平公正,以保障一切人的本质的实现。

最后,生态技术的技术应用将使社会呈现出一种文化共融的景象。生态技术的生态性本身就意味着丰富性和多样性。从文化上看,一方面,生态技术自身的多样性、丰富性将呈现出技术文化的多姿多彩。与此同时,生态技术将扬弃工业技术对文化的单一的、机械的要求,克服工业技术对民族的地方性文化的冲击、压制和瓦解,生态技术的适应性原则将在充分尊重地方性、民族性文化的基础上,达到技术的生态性应用,并在技术应用的过程中发挥地方性、民族性文化的生态功能,对地方性、民族性文化注入新的生机和活力,使其发扬光大,实现文化的共通共荣。如"无止桥"的修建,就是在充分考虑当地自然生态的脆弱性和当地手工建桥的文化背景下,通过志愿者们的共同努力,在改善当地人们的生存状态的同时,使手工建桥的文化本身得到弘扬。

第四节　天地人的和谐聚集

生态技术的基本模式是"(天性)自然→(人—技术—社会)→(人性)自然",这样一种基本模式反映的是人、技术、社会、自然的整体关系,是"人—技术—社会"作为整体与自然之间非线性封闭的输入输出的大循环关系,这种关系也同时反映着天地人的协调,是天地人的和谐聚集和涌现。

没有天与地,没有自然,也就没有人,技术则更无从谈起。塞尔日·莫斯科维奇说:"自然是我们历史的一部分,我们也是自然历史的一部分。"[1]然而,在工业技术模式下,自然问题的意义无法呈现,"我们曾经认为自然是静态的,是物质和能源的储备,是外在的环境;自然为人们提供居所,保证人们的生存,但他们并不属于自然。如果我们将这种观念极端化,将会认为外在的自然对我们进行抵抗,其历史演进与我们的进化无关。总之,借用一个神秘哲学的说法,我们源于自然,但不在其中。"[2]这样,人类对待自然的态度发生了变化:从关注变

---

[1] [法]塞尔日·莫斯科维奇.还自然之魅——对生态运动的思考[M].北京:生活·读书·新知三联书店.2005年版.第20页
[2] [法]塞尔日·莫斯科维奇.还自然之魅——对生态运动的思考[M].北京:生活·读书·新知三联书店.2005年版.第20页

成了实现。① 人们不再关心自然本身,却考虑如何加以利用。利用之后即是抛弃,自然界也就同时成为人类垃圾的倾倒场。

生态技术将"人—技术—社会"作为整体与自然界相互统一,在服从于实现节能和速度这两个技术参数最大化的数量规则的同时,也重点关注社会参数和有机自然的参数,即生态参数。人、技术、社会、自然是生态技术中的统一整体,因此,它们将在"(天性)自然→(人—技术—社会)→(人性)自然"的整体大循环中共同显现。

从"(天性)自然→(人—技术—社会)→(人性)自然"的整体大循环来看,人的生成及技术的制作必须从自然界中输入物质信息能量。譬如种植农作物,我们要从天空中转化二氧化碳、氮,要从大地中吸收磷、钾等元素,在从自然中输入了这些基本元素后,经过人的培育与照料,作物生长开花和结实,从而产出作为人的需要的产物和产品。因此,天与地,即天性自然是人的技术活动的过程的起点,从这一起点出发,在经过了人类社会的物质信息能量的循环之后,人再次向自然输出作为人类活动结果的物质信息能量,从而形成"(天性)自然→(人—技术—社会)→(人性)自然"的大循环过程。

现代工业技术在这一大循环的过程中造成了循环延续的困难,割裂了天地人之间的天然联系,使天地人之间处于一种紧张的关系之中。作为人、技术、社会、自然澄明在场的生态技术协调着天地人的关系,人不是从自然界中以促逼的方式褫夺性地获取资源,也不把自然当作人类废弃物的倾倒场所;人是以尊崇的方式使用着大自然的物质能量,最终又以自然的方式纳还大自然。在这样一种人与自然之间的物质变换模式下,自然界不再作为持存物,不再是人类资源的暂时储藏地和保有者,自然自身也得到可持续的发展。

就作为生态技术的汽车而言,既然是生态技术技术物,那么组成汽车的结构要素及其原料来源均应是生态的。以汽车发动机为例,从逻辑前演来看,生态化汽车的发动机使用的材料是生态的,如果是钢,则钢的冶炼过程是生态化的过程,炼钢的原材料铁矿石在采矿、运输、选矿、冶炼、轧钢的整个过程中应绿色环保生态化,既不造成矿区生态环境的破坏,也不在选矿冶炼过程中造成大

---

① [法]塞尔日·莫斯科维奇. 还自然之魅——对生态运动的思考[M]. 北京:生活·读书·新知三联书店. 2005年版. 第102页

气的污染,整个生产制作过程中的人也都要求是生态化的人;从逻辑后演来看,发动机有完全的燃烧效率,燃烧的也是高标号的汽油,原油的开采及冶炼也均生态环保,生产制作过程中的人也是生态化的人,汽油在汽缸中充分燃烧后排出的尾气也不对环境造成污染和破坏。这样,作为生态技术的汽车,能够保有蔚蓝的天空,绿色的大地,自由地实现着人的价值,占有人的本质的诗意地实践和生存着的人。天地人就如此在汽车这一生态技术物中和谐地聚集和涌现。生态技术就是与天地人的和谐聚集。①

本章小结

生态技术作为迄今为止技术发展的最高形态,它的基本公式是"(天然)自然→(人—技术—社会)→(人性)自然"。在这个基本公式中,围绕作为生态技术的"技术",人、技术、社会、自然作为整体非线性的关系展开。首先,从技术自身来看,生态技术是结构—功能关系协调、结构—功能关系从逻辑上分析是逻辑自洽的。其次,从"人—技术"这一子系统来看,生态技术是作为人的内在力量使人的本质得以实现。在技术设计、制作、应用的全过程中,人作为获得自身本质的人而存在,在生态技术多维目标实现的同时,人自身的价值一同实现。再次,从"技术—社会"这一子系统来看,生态技术将保障人类社会建立起一整套公平公正的制度体系,从而实现社会的澄明之境。最后,从"(天然)自然→(人—技术—社会)→(人性)自然"这一整体循环过程来看,"人—技术—社会"作为整体与自然一起构成一个更大的有机整体,在这个非线性平衡的大循环系统中实现天地人的和谐聚集和涌现。

由于生态技术从技术自身、人与技术的关系、人与社会的关系、人、技术、社会与自然的关系四个方面表现出这样层次多样内容丰富的内在本性,从根本上克服了工业技术的单一性、机械性、僵化性对人与社会、人、社会与自然关系的撕裂,尤其是对环境的污染和自然生态的破坏,这就使得生态技术成为构建人与人、人与社会、人与自然和谐相处的社会主义和谐社会的关键的内在技术支撑。

① 吴国林. 李君亮. 生态技术的哲学分析[J]. 科学技术哲学研究. 2014.2.51–55

第七章

中国生态技术的发展现状与对策

生态技术对于构建和谐社会具有关键性的支撑作用,那么,当前我国生态技术发展的现状如何？在我国生态技术发展的过程中存在一些什么样的问题以及导致这些问题存在的原因是什么？我们应该采取什么样的对策以推动我国生态技术的发展,并真正实现生态技术对于构建和谐社会的关键支撑？本章将对我国生态技术发展现状做一简单梳理,在梳理过程中努力发掘生态技术发展过程中存在的问题,并探讨这些问题产生的诸多原因,在此基础上尝试提出我国生态技术发展的简要对策。

第一节 中国生态技术的发展现状分析

虽然说1840年中国的大门被帝国主义打开后,我们就开始了近现代化的进程,近代工业也在这片古老的土地上开始了其漫漫征程。但是由于近代中国所面临的纷纭复杂的国际国内环境,直至1949年以前,现代工业在中国的发展步履蹒跚几无成就。中华人民共和国成立后,中国人民满怀信心建设新中国励精图治实现现代化,由于社会主义建设经验不足,在探索的过程我们走过了一段曲折坎坷的弯路。真正说来,1979年后,中国工业化道路才开始走上了正轨,此后迅速发展并取得了巨大成就,在这场真正意义上的工业化进程中,随着现代化建设过程中诸多问题的暴露,生态技术的发展才崭露头角并生发出来。因此,生态技术在中国发展的历史极其短暂,也就是近二十年前后的事情。

在工业化进程中,自觉意识到工业生产与保护环境之间的密切关系是在

1949年后。不过在中华人民共和国成立初期直至社会主义建设探索时期,由于追求"多快好省"地建设社会主义,环境生态问题被实现工业化现代化的急切心理忽视和遮蔽,再加上工业技术基础本身薄弱不堪,努力实现人与自然和谐的生态技术的发展远未进入生产生活的视野,改变贫穷落后的生产生活面貌成为我们亟须解决的首要问题。改革开放后,随着工业化进程的全面展开,工业废水、废气、废料增量级地产生所造成的水源污染、大气污染、土壤污染等事件日益频发并日趋严重,为了治理"三废",技术改造和清洁生产提上议事日程并受到重视,技术的发展由一般工业生产技术向着清洁生产技术转变,生态技术的产生在这样的背景之下趋于可能。因此,如果仅仅从关注人类自身生产发展的持续性着眼,技术生态化的第一阶段就是要实现生产过程中"三废"的有效处理,从而实现清洁化的生产,这样,从非严格意义上的生态技术来看,清洁生产技术可以看作生态技术在当代中国的早期发展形态。那么,经过多年的发展,清洁生产技术至今已经取得了令人瞩目的成绩。

就单个企业生产而言,虽然环境污染的事件时有发生,如太湖蓝藻事件、近海赤潮事件、天池污染事件、张家界澧水河等河流污染事件、武汉黄雾事件等,举不胜举,但是我们也应看到,从整体上看,我国企业清洁生产技术得到重视和发展普及。企业"三废"处理的清洁生产技术得到强制性贯彻落实,一些新兴企业投入人财物进行清洁生产技术的研制与开发。早在1993年,在环保部门、经济综合部门等多方积极合作与推动之下,在轻功、材料、纺织等众多领域,我国企业开始逐渐走上清洁生产的道路,清洁生产技术得到了大力的发展,至2001年短短8年的时间,进行清洁生产审计的企业就已达到200多家,创造了良好的环境经济效益。[1] 2003年,《中华人民共和国清洁生产促进法》开始贯彻实施,清洁生产技术开始了全面迅猛的发展。在材料、能源、纺织等领域,清洁生产技术得到广泛开发并实现产业化的运用和推广。如济南某隶属于中化集团的生产钛白粉的公司利用清洁生产技术实现了资源的循环利用和清洁生产,每年产生巨大的经济效益和环境效益。[2]

从区域经济发展来看,在我国的众多经济技术开发区中,已经产生了诸多

---

[1] 胥树凡. 中国清洁生产现状和发展思路[N]. 人民日报(海外版). 2001年6月16日. 第10版
[2] 国内冶金动态[J]. 中国有色冶金. 2010.8.82

从生产源头到尾端相互链接的企业,通过不同类型企业对生产原料的不同需求,在区域范围内建成了从废料到原料再到零排放的清洁生产技术链,实现了生产发展与环境保护的双重目标。如著名的苏州工业园区,在企业引进之初,苏州市及苏州工业园区管理部门就前瞻性地考虑到不同企业废料与原料之间的相互转换关系,使不同类型的企业在废料与原料之间相互利用转换,在达到对于资源充分利用的同时实现清洁绿色生产,形成完整的产业生态链,使苏州工业园区成为了我国经济效益显著生态效益良好的著名工业园区。如为了有效解决生化、材料、印染、纺织等企业在生产过程中产生的"三废"问题,苏州工业园区管委会联合一些大型跨国集团(公司),聚集十多个行业几十家企业形成资源共享和互换副产品的产业共生组合体,将废料转变为原料,建成了卓有成效的"三废"联合治理综合系统。正是这样一种超前的管理理念和经营模式,使得苏州工业园区成为全国生态文明示范园区。[①]

清洁生产技术关注的是在生产过程中对资源的回收利用或反复使用从而达到减少"三废"排放甚至实现"零排放"的生产环保双重目标,就其自身而言,这只是一种生产工艺或工艺流程。清洁生产技术的强制性推广无疑能有效缓解人与自然之间的紧张关系,不过要真正实现经济效益与环境效益的双丰收,不仅需要生产过程中的技术改进,更需要从生产的上端和生产的尾端入手,从生产原材料的获取直至产品在生活世界中的使用等各个环节,将环境作为必不可少的函项考虑在内,促进技术朝着实现人的解放和自然的解放双重目标发展。因此,在获得了对于生产过程中"三废"处理的环保思想启蒙之后,人们必将把视野更广阔地投入生产上端的能源获取上,使能源技术朝着生态化的方向转变;同时,在生产材料上,新材料技术的发展也将顺应生态化的方向,使生态材料获得广泛的应用,生态材料技术获得广泛的发展。

新能源技术在我国的发展起步较晚,但目前已经取得了骄人的发展成绩。我国作为发展中的大国,对能源的需求量异常巨大,依靠传统石化能源(如煤电)技术不仅不能全面满足我国经济社会迅速发展对能源的强大需求,也对环境造成了巨大的污染和破坏,并且由于石化能源(煤炭、石油)属于不可再生能

[①] 张铁民等. 苏州工业园区依托循环经济实现华丽转身[N]. 中国环境报. 2010年11月8日. 第7版

源,储量的有限性无法保证持续推动中国经济社会的发展,寻求替代能源,发展可再生能源,是我国经济社会持续健康发展的重要保证。

我国新能源技术主要包括对太阳能、风能、生物质能、核能、地热能、潮汐能等几种能源形式的开发与利用,这些能源的开发利用形式多种多样,见表7.1。

表7.1 我国新能源技术种类及其主要利用形式

新能源种类	新能源的主要利用形式
太阳能	光伏发电、光热发电、太阳能热水器、太阳能空
风能	风力发电
生物质能	生物质发电、沼气、燃料乙醇、生物柴油
核能	核电
地热能	地热发电、地热供暖、地热务农
潮汐能	潮汐发电

需要指出的是,这些新能源技术并不一定必不对环境造成负面的影响和破坏,在当前中国技术条件下,我们只能说这些能源技术是对传统以煤电为主的石化能源技术更好的替代技术,不一定是最理想的技术,即使是最理想的能源技术,又由于当前人类技术发展瓶颈,还不能够使得这些新能源技术臻至完善。如光伏发电就其运行过程而言,并不会造成环境污染生态破坏,由于光伏电池的主要生产原料是多晶硅,以目前多晶硅的生产技术而言,却会对大气、土壤、水源、草场等造成严重的污染和破坏,多晶硅的弱毒性和酸性腐蚀性也会对生产人员的身体健康带来损害,并且光伏电池板一旦老化,由于目前技术尚不能对其进行有效处理和回收利用,既会造成材料资源的浪费,又会造成生态环境的破坏。[1] 对于这些问题我们暂时存而不论,留待后面加以论述和分析。

在国家政策的鼓励和地方政府的推动之下,业界不断加大对新能源技术的研发与应用,经过近些年的发展,新能源技术在我国获得了巨大的发展,目前,我国太阳能和风能电机装机总量均居世界第一位,2010 年已分别达到 86 万千

---

[1] 胡冰.杨占忠.光伏产业快速发展下的"大污染"问题堪忧[N].金融时报.2013 年 8 月 9 日.第 3 版

瓦和4182.7万千瓦。① 生物质能技术发展也非常迅速,生物质能能源产量也位居世界前列。在我国许多农村地区有着较长期的使用沼气的传统,沼气技术发展已经基本成熟,尤其是大中型沼气工程技术的成熟使我国的沼气技术达到国际先进水平。沼气技术从人与自然关系的单向度看是比光伏发电更完全意义上的生态技术。第一,沼气技术使用的原料一般均是麦秸秆等易得的农作物废料,是对这些农业废料的回收再利用;第二,沼气技术的运用过程并不会对环境造成污染和破坏;第三,沼气废料能够得到充分的利用,对环境基本保持"零污染"纪录。沼气发酵废料可在以下几个方面得到充分利用(图7.1):

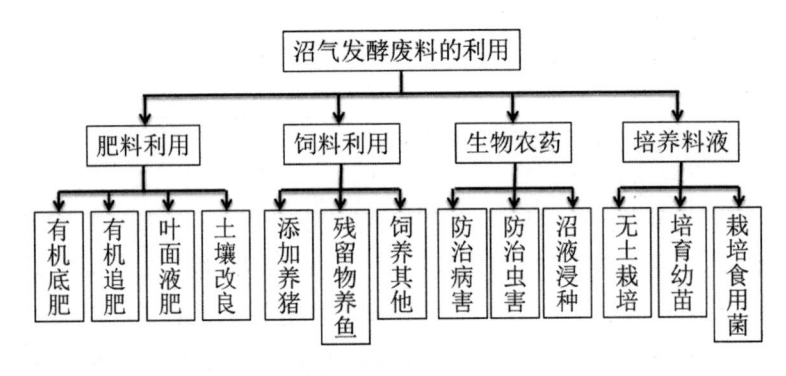

图7.1 沼气发酵废料的利用

　　通过这样的回收利用,沼气技术最后基本实现了从自然到自然的物质能量循环,在这一循环过程中,社会经济得到发展、人们生活变得便利、物质资源被充分利用、自然环境得到有效保护,人与自然的矛盾在这里基本被化解。与沼气技术相比,核能技术的运用在福岛核泄漏事件之后再次被推到了舆论的风口尖浪。关于核伦理问题不属于本书的论域,因此关于在"应"问题上核技术的是非得失问题本书不打算讨论,我们仅从人与自然的关系角度陈述这样一个物理事实,即核废料的半衰期最短也要几千年甚至长达数十万年,因此新能源中的核能技术无论如何都很难与生态技术有任何牵涉,仅仅只能说核电站在核泄漏之前是清洁能源,可实际上这等于什么也没有说。作为核大国,我国的核能技术已经非常成熟,截至2013年我国已投入运营的核电机组情况如表7.2。

---

① 我国新能源发展现状浅析.华天电力.http://www.whhuatian.com/shownews_hy.asp?id=1471

表7.2 2013年我国已投入运营的核电机组情况

位置	核电站名称	堆型	装机容量（万千瓦）	开工日期	并网发电	商业运行
浙江	秦山一期	CNP300	1×31	1985.3	1991.12	1994.4
	秦山二期	CNP600	2×65	1996.6 1997.4	2002.2 2004.3	2002.4 2004.5
	秦山三期	CANDU6	2×72.8	1998.6 1998.9	2002.11 2003.6	2002.12 2003.7
	秦山二期扩建	CNP600	2×65	2006.3 2007.1	2010.8 2011.11	2010.11 2011.12
广东	大亚湾核电站	M310	2×98.4	1987.8 1988.4	1993.8 1994.2	1994.2 1994.5
	岭澳一期	M310	2×99	1997.5 1997.11	2002.2 2002.12	2002.5 2003.1
	岭澳二期	CPR1000	2×108	2005.12 2006.6	2010.7 2011.5	2010.9 2011.8
江苏	田湾核电站	VVER	2×106	1999.10 2000.10	2006.5 2007.5	2007.5 2007.8
北京	中国实验快堆（CEFR）	BN20	1×25	2000.5	2011.7	—
福建	宁德核电站	CPR1000	1×108	2008.2	2012.12	
辽宁	红沿河核电站	CPR1000	1×108	2007.8	2013.1	
总计	在运机组装机容量为1500.4万千瓦，商运机组装机容量为1259.4万千瓦					

资料来源：国家能源局 http://www.nea.gov.cn/n_home/n_main/hd/index_2.htm

我国地热能资源蕴藏量相对丰富，约占全球地热能总蕴藏量的7.9%[1]，地热能的开发利用时间也较长，目前已经形成了比较成熟的地热能利用技术体

---

[1] 马立新．田舍．我国地热能开发利用现状与发展[J]．中国国土资源经济．2006.9.19–21

系。第一是地热发电技术,利用回收地热水发电,发电效率可以高达百分之七八十,著名的有西藏羊八井地热电站——这是我国第一个地热发电站,一度为西藏地区经济社会的发展做出了巨大贡献;第二是地热直接利用技术,既可以直接利用地热取暖制冷,也可以直接利用地热进行温室种植或水产养殖,还可以直接利用地热开展医疗保健活动,更为广泛的则是直接利用地热进行娱乐和旅游,给人们带来精神上的愉悦。①

我国有着一万八千多千米的海岸线,潮汐能资源蕴藏异常丰富。早在20世纪50年代末,我国就用土方法开始建造潮汐能发电站,至80年代已先后建造五六十座潮汐电站,虽然多数日后废止,却为我国潮汐能利用技术的发展奠定了有益的基础。目前我国潮汐能电站主要分布在山东、江苏、浙江、福建、广东、广西等区域,发电总量仅次于法国和加拿大,位居世界第三,在潮汐能特点研究、潮汐机组研制、海工建筑物技术等领域,我国走在了世界前列。

新能源技术对于解决人与自然之间矛盾问题有着独特的优势与作用,其中尤以沼气技术由于对环境的零污染而接近于完全意义上的生态技术,对于推动经济发展和实现环境保护起到了双重功效。沿着生产过程向上端追溯不仅让我们对于新能源技术在解决人类发展面临的生态危机困境方面找到了一条可能的道路,也同时使新材料技术的生态化倾向备受关注。

新材料技术是我国21世纪大力发展的高新技术之一,按照国家最高科学技术奖获得者黄伯云院士的看法,就我国新材料技术发展现状来看,主要包括四个领域:第一个领域是与当代发展最为红火的信息产业密切相关的新材料技术,涉及微电子新材料技术、光电子材料与器件技术等;第二个领域是与传统支柱产业密切相关的新材料技术,涉及冶金产业、汽车产业、石化产业等;第三个领域是与改善人类生活环境和提高人们生活质量密切相关的新材料技术,涉及生态环境材料、能源材料、生物医用材料等;第四个领域是从国家竞争战略看能带来竞争优势的新材料技术,涉及纳米技术、超导科学技术等。② 其实这些技术种类之间并非严格的泾渭分明互不相干,它们之间总是会出现交叉,最终这些技术都用于生产生活,要改善和提高人们的生活水平,帮助人类获取自由幸福

---

① 参见中华人民共和国科学技术部主编的《中国地热能利用技术及应用》宣传册. http://www.most.gov.cn/kjbgz/201203/W020120309590813594101.pdf
② 黄伯云. 我国新材料技术现状及发展对策[J]. 科学新闻. 2002.19. 19-20

的生活。从这四个领域所涵括的技术种类而言,也并非所有的技术形式皆是人与自然和谐相处的生态技术,生态环境材料、生物医用材料、纳米技术更接近于对环境生态的保护,而其他许多材料技术要么由于受目前人类技术发展水平的限制仍对环境有较大负面影响,要么生态化的进程较慢而部分污染环境破坏生态。

微电子新材料技术、光电子材料与器件技术在生产过程中以及在使用完毕之后均会造成对环境的污染和破坏。在冶金产业中,微生物选矿技术通过利用某些特殊种类的细菌对矿藏进行催化,将金属从矿藏中溶解出来,其操作方法简单方便,既提高了从贫矿中萃取有用矿物的效率,增加了对废矿尾矿的有效回收和利用,也更好地保护了生态环境。[1] 微生物选矿技术在我国发展已经比较成熟,在广东、安徽、湖南等地的一些中小型矿山企业中广泛使用。汽车产业的生态化技术目前并不成熟,虽然业界早已提出生态汽车的概念,但是在材料技术上,汽车材料技术的生态化进程缓慢,费用高昂,远不能达到大规模经济利用和开发的水平。生态环境材料技术近些年在我国获得了快速的发展,尤其是绿色建筑材料日益受到广泛关注和应用,一批绿色建筑材料国家重点实验室通过国家科技部验收,极大推动了我国绿色建筑材料的发展。与日常生活密切相关的是生物降解材料技术成熟及其广泛应用,使生活中的"白色垃圾"数量锐减,优化了人们的生活环境。纳米材料技术在当今世界的发展方兴未艾,我国纳米材料技术已达到了国际先进水平,在许多领域得到了广泛的应用。在环境保护领域,纳米材料技术可以发挥独特的作用,比如纳米膜能够有效探测化工和生物制剂等造成的大气污染,并对这些污染进行吸收和控制,达到环境保护的目的。[2]

以上我们从清洁生产技术、新能源技术、新材料技术三个方面对我国生态技术发展现状进行了简单考察,这样的划分是从我国生态技术发展的起点出发,进而考虑到生产的上端,即开展生产所依赖的能源与材料。当然,我们也可以从产业部门出发,去考察农业生态技术、林业生态技术、工业生态技术、工程生态技术等,由于技术部门的划分本身非常复杂,我们既无法在这里用三言两

---

[1] 蒋鸿辉.王琨.生物选矿的应用研究现状及发展方向[J].中国矿业.2005.9.76－78
[2] 张立德.我国纳米材料技术发展现状、挑战与对策[J].中国经贸导刊.2002.16.25－26

语将技术分类陈述清楚,也不可能对所有技术部门的生态化现状进行阐述,因此,只能撷其要者顾此失彼地略作考察。

第二节 中国生态技术发展中存在的问题及原因分析

我国生态技术的发展基本上与西方国家同时起步,经过这些年的发展取得了很大的成绩,某些技术领域甚至达到了世界先进水平,当然也存在一些问题。

第一,我国生态技术发展的需求主体意识模糊。虽然工具理性在很大程度上似乎应为当今全球性的生态危机负责,技术工具主义的主张也颇受批判,但是在市场经济体制下,技术的确首先作为工具与人们的生存活动相遭遇,在技术应用的过程中,我们不得不过问其功效,即其经济效益、社会效益、生态效益等如何如何。在这里,经济效益似乎总是具有优先性的考量,首先进入我们筹算的视野之中。生态技术作为技术发展形态之一,在进入生产生活领域之后,也必然与市场经济体制下的计算主义相遭遇,这样我们势必会问:生态技术能为我们带来多大的经济效益?生态技术的发展要实现的是人的解放与自然的解放的双重目标,即一方面要促进人与人、人与社会以及人自身的和谐,另一方面要实现人与自然的和谐,因此,无论政府、企业、个人都应是生态技术发展的自觉主体,都应各自自觉承担通过发展和使用生态技术以实现人、技术、社会、自然的和谐统一的历史责任和道德义务。但是功利主义的计算主义追问遮蔽了生态技术产生的社会效益尤其是生态效益,从而也就造成了对于生态技术有所需求的主体意识的模糊不清。生态技术尽管对生态环境和人自身发展有着种种说不完道不尽的益处,但是对于生产者制造商而言,从利润最大化的角度看无疑具有投入大、周期长、见效慢、投入产出比低等利润短板,因此不可能成为企业经营者的首选目标,虽然近年来绿色企业、生态企业遭受热捧,但就市场主体而言,对生态技术的认可度并不高。作为消费者的普通中国百姓往往抱着实用主义的态度取其所需,由于生态技术产品(比如可降解饭盒)的使用成本相对较高,人们往往优先选择费用较低的非生态制成品,仅有少部分环保意识较强者能够自觉地做出有利于环境保护的生态消费选择。政府意识到了环境保护的重要性,但是在推动生态技术发展方面,政府无法成为生态技术发展主体,只能从政策层面制定鼓励生态技术发展的方针政策。而体制的不完善又使政府在一定程度上成为竞争性游戏中的受益者,在狭隘的利益中心主义作用下,生态技术发展的政府主体地位就持续处于缺位的状态之中。

第二,资金投入不足。由于主体意识缺乏,无论政府或企业,均有发展环境友好型技术的美好愿望,多无投入生态技术研发的实际行动。就政府而言,政府一方面不是市场主体,在市场经济活动中,政府不可能投入大量人力、物力、财力广泛开展生态技术的研发与应用,只能通过政策制定鼓励市场主体展开生态技术的研发活动;另一方面政府主导的公有制经济主要集中于关系国民经济命脉的资源、能源、公共基础设施、国防和国家战略性竞争等领域,而对于一般的生态技术开发与应用却鲜有问津。就企业而言,由于生态技术研发费用高昂、研发周期长等原因,私人投资一般不愿涉足生态技术领域;再加上生态技术产品通常比其替代产品使用成本更高,消费者通常选择使用生态技术产品的替代品,这就使得生态技术产品的使用期望值不高,也造成生产商不愿意投入更多的资金去生产生态技术产品,而宁愿投资生产生态技术产品的替代产品。

第三,自主创新程度不高,核心竞争力度不强。就生态技术自身而言,由于生态技术是人、技术、社会、自然的有机结合与和谐共融,由于人、自然环境的区域特性差异,尤其是不同地区的人的文化差异,这样的技术一旦产生,应该具有很强的竞争力和不可替代性,也难以被复制和超越。但是就当前中国生态技术发展现状而言,我们的生态技术发展还主要处于起步发展阶段,由于主体意识缺乏和资金投入不足,生态技术的自主创新水平有限,通常不具备核心竞争能力,容易被模仿和复制。如生物质能技术、生物降解技术、绿色建筑材料技术等,我国的自主创新能力不足,对外技术依赖程度较高。而地热能、潮汐能等清洁能源虽具有地缘优势,但其开发和使用的核心技术却掌握在欧美少数几个国家的手中,从而滞后了我国清洁能源利用产业的发展。

第四,生态技术产业链尚未形成。生态技术的基本公式是"(天然)自然→(人—技术—社会)→(人性)自然",从这一基本公式即可见,生态技术作为解蔽方式形成的是从自然到自然的封闭循环,要完成这种循环,生态技术作为技术形式就必须形成完整的生态技术链。而在我国,生态技术在各产业部门基本上处在各自领域独自摸索发展,相互之间缺乏有效的合作与借鉴,规范标准亦未形成,未能形成完整的生态技术产业链。

第五，我国目前仍处在生态技术发展低端，无论清洁生产技术或是与环境相互协调的新能源技术和新材料技术，都不是完全意义上的生态技术。一方面，从技术自身看，这些技术并未能够完全实现与环境的共通共融，在很大程度上我们只能说这些技术在减轻环境污染生态破坏和缓解人与自然之间的紧张关系上实现了众多突破；另一方面，就技术制造和技术运用中的人而言，在社会主义市场经济体制下，人的异化现象依然存在，劳动本身还只是谋生的手段，尚未成为我们生活的乐趣，技术在一定程度上依然遵循资本的逻辑，技术支配人役使人的现象也时常发生。

第六，政策激励制度不完善。为了保护环境和推动生态化技术的发展，我国已经制定和实施了一系类相关的法律法规，如《环境保护法》《水污染防治法》《清洁生产促进法》《循环经济促进法》等，这对于解决我国日益严峻的环境生态问题提供了法律依据，有力地推动了我国经济朝着清洁化、绿色化、生态化方向发展。但是，如何从法律制度层面上规范生态技术发展主体行为模式，使生态技术有序健康的发展，这在我国目前基本上处于空白，而现行政策也无法全面有效地激励生态技术的研发生产和推广使用，因此从生产商到消费者都对生态技术缺乏应有的热情。

第三节　中国生态技术发展的对策分析

针对我国生态技术发展中存在的上述问题，我们应从文化、技术、制度等层面采取以下措施以推动我国生态技术的发展。

第一，树立发展生态技术的主体意识。实现人与人、人与社会、人与自然的和谐相处，这既是每个人应有的生存状态每个人都享有的权利，也同时是每一个有行为能力和自由意志的人应承担的责任和应尽的义务。为了这样一种人的美好生存状态，每一个体都是发展有助于实现这一目标的生态技术的主体，都应自觉地推动和促进生态技术的发展。就政府而言，政府的职能是服务社会服务人民，其一切行为都应力促实现全体公民的自由全面发展，把人从异化的生存状态中拯救出来，因此，在任何竞争性盈利性的博弈活动中，政府都不应主动参与其中；相反，在事关实现全体公民自由全面发展方面，政府却责无旁贷，必须运用其掌握的公共资源,积极推动实现人与人、人与社会、人与自然的和谐相处。就企业而言,企业生产的可持续依赖于环境的承载力及为其提供的材料能源,生态技术的发展在促进人、技术、社会、自然和谐的同时,也必将为企业发展提供可依赖的环境承载和材料能源保障。对于个人,生态技术的发展则为个人自由意志的表达提供了现实的基础,依托生态技术,人实现自身的本质力量并占有自己的本质,人将成为意志自由的人。因此,政府、企业、个人应自觉地联合起来,共同致力于生态技术的发展。

第二,树立起生命整体主义的生态价值观。工具理性的价值观使得经济发展成为社会进步的标准、财富多寡成为个人成功与否的标准、GDP成为政府政绩的衡量标准,资本逻辑支配下,利己主义走向极端,个人、企业,甚至政府都陷入计算主义的自私怀抱之中,在这样的价值观支配下,技术成为人们牟利的手段和工具。要发展我国的生态技术,就必须抛弃陈腐的工具理性主义价值观,树立起生命整体主义的生态价值观,即认识到,人、技术、社会、自然共同构成一个有机的整体,在这一有机整体中,我们要实现人与自然的双重解放,经济的发展、社会的进步、政府行为等都应为这一目标的实现服务。

第三,加强生态技术创新,大力发展前瞻性技术。生态技术的未完成状态提示我们,生态技术是一个具有旺盛生命力的新事物,生态技术的发展空间还非常巨大,可以让我国的科学家、工程师们在这一领域大显身手。因此,我们必须利用我国的地缘优势和现有技术基础,努力实现生态技术的技术创新。在生态技术发展领域,我国与西方国家基本处于同一起跑线上,只要审时度势抓住机遇,我国科技研发人员完全可以乘风破浪,填补技术空白、实现技术创新。

第四,加快生态技术成果产业化步伐,形成完整的生态技术产业链,推动生态技术发展。生态技术是一个由人、技术、社会、自然等基本要素构成的技术系统,在这个技术系统中,必须充分发挥每一要素在整体构成中的功能作用,就技术自身而言,对于已经形成和发展起来的生态技术形式,包括政府、企业、个人在内的全体都有责任和义务积极推广和使用生态技术,使生态技术尽快实现产业化。同时,在生产上端、生产过程、生产尾端等环节应形成完整的生态技术产业链,从能源、材料到生产过程直至消费过程,都要充分开发和应用生态技术,使生态技术遍布生产生活诸领域,推动生态技术的发展和繁荣。

第五,推进体制改革,完善政策法规,为发展生态技术创造一个良好的制度环境。目前我国的技术创新体制并不完善,知识产权保护尚未全面贯彻落实,这给技术创新带来了极坏的负面影响。要实现生态技术的创新和发展,就必须不断推进我国的创新体制改革,完善并真正贯彻落实相关的政策和法律法规,使生态技术发展既得到资金上的支持,又得到政策的保障和法律的保护。

本章小结

生态技术对于构建社会主义和谐社会具有关键性的支撑作用,生态技术在我国的发展也已经提上议事日程。从本章前述可知,在工业化迅速推进过程中,我国政府与企业界均意识到保护自然环境维持生态平衡的重要性与紧迫性,清洁生产技术得到了广泛运用,新能源技术取得了长足的发展,新材料技术的发展也取得了突破并成为我国21世纪大力发展的高新技术之一。

但是,清洁生产技术也好,新能源技术、新材料技术也罢,这些都并不是完全意义上的生态技术,它们都没有完全实现技术与人、社会、自然的和谐相处。生态技术在中国当前的发展存在一系列的问题,主体意识的模糊、资金的匮乏、自主创新的不足、产业链的缺失、政策制度的不完善等,这诸多的因素导致真正的生态技术难以有效地孕生出来。

只有树立起发展生态技术的主体意识,树立起生命整体主义的生态价值观,加强生态技术创新、大力发展前瞻性技术,加快生态技术成果产业化步伐、形成完整的生态技术产业链、推进体制改革、完善政策法规、为发展生态技术创造一个良好的制度环境,通过这样一系列的政策举措,我国的生态技术才能真正有效地发展起来,从而在经济社会发展的过程中依然保持山清水秀风光甲天下,人与人、人与社会、人与自然的和睦相处也才能够真正实现。

结束语

生态技术对构建和谐社会的关键支撑

"和谐"是人类自古以来孜孜以求的一种美好社会理想。在古代社会,无论中外,客观上由于科学蒙昧、技术落后、社会生产力发展水平低下,主观上因为人与人之间的阶级对立造成的剥削和压迫,社会矛盾尖锐、社会问题丛生,人与人、人与社会、人与自然之间都处于一种紧张对立的关系状态。近世以来,科学昌明技术进步,资本主义制度的最终确立极大地解放了生产关系,从而推动人类社会生产力获得了巨大发展。但是,由于人类毫无节制地对自然进行掠夺式的开采,自然在机器的野蛮咆哮下挣扎呻吟,一反古代社会人在自然面前的渺小无力,近现代社会人将自然置于自己的统治之下,人与自然之间处于一种新的矛盾和对立关系之中。而资本主义的资本逻辑撕下了人与人之间一切温情脉脉的面纱,使人们相互之间呈现出一种赤裸裸的金钱关系,社会在生产、分配、交换、消费的各个环节均出现异化,人与人之间、人与社会之间的关系展现为前所未有的紧张与对立。因此,在阶级社会,人与自然、人与社会、人与人之间的关系不可能协调一致和睦共处,"社会和谐"只能是一种遥不可及的幻想。

1956年年底,生产资料私有制的社会主义改造基本完成,我国确立起了社会主义制度。社会主义制度的确立为我国社会发展、人民幸福开辟了一条康庄大道。1978年12月,党的十一届三中全会召开,我国开始进行改革开放和建设中国特色社会主义。经过改革开放二十多年的发展,至21世纪初,我国经济建设取得了令世人瞩目的成就,社会面貌发生了翻天覆地的变化,人们生活水平已经摆脱贫农困步入小康,开始了全面建设小康社会。但与此同时,我国也出现了资源短缺、环境污染、生态破坏、民生问题突出、社会矛盾凸显等一系列问题,为了进一步巩固改革开放取得的成果,使我国社会实现持续健康的发展,党和国家提出了构建人与自然、人与社会、人与人之间和睦相处协调共生的社会主义和谐社会的战略构想。

构建社会主义和谐社会首先要求我们转变自己的观念,改变人与自然二元对立的世界观,树立人与自然同生共存协调共荣的生态价值观。人与自然二元对立的世界观割裂人与自然的天然联系,人为地在人与自然之间树立起一道主体与客体相互对立的壁垒,作为主体的人借用概念的界定就轻易获得了对于自然的优越性,从而僭越上帝占据了管理与控制自然的地位。这种人与自然主客二分的对立世界观进一步将自然作为人类有待开发和攫取的资源,对资源的占有最终加剧原本存在着的人与人之间的对立。为了在资源占有中占据有利地位,通过工业技术的发展,国家之间、社会之间的对立必然日益深重,并造成人与社会的对立和全球性的灾难。人与人、人与社会、人与自然之间的紧张对立关系就在这种人与自然二元对立的世界观中全面形成。要改变人与人、人与社会、人与自然之间这种紧张对立的关系,就必须树立人与自然休戚与共同生共荣的生态价值观。在生态价值观的视野中,人与自然共同生成密切联结,自然是人的无机的身体,人是自然的意义和灵魂,这样,人与自然共同构成一个整体生命存在,相互之间在这个整体生命存在构成的循环中协调平衡,和睦相处。自然不再作为资源而是作为与人相结合的整体生命存在,人与人之间最根本的利益冲突已经瓦解,国家、地区或民族之间冲突也就随之消泯,人与人、人与社会也就可以和睦相处了。因此,生态价值观的确立将有助于构建社会主义和谐社会。

构建社会主义和谐社会是一种社会理念,更是一种社会实践。社会实践的展开就不仅需要理论的指导和价值观念的支撑,更需要技术提供的实际支持与保障。但是现代工业技术是单一的、机械僵化的"硬"技术,这种"硬"技术虽然促进了经济社会的发展,也确实在不断改善和提高人们的生活水平,可由于工业技术对人、社会、自然的"硬"性,导致人的生活世界被遮蔽、人的本质被异化、环境污染、生态破坏,从而威胁到人类自身的健康持续稳定的发展。要使人与人、人与社会、人与自然之间和睦相处,并使人类社会在一种更高层次更高水平上持续健康地向前发展,就必须克服现代工业技术的种种缺陷与不足。只有生态技术这样一种更高级的技术形态才能够真正成为构建人与人、人与社会、人与自然之间和睦相处的和谐社会。

<<< 结束语 生态技术对构建和谐社会的关键支撑

生态技术能够成为构建社会主义和谐社会的关键技术支撑就在于：

首先,生态技术与和谐社会建设具有相同的多重目标追求。生态技术的产生与运用就是要克服现代工业技术给人的异化和生态的破坏所带来的这种负面影响,在推动经济社会发展的同时避免人的异化、保护生态环境,实现多重目标。工业技术的发展目标从根本上说就是追求经济效益实现资本增值,其基本逻辑就是资本逻辑,因此资本逻辑的所有负面后果,劳动者的异化、资源的枯竭、环境的污染、生态的破坏等,都将在工业技术应用过程中呈现出来并日益恶化。为了克服工业技术的恶果,我们不仅要改变自己的思维方式和对待自然的态度,我们更需要转变技术发展方向并采取新的技术运用方式,使技术的运用不仅推动经济社会发展,也能有助于实现人的自由全面发展和维持自然生态的动态平衡。这就是生态技术的运用。生态技术在运用过程中不仅将以低投入高产出的方式使人们获得巨大的经济效益,由于从物质能量的获取开始就正确科学地预测自然界对循环结果的吸收,生态技术在运用后承中也将避免环境污染生态破坏,实现物质变换的闭路循环,获得良好的生态效益。推动经济发展、实现社会进步、保持生态平衡,这也是构建社会主义和谐社会要实现的多重目标。经济发展社会进步将提升人的能力素质,使人获得自由全面的发展,从而实现人与人、人与社会关系的和谐,也能够实现人的自我和谐;保持生态平衡既要保证对自然界的合理开发又要加强资源的循环利用,从而避免资源枯竭、环境污染和生态破坏,实现人与自然关系的和谐。因此,生态技术与和谐社会相同的目标追求将使生态技术成为构建社会主义和谐社会的关键支撑。

其次,生态技术与和谐社会建设具有多维的一致的价值取向。技术的发展社会的进步当然以人为旨归,实现人的解放和自由全面发展是人类生生不息奋斗不止的内在动力,但是人既不是自然界中唯一的价值存在者,也不是人类活动的唯一目的。作为人与动物的本质区别的因素是多方面多层次,可以说人是政治的动物、理性的动物、会制造工具的动物、有自我意识的动物、能将世界对象化也将自己对象化的动物,等等。我们同时也能看到,动物以自己的本能方式在自己所属的种的尺度内活动,其活动的基点、活动的方式、活动的目的等均不可能超出自己所属的种的尺度范围;而人则有意识,具有主观能动性,因此人的活动从一开始就超出了并在不断超越自然所给予的种的尺度界限,不仅人类生存活动方式千差万别千姿百态,人类活动的价值取向也朝着多维度多层次向前发展,我们不仅追求自身活动为人的目的,我们也将整个自然界统摄在价值主体的价值取向之中。人类历史在其曲折发展过程中总是充满惊险鲜无迷误,在人神分离的过程中我们曾一度高扬人类主体性的旗帜,片面强调人自身所具有的价值存在,自然的价值长期遭受贬损,在工业技术给予我们这样一种强大的外在力量的支配下,一度对自然横征暴敛恣意妄为,在自然通过危机以独特的方式向人类表达自己的不满并开始自己对人类的报复之时,有识之士对人类的生存活动方式以及对自然界的态度开始进行全面深刻的反思,我们意识到自然界存在价值与人的价值的同等重要性,我们认识到人与自然界的同生共荣休戚相关。人的价值实现与自然尊严的维护是内在一致的,只有维护自然界的尊严,在自然界的母体中,人类自身的活动才能真正展开,人的价值也才能实现。生态技术的发展、构建社会主义和谐社会的实践,这是人类在长期发展过程中,在对自然和社会发展规律进行深入反思并有了深刻认识之后,人类对自身价值实现和对自然界价值肯定应有的一种态度和活动方式,是人类科学正确的发展方向和未来趋势。

再次,生态技术发展的内在逻辑和内在本性将为构建社会主义和谐社会提供关键支撑。一方面,从生态技术发展的内在逻辑看,生态技术是技术自身辩证发展的产物。技术与人、人类社会共同生成,从人、技术、社会、自然的关系来看,其产生发展到现在,历经了古代技术、工业技术、生态技术三个技术历史时期。生态技术是当今技术发展的最高形态,它既克服了古代技术的机会的、偶然的、缺乏科学理论基础的不足,又保留了古代技术对人的生活世界、人的本质、自然的解蔽,保留了古代技术带出的人与自然之间的亲和关系;生态技术还克服了现代工业技术的"硬"性造成的对人的生活世界的遮蔽、人的本质的异化、自然的祛魅的缺陷,是一种"软"技术,同时保留了工业技术所具有的强大力量——当然,这种力量不是作为人的外在力量的工业技术所具有的那种对人对自然的蛮横力量,而是作为人的内生力量因而能够实现人的本质的那种内在力量。

另一方面,从生态技术的内在本性来看,生态技术的基本公式是"(天然)自然→(人—技术—社会)→(人性)自然",也就是说,生态技术是人、技术、社会、自然作为有机整体的从天然自然经"人—技术—社会"作为一个整体的中间环节到人性自然的非线性平衡的大循环,在这一有机整体的大循环运动中,生态技术从技术自身、人与技术的关系、技术与社会的关系、人、技术、社会、自然的整体关系这四个层面展开自身的内在生态本性。从技术自身来看,生态技术是技术物的结构—功能关系协调、逻辑自洽的技术;从"人—技术"这一人与技术的关系来看,生态技术是作为人的内在本质力量呈现、人的本质实现的技术;从"技术—社会"这一技术与社会的关系来看,生态技术是使技术社会入于澄明之境的技术;从人、技术、社会、自然的整体关系来看,生态技术是使天地人和谐聚集和涌现的技术。

最后,生态技术与和谐社会本质的一致性使生态技术能够成为构建和谐社会的关键技术支撑。和谐社会的内在本质表现在人与人、人与社会、人与自然的和谐这三个向度。人与人之间的和谐相处是社会和谐的基础;人与社会的和谐是社会和谐的关键;人与自然的和谐是和谐社会的核心。生态技术的内在本质表现为技术自身的协调自洽、人的本质的实现、技术社会的澄明、天地人的和谐聚集四个维度,这四个方面既要求人与人、人与社会、人与自然的和谐相处,也同时意味着人、技术、社会、自然四大要素作为生命整体的和谐。因此,生态技术与和谐社会内在本质上是一致的,这种内在本质的一致性使得生态技术最终成为构建社会主义和谐社会的关键技术支撑。

总之,生态技术是技术辩证发展的产物,从人、技术、社会、自然的关系看,是当今技术发展的最高形态,它既克服了前生态技术的缺陷和不足,又具有前生态技术并不具备的内在生态本性,因而能够推动当代中国由工业社会向和谐社会的转变,成为构建社会主义和谐社会的关键技术支撑。

参考文献

(一)中文文献

1. [德]F.拉普.技术哲学导论[M].沈阳:辽宁科学技术出版社.1986年版
2. [德]弗洛姆.占有或存在[M].北京:国际文化出版公司.1989年版
3. [德]冈特·绍伊博尔德.海德格尔分析新时代的科技[M].北京:中国社会科学出版社.1993年版
4. [德]哈贝马斯.作为"意识形态"的技术与科学[M].上海:学林出版社.1999年版
5. [德]海德格尔.海德格尔选集[M].上海:三联书店.1996年版
6. [德]海德格尔.形而上学导论[M].北京:商务印书馆.1996年版
7. [德]海德格尔.演讲与论文集[M].上海:三联书店.2005年版
8. [德]黑格尔.小逻辑[M].北京:商务印书馆.1980年版
9. [德]霍克海默.阿多诺.启蒙辩证法[M].重庆:重庆出版社.1990年版
10. [德]霍克海默.批判理性[M].重庆:重庆出版社.1989年版
11. [德]康德著.邓晓芒译.纯粹理性批判[M].北京:人民出版社.2009年版
12. [德]尤尔根·哈贝马斯.作为意识形态的技术与科学[M].上海:学林出版社.1999年版
13. [法]让·鲍德里亚.消费社会[M].南京:南京大学出版社.2000年版
14. [法]让-伊夫·戈菲.技术哲学[M].北京:商务印书馆.2000年版
15. [法]塞尔日·莫斯科维奇.还自然之魅——对生态运动的思考[M].北京:生活·读书·新知三联书店.2005年版
16. [法]史怀哲.敬畏生命[M].上海:上海社会科学院出版社.1995年版
17. [加]安德鲁·芬博格.海德格尔和马尔库塞——历史的灾难与救赎[M].上海:上海社会科学院出版社.2010年版
18. [加]本·阿格尔.西方马克思主义概论[M].北京:中国人民大学出版社.1991年版
19. [加]威廉·莱斯.自然的控制[M].重庆:重庆出版社.1996年版
20. [美]G·多西.技术进步与经济理论[M].北京:经济科学出版社.1992年版

21. [美]L. 芒福德. 技术与文明[M]. 北京:中国建筑工业出版社. 2009年版

22. [美]阿·托夫勒. 第三次浪潮[M]. 上海:生活·读书·新知三联书店. 1984年版

23. [美]艾伦·杜宁. 多少算够:消费社会和地球未来[M]. 长春:吉林人民出版社. 2000年版

24. [美]巴里·康芒纳. 封闭的循环[M]. 长春:吉林人民出版社. 1997年版

25. [美]丹尼尔·A. 科尔曼. 生态政治:建设一个绿色社会[M]. 上海:上海译文出版社. 2002年版

26. [美]蕾切尔·卡森. 寂静的春天[M]. 上海:上海译文出版社. 2011年版

27. [美]利奥波德. 沙乡的沉思[M]. 北京:新世界出版社. 2010年版

28. [美]罗尔斯顿. 环境伦理学[M]. 北京:中国社会科学出版社. 2000年版

29. [美]马尔库塞. 单向度的人[M]. 上海:上海译文出版社. 2008年版

30. [美]马尔库塞. 工业社会和新左派[M]. 北京:商务印书馆. 1982年版

31. [美]芒福德. 技术与文明[M]. 北京:中国建筑工业出版社. 2009年版

32. [美]芒福德著. 钮先钟译. 机械的神话[M]. 台北:黎明文化事业股份有限公司. 1972年版

33. [美]托马斯·库恩. 科学革命的结构(第四版)[M]. 北京:北京大学出版社. 2003年版

34. [美]约翰·贝拉米·福斯特. 生态危机与资本主义[M]. 上海:上海译文出版社. 2006年版

35. [美]约翰·罗尔斯. 正义论[M]. 北京:中国社会科学出版社. 1988年版

36. [美]詹姆斯·奥康纳. 自然的理由:生态学马克思主义研究[M]. 南京:南京大学出版社. 2003年版

37. [匈]卢卡奇. 历史与阶级意识[M]. 北京:商务印书馆. 1999年版

38. [英]J·D. 贝尔纳. 科学的社会功能[M]. 南宁:广西师范大学出版社. 2003年版

39. [英]戴维·佩珀. 生态社会主义:从深生态学到社会正义[M]. 济南:山东大学出版社. 2006年版

40. [英]罗宾·柯林伍德. 自然的观念[M]北京:华夏出版社. 1999年版

41. [英]培根. 新工具[M]. 北京:商务印书馆. 1984年版

42. [英]特德·本顿主编. 生态马克思主义[M]. 北京:社会科学文献出版社. 2013年版

43. [英]休谟. 人性论[M]. 北京:商务印书馆. 1983年版

44. 安锐. 曹亚茹. 论人与自然和谐以及人与社会和谐的关系[J]. 陕西行政学院学报. 2007. 2

45. 柏拉图. 理想国[M]. 北京:商务印书馆. 1986年版

46. 包国光. 依据海德格尔的"存在论"追问技术的五条途径[C]. 第六届全国现象学科技哲学学术会议论文集. 2012

47. 鲍洪武. 创造良好文化环境与构建和谐社会[J]. 攀登. 2007.4

48. 蔡兴. 宪法是构建公平正义和谐社会的保障[J]. 法制与经济. 2008.1

49. 曾枝盛. 制度建设是构建社会主义和谐社会的保障[J]. 南都学坛(人文社会科学学报). 2006.5

50. 察凤娥. 公平正义是和谐社会的重要特征[J]. 山东省青年管理干部学院学报. 2006.9

51. 陈昌曙. 哲学视野中的可持续发展[M]. 北京:中国社会科学出版社. 2000年版

52. 陈凡. 论技术要素的系统性[J]. 科学管理研究. 1986.4

53. 陈红兵、陈昌曙. 关于"技术是什么"的对话[J]. 自然辩证法研究. 2001.4

54. 从文艺复兴到十九世纪资产阶级文学家艺术家有关人道主义人性论言论选辑[M]. 北京:商务印书馆. 1971年版

55. 代锦. 生态技术:起因、概念和发展[J]. 科学技术与辩证法. 1994.4

56. 邓伟志. 和谐社会与公共政策[M]. 上海:同济大学出版社. 2007年版

57. 邓小平文选(第3卷)[M]. 北京:人民出版社. 1991年版

58. 笛卡尔. 第一哲学沉思集[M]. 北京:商务印书馆. 1986年版

59. 窦效民. 宗教与和谐社会构建[J]. 郑州大学学报(哲学社会科学版). 2008.11

60. 杜向民、樊小贤、曹爱琴. 当代中国马克思主义生态观[M]. 北京:中国社会科学出版社. 2012年版

61. 杜秀娟. 马克思主义生态哲学思想历史发展研究[M]. 北京:北京师范大学出版社. 2011年版

62. 恩格斯. 自然辩证法[M]. 北京:人民出版社. 1984年版

63. 樊宏法. 技术转化:生态化技术与人性化技术[J]. 武汉理工大学学报(社会科学版). 2011.6

64. 樊辉. 生态环境是构建和谐社会的资源保障[J]. 甘肃林业. 2007.5

65. 费英秋. 社会主义:从理想到现实[M]. 北京:红旗出版社. 1999年版

66. 冯国瑞. 构建社会主义和谐社会是一项复杂的社会系统工程[J]. 北京行政学院学报. 2006.3

67. 复旦大学哲学系现代西方哲学研究室编. 西方学者论《1844年经济学哲学手稿》[M]. 上海:复旦大学出版社. 1983年版

68. 高秀梅. 保护生态环境与构建和谐社会[J]. 社科纵横. 2007.11

69. 构建社会主义和谐社会学习读本[M]. 北京:人民日报出版社. 2005年版

70. 国家环境保护总局、中共中央文献研究室. 新时期环境保护重要文献选编[M]. 北京:中央文献出版社. 2001年版

71. 国内冶金动态[J]. 中国有色冶金. 2010.8

72. 韩连庆.技术与知觉[J].自然辩证法通讯.2004.5

73. 韩茂淑.加强生态环境建设,构建和谐社会[J].合作经济与科技.2010.12

74. 韩晓民.信息技术将为创建和谐社会发挥重要作用[N].人民邮电.2006.10.24

75. 洪蔚.追踪沉寂的大风车[J].发明与创新.2006.10

76. 胡冰.杨占忠.光伏产业快速发展下的"大污染"问题堪忧[N].金融时报.2013年8月9日

77. 胡锦涛.在省部级主要领导干部提高构建社会主义和谐社会能力专题研讨班上的讲话[N].人民日报.2005.2.20

78. 胡锦涛.在中国共产党第十七次全国代表大会上的报告[M].北京:人民出版社.2007年版

79. 胡锦涛在中国共产党第十八次全国代表大会上的报告[N].人民网－人民日报:http://cpc.people.com.cn/n/2012/1118/c64094-19612151.html

80. 胡勇.吴兴南.构建和谐社会有赖制度安排的公平与公正[J].福建省社会主义学院学报.2006.2

81. 华幸.李锐锋.科学技术在构建和谐社会中的悖论性[J].科技创业.2008.7

82. 黄伯云.我国新材料技术现状及发展对策[J].科学新闻.2002.19

83. 黄颂杰主编.弗洛姆著作精选——人性·社会·拯救[M].上海:上海人民出版社.1989年版

84. 黄欣荣.论技术的附魅、祛魅与返魅[J].赣南师范学院学报.2006.4

85. 黄新华.构建社会主义和谐社会的制度创新与路径选择[J].东南学术.2008.4

86. 黄岩.制度公平:构建社会主义和谐社会的有力保障[J].郑州轻工学院学报(社会科学版).2006.10

87. 回登明.公平正义:和谐社会的关键要素[J].贵州民族学院学报(哲学社会科学版).2006.2

88. 姬振海.生态文明论[M].北京:人民出版社.2007年版

89. 季云姝.坚持发展第一要务,筑牢和谐社会的物质基础[J].世纪桥.2006.10

90. 江泽民文选(第1～3卷)[M].北京:人民出版社.2006年版

91. 姜小川主编.科学发展观与和谐社会[M].北京:中国法制出版社.2009年版

92. 蒋鸿辉.王琨.生物选矿的应用研究现状及发展方向[J].中国矿业.2005.9

93. 乐后圣著.和谐社会建构论[M].北京:中国人口出版社.2005年版

94. 李成芳.论技术生态化与和谐社会[J].前沿.2013.7

95. 李洪泽等.对构建和谐社会的整体考虑[J].科技情报开发与经济.2006.19

96. 李金齐.张静.返魅:低碳技术的转向及其哲学思考[J].甘肃社会科学.2011.4

97. 李锐锋.廖莉娟.黄飞.人性化技术与社会的和谐发展[J].科学技术与辩证

法.2005.10

98. 李锐锋. 刘带. 生态技术缺位的原因分析[J]. 科学技术与辩证法.2007.8

99. 李锐锋. 罗天强. 论和谐社会的生态支撑[J]. 马克思主义与现实.2007.3

100. 李媛媛. 和谐社会建设中的文化自觉[J]. 攀登.2007.5

101. 梁木生. 论和谐社会的制度整合[J]. 湖北经济学院学报.2007.7

102. 梁燕雯. 公平政治:和谐社会的价值取向[J]. 思想教育研究.2007.10

103. 列宁. 哲学笔记[M]. 北京:人民出版社.1974年

104. 列宁全集(第19卷)[M]. 北京:人民出版社.1963年版

105. 列宁全集(第5卷)[M]. 北京:人民出版社.1986年版

106. 列宁选集(第2卷)[M]. 北京:人民出版社.1995年版

107. 刘国城. 生产生态化与技术的发展趋向[J]. 科学. 经济. 社会.1984.3

108. 刘立杰. 和谐文化:社会主义和谐社会的基石[J]. 科教文汇.2007.1

109. 刘仁胜. 生态马克思主义概论[M]. 北京:中央编译出版社.2007年版

110. 刘泰来. 徐继开. 解放和发展生产力是构建和谐社会的物质基础[J]. 生产力研究.2011.2

111. 刘园园. 薛泉. 经济——制度——文化:和谐社会三部曲[C]. 湖北省行政管理学会2006年年会论文集.2007.1

112. 龙翔. 陈凡. 现代技术对人性的消解及人性化技术的重构[J]. 自然辩证法研究.2007.7

113. 娄淑华. 论人口素质在和谐社会发展中的作用[J]. 人口学刊.2005.4

114. 娄玉芹. 充分发挥科学技术在和谐社会建设中的作用[J]. 山东社会科学.2008.2

115. 卢艳. 技术理性的消解与和谐社会的构建[J]. 江西电力职业技术学院学报.2010.9

116. 吕景城. 科学技术在构建和谐社会中的价值[J]. 河北理工大学学报(社会科学版).2008.5

117. 吕燕. 杨发明. 有关生态技术概念的讨论[J]. 生态经济.1997.3

118. 马春如. 构建和谐社会重在制度创新[J]. 理论探索.2006.5

119. 马克思.1844年经济学哲学手稿[M]. 北京:人民出版社.2000年版

120. 马克思. 资本论(第1卷)[M]. 北京:人民出版社.2004年版

121. 马克思恩格斯全集(第19卷)[M]. 北京:人民出版社.1963年版

122. 马克思恩格斯全集(第1卷)[M]. 北京:人民出版社.1956年版

123. 马克思恩格斯全集(第20卷)[M]. 北京:人民出版社.1971年版

124. 马克思恩格斯全集(第23卷)[M]. 北京:人民出版社.1972年版

125. 马克思恩格斯全集(第24卷)[M]. 北京:人民出版社.1972年版

126. 马克思恩格斯全集(第25卷)[M].北京:人民出版社.1974年版
127. 马克思恩格斯全集(第26卷Ⅰ)[M].北京:人民出版社.1972年版
128. 马克思恩格斯全集(第2卷)[M].北京:人民出版社.1956年版
129. 马克思恩格斯全集(第38卷)[M].北京:人民出版社.1972年版
130. 马克思恩格斯全集(第3卷)[M].北京:人民出版社.1960年版
131. 马克思恩格斯全集(第46卷)[M].北京:人民出版社.2003年版
132. 马克思恩格斯文集(第3卷)[M].北京:人民出版社.2009年版
133. 马克思恩格斯文集(第5卷)[M].北京:人民出版社.2009年版
134. 马克思恩格斯文集(第9卷)[M].北京:人民出版社.2009年版
135. 马克思恩格斯选集(第1~4卷)[M].北京:人民出版社.1972年版
136. 马克思恩格斯选集(第1~4卷)[M].北京:人民出版社.1995年版
137. 马黎晖.夏冰.和谐的社会主义民族关系对构建和谐社会的重要意义[J].新疆师范大学学报(哲学社会科学版).2007.3
138. 马立新.田舍.我国地热能开发利用现状与发展[J].中国国土资源经济.2006.9
139. 毛明芳.生态技术本质的多维审视[J].武汉理工大学学报(社会科学版).2009.10
140. 毛泽东.毛泽东著作选读(下册)[M].北京:人民出版社.1986年版
141. 毛泽东文集(第3卷)[M].北京:人民出版社.1999年版
142. 毛泽东文集(第6卷)[M].北京:人民出版社.1999年版
143. 毛泽东文集(第7卷)[M].北京:人民出版社.1999年版
144. 潘世信.论宗教在构建和谐社会中的作用[J].理论前沿2007.6
145. 彭福扬.刘红玉.实施生态化技术创新促进社会和谐发展[J].中国软科学.2006.4
146. 彭敏."人类灭亡"并非危言耸听[N].人民日报.2008.9.21
147. 彭艺.生态环境建设是构建社会主义和谐社会的基础[J].理论导报.2005.10
148. 乔瑞金.技术哲学教程[M].北京:科学出版社.2006年版
149. 秦刚.构建和谐社会必须着力建设和谐文化[N].光明日报.2005.10.18
150. 秦书生.科学发展观的技术生态化导向[J].科学技术与辩证法.2007.5
151. 秦书生.生态技术的哲学思考[J].科学技术与辩证法.2006.8
152. 秦书生.生态技术论[M].沈阳:东北大学出版社.2009年版
153. 秦文.胡锦涛17年前在贵州进行可持续发展试验[N].新京报.2005.3.12
154. 全增嘏.西方哲学史(上册)[M].上海:上海人民出版社.1995年版
155. 闫韵主编.江泽民同志理论论述大事纪要(上)[M].北京:中共中央党校出版社.1998年版

156. 尚立群. 发挥信息技术作用,促进和谐社会建设[N]. 青岛日报. 2006.12.30

157. 佘正荣. 从"硬技术"走向"软技术"——一种生态哲学技术观[J]. 宁夏社会科学. 1995.3

158. 沈思. 和谐社会需要加强和谐文化建设[J]. 江苏省社会主义学院学报. 2009.2

159. 十七大以来重要文献选编(上)[M]. 北京:中央文献出版社. 2009年版

160. 唐丽丽. 丁武. 宗教的社会功能与构建和谐社会[J]. 当代世界与社会主义. 2010.4

161. 完颜华. 民族精神:构建社会主义和谐社会的精神动力[J]. 郑州轻工学院学报(社会科学版). 2006.10

162. 王爱军. 和谐社会与制度正义[J]. 齐鲁学刊. 2007.4

163. 王弼.《王弼集校释》(上册). 楼宇烈校释. 中华书局. 1980年版

164. 王岗峰等编. 走向和谐社会[M]. 北京:社会科学文献出版社. 2005年版

165. 王晓燕. 大力发展经济,夯实和谐社会的物质基础[J]. 现代经济信息. 2009.24

166. 王迎春. 卢锡超. 作为哲学事件的生态技术[J]. 东北大学学报(社会科学版). 2010.3

167. 王雨辰. 生态批判与绿色乌托邦——生态学马克思主义理论研究[M]. 北京:人民出版社. 2009年版

168. 王兆铮. 遵循唯物史观构建社会主义和谐社会系统工程[J]. 长春市委党校学报. 2010.3

169. 魏海青. 制度和谐:和谐社会的基石[J]. 理论与现代化. 2007.6

170. 我国新能源发展现状浅析. 华天电力. http://www.whhuatian.com/shownews_hy.asp?id=1471

171. 乌杰. 和谐社会与系统范式[M]. 北京:社会科学文献出版社. 2006年版

172. 吴恩融. 穆钧. 基于传统建筑技术的生态建筑实践——毛寺生态实验小学与无止桥[J]. 时代建筑. 2007.7

173. 吴国林. 后现象学及其进展[J]. 哲学动态. 2009.4.

174. 吴国林. 李君亮. 生态技术的哲学分析[J]. 科学技术哲学研究. 2014.2

175. 吴国林. 论技术本身的要素、复杂性与本质[J]. 河北师范大学学报(哲学社会科学版). 2005.4

176. 吴国盛. 海德格尔的技术之思[J]. 求是学刊. 2004.11

177. 吴国盛. 技术哲学经典读本[M]. 上海:上海交通大学出版社. 2008年版

178. 吴俊杰. 张红等编著. 中国构建和谐社会问题报告[M]. 北京:中国发展出版社. 2005年版

179. 吴潜涛. 诚信友爱:社会主义和谐社会的一个基本特征[J]. 郑州轻工学院学报

(社会科学版).2006.10

180. 吴世文.新媒介技术与和谐社会的构建[C].第六届亚太地区媒体与科技和社会发展研讨会论文集.2008.11

181. 吴秀兰.论社会主义和谐社会框架中的民族关系[J].攀登.2007.3

182. 习有禄.构建和谐社会是一个长期的系统工程[J].楚雄日报.2007.4.25

183. 向春玲.对构建社会主义和谐社会的系统论思考[J].中共石家庄市委党校学报.2005.8

184. 向加吾.许屹山.和谐文化:社会主义和谐社会的精神基础[J].前沿.2007.9

185. 肖峰.哲学视域中的技术[M].北京:人民出版社.2007年版

186. 肖锋.论技术实在[J].哲学研究.2004.3

187. 肖显静.从海德格尔的技术哲学看生态技术的确立[C].2002年全国自然辩证法学术发展年会论文集.2002.7

188. 谢舜主编.和谐社会:理论与经验[M].北京:社会科学文献出版社.2006年版

189. 谢治国等.建国以来我国可再生能源政策的发展[J].中国软科学.2005.9

190. 胥树凡.中国清洁生产现状和发展思路[N].人民日报(海外版).2001年6月16日

191. 徐建.构建社会主义和谐社会的文化生态支撑[J].山东省青年管理干部学院学报.2010.11

192. 许良.技术哲学[M].上海:复旦大学出版社.2005年版

193. 许慎.说文解字[M].杭州:浙江古籍出版社.1998年版

194. 亚里士多德.尼各马可伦理学[M].北京:商务印书馆.2003年版

195. 亚里士多德.物理学[M].北京:商务印书馆.1982年版

196. 亚里士多德.形而上学[M].北京:商务印书馆.1959年版

197. 亚里士多德全集(第8卷)[M].北京:中国人民大学出版社.1996年版

198. 颜昌廉.论教育在构建和谐社会中的特殊意义[J].钦州师范高等专科学校学报.2006.2

199. 杨慧玲.黄琳庆.加强公平正义,促进和谐社会的构建[J].传承.2009.1

200. 杨晴.扎西.良好的生态环境是和谐社会的方向标[N].亚洲中心时报.2007.4.12

201. 杨丽华.论教育在构建社会主义和谐社会中的作用[J].延边教育学院学报.2007.4

202. 杨丽坤.理想信念:构建社会主义和谐社会的灯塔[J].郑州轻工学院学报(社会科学版).2006.10

203. 姚丽亚.生态文明——为构建和谐社会添砖加瓦[J].现代营销.2013.1

204. 冶成云.正确处理民族问题,切实构建和谐社会[J].攀登.2006.3

205. 叶帆.和谐社会的构建支点:循环经济[J].中共乌鲁木齐市委党校学报.2005.6

206. 于光远主编.自然辩证法百科全书[M].北京:中国大百科全书出版社.1995年版

207. 于延晓.建设人与自然和谐的生态文明[N].光明日报.2007.8.14

208. 余谋昌.发展生态技术创建生态文明社会[J].中国科技信息.1996.5

209. 余维海.生态危机的困境与消解[M].北京:中国社会科学出版社.2012年版

210. 俞可平.科学发展观与生态文明[J].马克思主义与现实.2005.4

211. 俞吾金.陈学明.国外马克思主义哲学流派新编——西方马克思主义卷(下)[M].上海:复旦大学出版社.2002年版

212. 远德玉.技术是一个过程——略谈技术与技术史的研究[J].东北大学学报(社会科学版).2008.5

213. 张虹.冯利哲.高宁.论科学技术是和谐社会发展的推动力量[J].法制与社会.2009.1(下)

214. 张洪江.刍议社会主义核心价值体系是建设和谐文化的根本[J].理论经纬.2009.12

215. 张华夏.张志林.从科学与技术的划界看技术哲学的研究纲领[J].自然辩证法研究.2001.2

216. 张华夏.张志林.技术解释研究[M].北京:科学出版社.2005年版

217. 张立德.我国纳米材料技术发展现状、挑战与对策[J].中国经贸导刊.2002.16

218. 张丽萍.吕乃基.生态学视野下的技术[J].科学技术与辩证法.2002.2

219. 张启人.发展社会系统工程,加速构建和谐社会[J].系统工程.2006.1

220. 张琼.钱德春.公平正义——构建和谐社会的社会基础[J].毛泽东思想研究.2005.11

221. 张铁民等.苏州工业园区依托循环经济实现华丽转身[N].中国环境报.2010年11月8日

222. 张子文主编.科学技术史概论[M].杭州:浙江大学出版社.2010年版

223. 赵春光.构建公平分配制度促进和谐社会建设[J].北方经济.2008.4

224. 赵东明."自然"之意义——一种海德格尔式的诠释[J].哲学研究.2002.6

225. 赵钦聪.科学技术与和谐社会构建[J].科技风.2012.11

226. 赵永新等.走人与自然和谐之路——我国环境保护回眸[N].人民日报.2002年1月7日

227. 中共中央关于完善社会主义市场经济体制若干问题的决定[M].北京:人民出版社.2003年版

228. 中共中央文献研究室、国家林业局.毛泽东论林业[M].北京:中央文献出版社.2003年版

229. 中共中央文献研究室. 回忆邓小平(中卷)[M]. 北京:中央文献出版社. 1998年版

230. 中国辩证唯物主义研究会编. 论和谐社会[M]. 北京:中共中央党校出版社. 2006年版

231. 周昌忠. 试论科学和技术的历史形态——从哲学和文化的观点看[J]. 自然辩证法研究. 2003.6

232. 周恩来选集(下卷)[M]. 北京:人民出版社. 1984年版

233. 周宏春. 生态技术:可持续发展的技术支撑[J]. 中国人口资源与环境. 1995.6

234. 周建明. 胡鞍钢. 王绍光. 和谐社会构建——欧洲的经验与中国的探索[M]. 北京:清华大学出版社. 2007年版

235. 周晓燕. 宗教与构建社会主义和谐社会[J]. 广州社会主义学院学报. 2012.1

(二)外文文献

1. [德]Herbert Marcuse. Counter Revolution and Revolt[M]. Boston. 1972

2. [法]Andre Gorz, Ecology as Politics[M]. Boston:South End Press, 1980

3. [法]Andre Gorz. Capitalism, Socialism, Ecology[M]. London. 1994

4. [法]Andre Gorz. Critique of Economic Reason[M]. London. 1989

5. [法]Jacues Ellul. The technological Society[M]. Trans. John Wilkinson. New York. Vintage Books. 1964

6. [荷] Peter Kroes. Technological explanations:The relation between structure and function of technological objects[J]. Society for Philosophy and Technology. 1998. Spring. 3(3)

7. [加]William Leiss. The Limits to Satisfaction[M]. Mcgill – Queen's University Press. 1988

8. [美]Carl Mitcham. Thinking Through Technology:the Path between Engineering and Philosophy[M]. Chicago. The University of Chicago Press. 1994

9. [美]Don Ihde. Technics and Praxis[M]. Holland:D. Reidel Publishing Company. 1979

10. [美]Paul W. Taylor. Respect of Nature:A Theory of Environmental Ethics. Princeton University Press. 1986

11. [美]T. E. Graedel, B. R. Alleeby. Industrial Ecology[J]. 产业与环境. 1996

12. [美]Victor Wallis. Socialism and Technology:A Sectoral Overview[J]. Capital, Nature, Socialism. Vol. 17. No. 2. (June 2006)

13. [西]Jose Ortega Y Gasset. Thoughts on Technology[C]. Carl Mitcham. Philosophy and Technology. New York. Free Press. 1983

14. [英]E. F. Schumacher. Small Is Beautiful:Economics as If People Mattered[M]. Harper Perennial. New York. 2010

15. WHO. The promotion and Development of Traditional Medicine(Report of WHO Meeting)[R]. Technical Report Series. WHO. Geneva. 1978

后 记

　　本书由作者博士学位论文修改完善而成,是将社会政治学与技术哲学研究的相关问题相结合的一种尝试,是运用逻辑分析的方法对社会技术展开研究的一次创新。由于本人学识有限,书中错漏在所难免,望方家不吝赐教,望读者批评指正。

李君亮

2017 年 3 月

广西民族师范学院格桑湖畔